T0255084

DIE IMMUNITÄTSFORSCHUNG

ERGEBNISSE UND PROBLEME IN EINZELDARSTELLUNGEN

HERAUSGEGEBEN VON

PROF. DR. R. DOERR

BASEL

BAND VI

DIE ANAPHYLAXIE

WIEN

SPRINGER-VERLAG

1950

DIE ANAPHYLAXIE

VON

R. DOERR
BASEL

MIT 6 TEXTABBILDUNGEN

SPRINGER-VERLAG WIEN GMBH
1950

ISBN 978-3-211-80148-2 ISBN 978-3-7091-7742-6 (eBook)
DOI 10.1007/978-3-7091-7742-6

URSPRÜNGLICH ERSCHIENEN BEI SPRINGER-VERLAG IN VIENNA 1950
SOFTCOVER REPRINT OF THE HARDCOVER 1ST EDITION 1950

Inhaltsverzeichnis.

I. Die Entstehungsgeschichte des Problems.

1. Die Auswertung tierischer Gifte führt auf die Spur eines „paradoxen" Phänomens.

Wie es zu den ersten epochemachenden anaphylaktischen Experimenten kam, hat CH. RICHET in seinem 1911 erschienenen Buche „L'anaphylaxie" in so offenherziger und für ihn keineswegs vorteilhafter Weise geschildert, daß an der Wahrheit seiner Darstellung nicht gezweifelt werden kann. Diese Angaben über das Aufdämmern einer Erkenntnis, die sich zu einem ausgedehnten und auf viele andere Gebiete übergreifenden Forschungszweige entwickeln sollte, besitzen auch heute noch eine Bedeutung, die es als ratsam erscheinen läßt, diesen ersten Spuren, denen spätere Autoren wenig Beachtung schenkten, bis in alle Einzelheiten nachzugehen, die sich aus dem Bericht von RICHET entnehmen lassen.

Einer Einladung des Fürsten von Monaco folgend, befanden sich CH. RICHET und der Zoologe P. PORTIER an Bord der Jacht des Fürsten, welche in der Südsee kreuzte, um die Fauna dieser Meeresteile zu studieren. Der Fürst und G. RICHARD empfahlen den beiden Forschern als geeignetes Thema die Untersuchung der toxischen Eigenschaften der in den Gewässern der Südsee reichlich vorhandenen Physalien. PORTIER und RICHET stellten daraufhin an Bord der Jacht einige Versuche an, aus welchen hervorging, daß man aus den nesselnden Fangfäden der Physalien mit Wasser oder mit Glyzerin Extrakte gewinnen kann, welche sich für Kaninchen und Enten als hochgradig giftig erwiesen. Nach Frankreich zurückgekehrt, konnte sich RICHET die Physalien nicht mehr verschaffen und dachte daran, die Tentakel von Aktinien zum Vergleich heranzuziehen, die in großen Mengen zu haben waren. Die Tentakel wurden vom Körper der Aktinien abgetrennt und in Glyzerin gelegt; da die wirksamen Substanzen in Glyzerin löslich waren, wurden auf diese einfache Art mehrere Liter einer hochtoxischen Flüssigkeit gewonnen. Zur quantitativen Bestimmung der Toxizität verwendeten RICHET und PORTIER Hunde, wobei sich herausstellte, daß die Tiere oft erst nach Ablauf von 4 bis 5 Tagen oder noch später eingingen. Die Hunde, welche nicht eingingen, wurden mit Rücksicht auf solche Spättode genügend lange Zeit in Gewahrsam gehalten, denn PORTIER und RICHET wollten sie, sobald sie sich vollständig erholt haben würden, für ein zweites Experiment benützen. Und dabei stellte sich ein unerwartetes Resultat heraus: *die geheilten Hunde zeigten eine außerordentliche Empfindlichkeit und wurden binnen weniger Minuten durch kleine Giftmengen getötet.*

An der experimentellen Realisierung des Phänomens waren somit, wie man ohne weiteres erkennt, zwei Faktoren essentiell beteiligt: *eine grundsätzlich abzulehnende Methode der quantitativen Auswertung toxischer Substrate* und *ein Zufall.* Es war schon zu jener Zeit eine sowohl von Immunologen wie von Pharmakologen allgemein anerkannte Regel, daß „gebrauchte" Versuchstiere, insbesondere solche, welche schon einmal unter der gleichen Giftwirkung gestanden haben, anders reagieren als normale und daher keine bestimmte Aussage über die Wirkungsstärke eines vorgelegten toxischen Agens erlauben. Der Zufall war aber im Spiele, denn die verspäteten Todesfälle nach Erstinjektionen veranlaßten die Experimentatoren eingestandenermaßen dazu, so lange mit der erneuten Vergiftung zu warten, bis der Zustand voll entwickelt war, welcher das Phänomen in seiner charakteristischen Form ermöglichte; denn PORTIER und RICHET überzeugten sich alsbald, daß ein Intervall von 3 bis 5 Tagen nicht genügte, d. h. daß Hunde, welche nach so kurzer Frist reinjiziert wurden, nicht stärker reagieren als normale. Implicite war auch die starke Toxizität der Tentakelextrakte beteiligt, da sie die schweren Störungen nach Erstinjektionen und damit die lange Dauer der Erholung bedingte.

2. Der Terminus technicus.

Der Veröffentlichung von P. PORTIER und CH. RICHET (1902) waren schon einige wichtige Mitteilungen über analoge Beobachtungen vorausgegangen, so von MAGENDI (1839), S. FLEXNER (1894), F. ARLOING und J. COURMONT (1894), H. BUCHNER (1890), L. KREHL und H. MATTHES (1895) und von J. HÉRICOURT und CH. RICHET (1898). Sie fanden aber keine Beachtung, und von den Versuchen, an denen RICHET selbst beteiligt war, meinte er später [CH. RICHET (1911), S. 7], er hätte die Bedeutung ihrer Ergebnisse nicht begriffen und sich damit begnügt, eine gesteigerte Empfindlichkeit anzunehmen, ohne das Phänomen genauer zu analysieren[1]. In diesen vereinzelten und immer wieder zur Seite geschobenen Beobachtungen waren jedoch alle fundamentalen Tatsachen, einschließlich der verstärkten Wirkungen artfremder, an sich wenig oder nicht giftiger Blutsera im Falle wiederholter Zufuhr bereits experimentell festgelegt worden, so daß man sich fragen muß, warum sich die kurze Notiz von PORTIER und RICHET so mächtig auswirkte,

---

[1] Es handelt sich in der Arbeit von HÉRICOURT und RICHET um die Feststellung, daß Hunde auf eine Erstinjektion von Aalserum relativ schwach reagieren, während eine zweite und in erhöhtem Grade eine dritte Injektion schwere Störungen auslösen, die zum Exitus führen können.

obwohl sie in Beziehung auf den experimentellen Tatbestand kein neues Moment zur Diskussion stellte und durch die Verwendung eines hochtoxischen Stoffes sogar eine überflüssige und deshalb irreführende Komplikation einschaltete. Nun hat RICHET *1902* dem Phänomen einen besonderen Namen gegeben, was die früheren Autoren nicht für notwendig erachtet hatten. Er schlug das Wort „Anaphylaxie" vor und wollte damit ausdrücken, daß „manche Gifte die merkwürdige Eigenschaft besitzen, die Empfindlichkeit des Organismus gegen ihre Wirkung zu steigern statt sie zu vermindern". „Anaphylaxie" sollte also den Gegensatz zur Schutzwirkung (Phylaxie) bedeuten.

SIR ALMROTH WRIGHT (1919) hat den wissenschaftlich arbeitenden Personen angelegentlich geraten, jedes entdeckte Phänomen und jedes zur Diskussion gestellte theoretische Prinzip sogleich durch ein lateinisches oder besser durch ein griechisches Fremdwort zu bezeichnen, nicht nur um sich auf diese Art die Anerkennung der Priorität zu sichern, sondern auch, weil solche tönende Namen das allgemeine Interesse auf sich konzentrieren und so der Sache oder Idee als Schrittmacher („Missionäre") dienen[1]. Man mag über diesen Ausspruch und den Mann, von dem er herrührt, urteilen wie man will, so ist es doch, insbesondere in der Medizin und ihren Hilfswissenschaften, eine nicht zu leugnende Tatsache, daß der Name keineswegs „Schall und Rauch" ist, sondern daß sich neugeschaffene fremdsprachige Ausdrücke ganz im Sinne von WRIGHT bewähren und sich dauernd behaupten, obwohl sie sprachlich oft inkorrekt sind und obwohl sie sich meist nicht oder nicht präzis definieren lassen. Die „Virulenz", die „Aggressine", die „Allergie", die Zwillingsschwester der Anaphylaxie, mögen als Beispiele genügen. In doppelter Hinsicht läßt sich diese Kritik auch auf den Terminus „Anaphylaxie" in der Bedeutung, welche ihm RICHET beilegte, anwenden. In etymologischer Hinsicht wurde eingewendet, daß der Gegensatz von Prophylaxis (erhöhter Schutz) Antiphylaxis oder Aphylaxis (Schutzlosigkeit) heißen müßte, da ἀνά im Griechischen nicht den Sinn des Gegenteiles von προ habe [E. MORO (1910)]. Die Definition, welche RICHET von dem Phänomen gegeben hatte, schrieb anderseits *Giften* die beobachtete Wirkung zu; M. ARTHUS wies jedoch schon 1903 — übrigens in Übereinstimmung mit älteren Angaben — nach, daß Kaninchen weder auf die subkutane noch auf die intraperitoneale oder intravenöse Injektion von Pferdeserum reagieren, selbst wenn man

[1] Die wichtigste Stelle in den Ausführungen von A. WRIGHT soll hier im Original wiedergegeben werden: „Toute conception sans un nom, quand bien même nous l'aurions formulée très clairement dans notre esprit, échappe à nos pensées et se perd. Donc, pour chaque nouvelle conception qui a son utilité, on doit formuler un nouveau terme technique. On aura particulièrement besoin de ce mot, pour inculquer la conception à d'autres. Le nouveau terme technique est le missionaire de l'idée."

die Dosis auf 50 ccm erhöht; dagegen können weit kleinere Mengen, wenn man sie spezifisch vorbehandelten Kaninchen intravenös einspritzt, fast augenblicklich schwere Schocksymptome auslösen, die in 2 bis 4 Minuten zum Tode führen. Die Toxizität der zum Versuch verwendeten Substanz war somit im strikten Gegensatz zur Definition RICHETs keine notwendige Bedingung. Nichtsdestoweniger hat sich der Ausdruck „Anaphylaxie“ bis auf die Gegenwart erhalten und der in neuerer Zeit von D. DANIELOPOLU gemachte Vorschlag, ihn durch Paraphylaxie zu ersetzen, fand keine Anhänger. Mit Recht; denn sprachlich wäre „Paraphylaxie“ nicht besser als „Anaphylaxie“ und in dem Wort „Anaphylaxie“ steckte doch ein Gedanke, der sich nicht ausschließlich nach dem WRIGHTschen Prinzip der Opportunität neuer Fremdausdrücke beurteilen läßt: *der Widerspruch, daß ein Stoff immunisieren und gleichzeitig die Empfindlichkeit enorm steigern kann.* RICHET war sich des Problems bewußt, den dieser Widerspruch in sich birgt. Daß die antitoxische Immunität Zeit zu ihrer Entwicklung beansprucht, war RICHET selbstverständlich bekannt, und daß eine Inkubationsdauer von ähnlichem Zeitausmaß für die Ausbildung der anaphylaktischen Reaktionsbereitschaft unerläßlich ist, hatte er selbst festgestellt (vgl. S. 2). Ferner stieß RICHET schon im Beginne seiner experimentellen Untersuchungen auf eine merkwürdige Erscheinung. Er konstatierte, daß vorbehandelte Hunde nach der Reinjektion relativ hoher Kongestindosen[1] zwar einen intensiven Schock erleiden, sich dann aber in manchen Fällen in ganz kurzer Zeit erholen und überleben, während normale Tiere nach solchen Giftmengen regelmäßig eingingen, auch wenn sie erst nach einer längeren Inkubation erkrankten. Die vorbehandelten Hunde waren somit, je nachdem man die sofortige Reaktion oder die Spätfolgen der Vergiftung ins Auge faßte, überempfindlich (anaphylaktisch) oder unterempfindlich (geschützt). RICHET fand sich mit diesem anscheinenden Paradoxon einfach dadurch ab, daß er die Tatsache, ohne sie zu erklären, in der Form registrierte, daß ein Versuchstier im gleichen Moment sowohl über- als auch unterempfindlich sein kann, was zu vielen resultatlosen Diskussionen

[1] Actino-Kongestin (abgekürzt Kongestin) nannte RICHET eine Substanz, welche er aus den Extrakten von Seerosen (Actinia equina und Anemonia cereus) durch Ausfällen mit absolutem Alkohol darstellte. Sie gab die Reaktionen der Eiweißkörper und war hochtoxisch. (Dos. let. min. pro kg Hund 0,0042 g i. v., 0,009 g pro kg Kaninchen.) Der Name Actino-Kongestin wurde einerseits mit Rücksicht auf die Provenienz des Stoffes, anderseits wegen der hochgradigen kongestiven Hyperämie gewählt, welche das Präparat in der Magendarmschleimhaut der Versuchstiere hervorrief. Der nach dem Ausfällen mit Alkohol verbleibende, eiweißfreie Rückstand enthielt eine kristallisierbare Substanz, welche weniger giftig war und im Gegensatz zum Kongestin keine Anaphylaxie zu erzeugen vermochte; sie wurde von RICHET „Thalassin“ genannt.

über das Verhältnis zwischen Anaphylaxie und antitoxischer Immunität Anlaß gab [vgl. R. Doerr (1929a), S. 766].

2. Die Bedeutung der Versuche von M. Arthus.

M. Arthus (1903) hatte, wie schon erwähnt, gezeigt, daß man die von Richet beschriebenen Erscheinungen am Kaninchen reproduzieren kann, wenn man an Stelle hochtoxischer Substanzen das für das Kaninchen ungiftige Pferdeserum verwendet. Es gelangen aber nicht nur Versuche mit Pferdeserum, sondern auch mit Kuhmilch; doch war Pferdeserum unschädlich für mit Kuhmilch vorbehandelte Kaninchen und umgekehrt. Was das zu bedeuten hatte, wurde nicht sofort erfaßt. Wenn man sich aber die Sache recht überlegt — wobei man freilich die Kenntnis der späteren Entwicklung nicht völlig aus der Überlegung auszuschalten vermag —, ergaben sich aus den Versuchsresultaten von Richet und von Arthus zwangsläufig nachstehende Sätze:

1. Die chemische Beschaffenheit und die physio-pathologische Dynamik sind für die Eignung einer Substanz, den anaphylaktischen Zustand hervorzurufen und die anaphylaktische Reaktion auszulösen, nicht maßgebend.

2. Trotz dieser Unabhängigkeit von der Natur des zum Versuch verwendeten Stoffes bekunden die Substanzen, welche sich für die anaphylaktischen Versuche eignen, spezifische Eigenschaften, indem die zur Auslösung der Reaktion verwendete Substanz mit dem Stoffe der Vorbehandlung identisch sein muß.

3. Diese Kombination von spezifischer Reaktionsfähigkeit mit Unabhängigkeit von den chemischen Eigenschaften und der physiologischen (primären) Wirkungsweise ist für die Antigene und ihre Reaktionen mit den durch sie erzeugten Antikörpern charakteristisch.

4. Die anaphylaktischen Symptome sind, falls es sich um die gleiche Tierspezies handelt, nur dem Grade nach verschieden, qualitativ aber gleichartig. Da die auslösenden Stoffe sehr verschieden sein können, läßt sich der anaphylaktische Symptomenkomplex nicht auf eine direkte Wirkung dieser Stoffe zurückführen. Es muß vielmehr ein in allen Fällen identisches und spezifisches Agens sein, daß sich auf eine noch zu bestimmende Art pathogen auswirkt, und das kann nur die Reaktion des auslösenden Antigens mit seinem infolge der Vorbehandlung entstandenen Antikörper sein, woraus sich auch die Notwendigkeit eines genügend langen Zeitintervalls zwischen Vorbehandlung und auslösender Reinjektion erklären läßt.

M. Arthus hatte seine Auffassung von der Anaphylaxie des Kaninchens gegen Pferdeserum in den prägnanten Satz gekleidet: „Le sérum de cheval est toxique pour le lapin anaphylactisé par et pour le sérum de cheval.“ Gegen diese Formel, die scheinbar nur eine Umschreibung der Versuchsanordnung darstellt, kann aber der Einwand erhoben werden, daß das Pferdeserum als *toxisch* bezeichnet wird, wenn auch nur für das spezifisch vorbehandelte Kaninchen. Die Beobachtung berechtigt jedoch nicht zu dieser Aussage, da es ebensowohl die *Reaktion des Pferdeserums mit seinem Antikörper* sein kann, welche das krankhafte Geschehen bedingt oder einleitet. In der Tat ist man in der Folge ganz davon abgekommen, ein Gift aus dem reinjizierten Antigen entstehen zu lassen. Man kann eben bei der sprachlichen Erfassung experimenteller Beobachtungen nicht vorsichtig genug zu Werke gehen, da sonst, oft ohne Wissen des Autors, in das Versuchsresultat ein Moment eingeschmuggelt wird, das de facto gar nicht beteiligt ist.

4. Ein toxikologischer Modellversuch.

Ich habe wiederholt versucht, diese Verhältnisse durch ein Beispiel klarzumachen, das den Toxikologen seit langer Zeit bekannt ist [s. u. a. R. Doerr (1929b), S. 651 und R. Doerr (1936), S. 626]. Bernard injizierte in die Jugularvene eines Kaninchens eine Amygdalinlösung und bald darauf Emulsin; das Tier verendete infolge einer Blausäurevergiftung, während Kontrollen, die nur Amygdalin oder nur Emulsin erhalten hatten, keine Erscheinungen zeigten. Es ist klar, daß man den Zustand des mit Amygdalin vorbehandelten Kaninchens nicht als „Überempfindlichkeit gegen Emulsin“ definieren darf, und daß es auch nicht richtig wäre, von einer „Sensibilisierung“ des Kaninchens gegen Emulsin zu sprechen. Für den pathologischen Effekt kommt lediglich die Empfindlichkeit gegen Blausäure in Betracht und diese ist bei dem mit Amygdalin vorbehandelten Kaninchen gerade so groß wie bei dem normalen. Daß die Amygdalininjektion eine Empfindlichkeit *gegen die Zufuhr* von Emulsin bedingt, ließe sich als bloße Beschreibung der Versuchsanordnung immerhin aufrechterhalten; nur wird diese Fassung nichtssagend, sobald man weiß, daß Amygdalin in wässeriger Lösung durch Emulsin unter Blausäurebildung gespalten wird und daß dieser Prozeß — in die Blutbahn verlegt — am Resultat des Versuches von Bernard allein maßgebend beteiligt ist. So wäre es auch bei der Interpretation der Experimente von M. Arthus irreführend, wenn man, wie das leider allgemein üblich geworden und durch amerikanische Autoren [A. F. Coca (1920a, b), A. F. Coca und R. A. Cooke (1923)] sogar als durchaus richtig verteidigt wurde, behaupten wollte, das mit Pferdeserum vorbehandelte Tier sei gegen die intravenöse Injektion von Pferdeserum „überempfindlich“ geworden. Die Erscheinungen, die man bei dem vorbehandelten Versuchstier durch minimale Serummengen auslösen kann, lassen sich beim normalen überhaupt nicht hervorrufen, auch wenn man mit der Dosis bis an die äußerste Grenze geht, welche dem Injektionsvolumen durch die Größe des Versuchstieres naturgemäß gezogen ist. Es liegt somit überhaupt keine „Überempfindlichkeit“, d. h. keine gegen die Norm rein quantitativ gesteigerte Empfindlichkeit vor, sondern eine Reaktionsqualität, die sich auf die Norm gar nicht beziehen läßt [vgl. R. DOERR (1946a)]. Strenggenommen erlaubt daher das anaphylaktische Experiment nur die Aussage, daß das Tier „gegen die Zufuhr“, d. h. gegen die intravenöse Injektion von Pferdeserum empfindlich geworden ist.

Natürlich besteht die Möglichkeit, in der Versuchsanordnung von BERNARD die Reihenfolge der Einverleibung der beiden Reaktionskomponenten umzukehren, d. h. zuerst Emulsin und dann Amygdalin intravenös zu injizieren. Es läßt sich ferner ein positives Ergebnis voraussehen, wenn man das Blut eines mit einer genügenden Menge Amygdalin intravenös vorbehandelten Kaninchens A einem normalen Kaninchen B transfundieren und bei B die „Erfolgsinjektion“ mit Emulsin vornehmen würde; man hätte dann einfach eine der beiden notwendigen Reaktionskomponenten in einen anderen Organismus verpflanzt. Wer nur einigermaßen im Gebiet der Anaphylaxie bewandert ist, wird nicht im Zweifel sein, daß solche Varianten des alten Experimentes von BERNARD ihre Pendants in der inversen Anaphylaxie (einschließlich der inversen Serumkrankheit) und in den passiv anaphylaktischen Versuchen finden.

5. Die passive Anaphylaxie und ihre theoretische Bedeutung.

Wie im toxikologischen Paradigma die normale Empfindlichkeit des Kaninchens gegen Blausäure, ist im anaphylaktischen Experiment die normale Empfindlichkeit des Versuchstieres gegen Antigen-Antikörper-Reaktionen der ausschlaggebende Faktor, gleichgültig ob man die Reaktionen selbst als den pathogenen Reiz betrachtet oder annimmt, daß sie den Austritt von Giften aus den Geweben veranlassen und daß diese frei gewordenen Gifte für die pathologischen Erscheinungen verantwortlich zu machen sind. Daß dieser Schluß richtig sein muß, ergibt sich zwangsläufig aus der passiv anaphylaktischen Versuchsanordnung, in welcher man einem normalen Tier die anaphylaktische Reaktionsfähigkeit durch die Einverleibung einer Reaktionskomponente (des Antikörpers bzw. des antikörperhaltigen Serums) verleiht.

Seit M. ARTHUS nachgewiesen hatte, daß sich das von PORTIER und RICHET als Anaphylaxie bezeichnete Phänomen mit artfremdem Serum reproduzieren läßt, war die Konjunktur für passiv anaphylaktische Versuchsanordnungen im Prinzip gegeben. War es doch schon seit längerer Zeit bekannt, daß artfremde Sera spezifische Antikörper erzeugen. In der Tat tauchten im Schrifttum um diese Zeit Angaben über positive Ergebnisse von Experimenten auf, deren Typus durchaus der passiven

Anaphylaxie entsprach, so, um zwei Autoren von vielen zu nennen, von CL. PIRQUET und B. SCHICK (1905). Systematische Untersuchungen, welche die grundsätzliche Bedeutung der passiven Anaphylaxie enthüllten, setzten jedoch erst im Jahre 1907 mit den Arbeiten von M. NICOLLE (1907), R. OTTO (1907), U. FRIEDEMANN (1907) und F. P. GAY und E. E. SOUTHARD (1907) ein.

Der Schock eines „passiv präparierten" Tieres unterschied sich weder qualitativ noch auch hinsichtlich seines Intensitätsmaximums vom Schock eines aktiv vorbehandelten Versuchstieres gleicher Art, und daß das passiv übertragene Agens ein Antikörper sein mußte, ergab sich aus der Tatsache, daß es einem Antigen seine Entstehung verdankte, aus seiner immunologischen Spezifität und aus seiner Anwesenheit im Serum. Die in der Inkubationsperiode des aktiv anaphylaktischen Versuches erfolgende Produktion des spezifischen Antikörpers wird einfach in der passiven Versuchsanordnung durch die Einverleibung von bereits vorhandenem Antikörper, oder, wie man sich heute ausdrücken würde, von fertigem Immunglobulin ersetzt. In beiden Fällen muß es sich also um die pathologische Auswirkung einer im Organismus ablaufenden Reaktion zwischen Antikörper und Antigen handeln, wobei, wie sich R. DOERR (1929 b, S. 657) ausdrückte, „der Organismus die Rolle eines bloßen Indikators des Reaktionsgeschehens übernimmt".

Es stellte sich alsbald heraus, daß das symptomatologische bzw. funktionale Gepräge dieses Indikators von der Tierspezies abhängt, in welcher man die Antikörper-Antigen-Reaktion ablaufen läßt. Quantitativ insoferne, als es bei einigen Tierarten (Ratten) nicht zum Intensitätsmaximum des tödlichen Schocks kommt, und in qualitativer Hinsicht, indem der Schock bei jenen Spezies, bei welchen er sich relativ regelmäßig erzielen läßt (Kaninchen, Hund, Meerschweinchen) durch Beteiligung verschiedener Organe (der „Schockorgane") verursacht wird, also einen für die reagierende Tierart typischen Mechanismus aufweist. Es besteht kein grundsätzliches Hindernis für die Annahme, daß die Antigen-Antikörper-Reaktion als solche je nach der artbedingten Besonderheit des Organismus differente krankhafte Erscheinungen auszulösen vermag. Kann man aber feststellen, daß infolge der Antigen-Antikörper-Reaktion ein und nur ein bestimmtes Gift aus den Geweben frei wird und daß dieses Gift auf unvorbehandelte Versuchstiere quantitativ und insbesondere qualitativ genau so wirkt wie ein anaphylaktischer Insult, so liegt der Schluß nahe, daß eben dieses Gift infolge der Antigen-Antikörper-Reaktion entsteht und ihre pathologischen Auswirkungen vermittelt. Die Zuverlässigkeit einer derartigen Hypothese wird jedoch erheblich reduziert erstens, wenn nicht ein einziger, sondern zwei oder mehrere toxische Stoffe kraft ihrer pharmakodynamischen Eigenschaften als Vermittler des anaphylaktischen Schocksyndroms in Frage kommen, oder zweitens, wenn nachgewiesen werden kann, daß das Gift oder die Gifte nicht nur für die pathologische Auswirkung von Antigen-Antikörper-Reaktionen, sondern auch für unspezifische Schockwirkungen (anaphylaktoide Reaktionen) verantwortlich gemacht werden können. Da wir auf dieses Kapitel ohnehin ausführlich zurückkommen müssen, genügt der Hinweis auf die prinzipiellen Momente, welche in diesem Teil der Problematik das Urteil beeinflußten und erschwerten.

Das passiv anaphylaktische Experiment gestattet eine in mancher Beziehung und namentlich auch in dem hier erörterten Zusammenhang wichtige Variante. Man kann die Antikörperproduktion und die schockauslösende Antigen-Antikörper-Reaktion in zwei verschiedenen Tierarten ablaufen lassen. Ein derartiger „*heterolog passiver Versuch*" würde sich beispielsweise so gestalten, daß man ein Kaninchen parenteral mit Pferdeserum behandelt und das Serum dieses Kaninchens nach erfolgter Antikörperbildung dazu benützt, um ein Meerschweinchen passiv zu präparieren. Die Resultate solcher Experimente sind, wie R. OTTO (1907), WEIL-HALLÉ und LEMAIRE (1908), R. DOERR und H. RAUBITSCHEK (1908), R. DOERR und V. K. RUSS (1908) u. a. gezeigt haben, positiv, d. h. die passiv präparierten Meerschweinchen reagieren auf die intravenöse Injektion von Pferdeserum mit akut tödlichem Schock, und dieser Schock weist selbstverständlich nicht die Kennzeichen des anaphylaktischen Schocks der Kaninchen auf, sondern verläuft wie der typische anaphylaktische Schock des Meerschweinchens als bronchospastische Erstickung. Es wäre überflüssig, dies ausdrücklich hervorzuheben, wenn man nicht in der älteren und neueren Literatur auf die Aussage stoßen würde, „daß sich der anaphylaktische Zustand mit dem Serum überempfindlicher Tiere auf normale Tiere der gleichen oder einer anderen Spezies übertragen läßt". Man scheint eben doch aus dem passiv heterologen Experiment noch immer nicht die einzig richtige Folgerung ableiten zu wollen, daß weder ein „Zustand" noch eine „Reaktionsweise", noch eine „Überempfindlichkeit" übertragen wird, sondern lediglich eine Komponente für die pathogene Immunitätsreaktion, nämlich der Antikörper.

6. Immunologische Irrwege.

Durch das passiv anaphylaktische Experiment, insbesondere durch seine heterologe Variante war das Problem auf das immunologische Territorium verschoben und in dieser Beziehung so weit gelöst, daß der Satz fast allgemein anerkannt wurde: *Im Beginne des anaphylaktischen Vorganges muß eine Antikörper-Antigen-Reaktion stehen.*

Aber diese Errungenschaft wurde sozusagen in statu nascendi teilweise entwertet oder doch verdunkelt, indem sich die Autoren im Erfinden neuer termini technici überboten. Die Vorbehandlung mit einem Antigen, welche den aktiv anaphylaktischen Versuch einleiten muß, um die Antikörperproduktion in Gang zu setzen, nannte man Sensibilisierung, das Antigen, welches zu diesem Zwecke verwendet wurde, Anaphylaktogen, Anaphylaxogen, Sensibilisinogen, Sensibilisin, Anatoxin, Antianaphylaxin, den entstehenden Antikörper anaphylaktischen Reaktionskörper, Sensibilisin, Toxogenin, Allergin, Albuminolysin, Anaphylaktin, Anaphylaxin oder Analexin. Wie man erkennt, ereignete sich der Fall, daß ein und dasselbe Wort (Sensibilisin) von einem Autor für den Antikörper, von einem anderen für das Antigen gebraucht wurde; viele Ausdrücke waren ferner dazu ausersehen, unbewiesene oder an sich unwahrscheinliche Hypothesen zur Geltung zu bringen (Sensibilisinogen, Albuminolysin, Toxogenin). Dieser nomenklatorische Wirrwarr erwies sich als der geeignete Boden, um Fragestellungen und Behauptungen zur Reife zu bringen, die a priori widersinnig waren. Nur zwei, allerdings sehr charakteristische Beispiele dieser Art seien hier angeführt:

a) In völliger Verkennung des immunologischen Sachverhaltes wurden Experimente veröffentlicht, aus denen hervorgehen sollte, daß die „sensibilisierende" Substanz im aktiv anaphylaktischen Versuch von der schockauslösenden verschieden sei [A. Besredka (1908), R. Kraus und R. Volk (1909), C. Levaditi (1908) u. a.]. Immer wieder mußte mit Aufwand von Arbeit, Zeit und Geld solcher Schutt weggeräumt werden, um die Anerkennung des Fundamentsatzes wachzuerhalten, daß den anaphylaktischen Symptomen eine Antigen-Antikörper-Reaktion zugrunde liegen muß.

b) Als Gegenstück zu dieser Idee, welche dem Antigen eine zweifache Funktion zuschreiben möchte, kann die Hypothese gelten, daß es zwei voneinander verschiedene Antikörper gibt, von welchen der eine „sensibilisiert", während der andere „immunisiert" [W. H. Manwaring (1926), Manwaring, R. W. Wright und P. W. Shumaker (1926), Manwaring, Shumaker, Wright, Reeves und Moy (1927)]. Man kennt aber nur eine Eigenschaft der Antikörper, nämlich die auf einer spezifischen Affinität beruhende Bindung an das Antigen, dem sie ihre Entstehung verdanken, und nur diese Bindung kann es sein, welche den anaphylaktischen Erscheinungen zugrunde liegt. Die gemeinsame Quelle der Vorstellungen von einer funktionalen Doppelspurigkeit des Antigens sowie des Antikörpers ist *der Kampf mit selbstgeschaffenen Schwierigkeiten*, die sich aus den Worten „Überempfindlichkeit", „Sensibilisieren" und „Immunisieren" ergeben bzw. aus ihrer falschen oder wechselnden Anwendung. Unter „Immunisieren" versteht man heute nicht mehr ausschließlich Eingriffe, welche dem Organismus Schutz gegen Infektionen oder Intoxikationen verleihen, vielmehr wird jede Einverleibung von Antigen, welche die Produktion von Antikörpern auslösen soll, allgemein als „Immunisierung" bezeichnet. Das „Sensibilisieren" im aktiv anaphylaktischen Versuch ist daher, diesem Sprachgebrauch folgend, eine „Immunisierung" und daß keine „Überempfindlichkeit" entsteht, wurde in Kapitel 4 an Hand eines toxikologischen Modellversuches auseinandergesetzt. Dazu kommt, daß man den Ausdruck „Immunität" (bzw. Immunisieren) zur Abwechslung auch wieder im Sinne einer Schutzwirkung auf die Tatsache angewendet hat, daß das Zustandekommen des anaphylaktischen Zustandes völlig verhindert werden kann, wenn man die Versuchstiere mit wiederholten großen Antigendosen vorbehandelt. Solche Beobachtungen wurden sowohl an Meerschweinchen [Remlinger (1907), R. Otto (1907), A. Besredka (1912), R. Weil (1913), H. H. Dale (1913), O. Thomson (1917), W. Brack (1921) u. a.] als auch an Hunden [W. H. Manwaring, P. W. Shumaker, P. W. Wright, Reeves und Moy (1927)] gemacht. Die genauere Untersuchung der „immunisierten", *korrekt ausgedrückt, der wider Erwarten nicht anaphylaktisch reagierenden Tiere* ergab, daß das Blut oft große Mengen Antikörper enthielt, aber nicht einen besonderen „immunisierenden" Antikörper, sondern im Gegenteil einen „sensibilisierenden", d. h. den gewöhnlichen anaphylaktischen Antikörper, mit welchem man normale Meerschweinchen passiv präparieren konnte. Man versetzte somit durch das Serum eines gegen die intravenöse Antigeninjektion refraktär gewordenen Tieres ein normales in den Zustand der maximalen anaphylaktischen Reaktionsfähigkeit, woraus unmittelbar erhellt, daß vom refraktären Tier nicht sein Zustand, seine Unempfindlichkeit oder die sogenannte „Immunität" auf das normale übertragen wird, sondern nur eine Reaktionskomponente, der man die Bezeichnung „*anaphylaktischer Antikörper*" zuerkennen muß, weil das Experiment keinen anderen Schluß erlaubt. Zweitens sieht man ein, daß eine in vivo ablaufende Antigen-Antikörper-Reaktion wohl eine *notwendige*, aber keine *hinreichende* Bedingung des anaphylaktischen Syndroms ist. Schon das Bild des anaphylaktischen Schocks lehrt, daß die volle Wirkung nur zustande kommen kann, wenn der im Organismus vorhandene Antikörper mit dem Antigen der Reinjektion brüsk in Kontakt gebracht wird. Aus diesem Grunde wird die Injektion des Antigens in der Regel intravenös oder intracardial ausgeführt; die verzögerte Resorption oder die Injektion des Antigens in kleinen Teilquanten mit zwischengeschalteten Intervallen kann den Schock verhindern. In der Erforschung der Anaphylaxie verlor die Hypothese, daß neben einem „sensibilisierenden" auch ein „immunisierender" Antikörper existiere, rasch die wenigen Anhänger, welche mit dem bequemen Mittel sympathisierten, widersprechende Versuchsresultate durch funktionale Duplizitäten aus der Problematik zu eliminieren. Dagegen fand dieser, in unserem Wissen vom Wesen der Antikörper völlig unbegründete Gedanke Anerkennung im Gebiete der sogenannten Allergien. Auf der 4. Jahresversammlung der amerikanischen Akademie für Allergie, welche im Dezember 1947 in St. Louis tagte, mußte sich J. BRONFENBRENNER [s. BRONFENBRENNER (1948)] sehr energisch für die „unitarische Hypothese des Antikörpers“ einsetzen, denn er sprach vor Fachleuten, die, schon mit Rücksicht auf ihre medizinisch-therapeutische Tätigkeit, vom Gegenteil überzeugt waren.

7. Anaphylaxie und Allergie.

Eine kritische Analyse der Idiosynkrasien führte R. DOERR (1921) zur Erkenntnis, daß diese Reaktionsformen durch eine Trias von Merkmalen ausgezeichnet sind, welche sich gegenseitig zu widersprechen scheinen. Die Idiosynkrasiker sind gegen ganz bestimmte Substanzen empfindlich und diese Spezifität der reaktionsauslösenden Stoffe muß durch ihre chemische Struktur bedingt sein, was sich bei Substanzen von einfachem und bekanntem Bau wie Jodoform, Chinin, Aspirin leicht nachweisen läßt. Die ausgelösten Symptome sind dagegen von der chemischen Beschaffenheit der auslösenden Substanzen ganz unabhängig, sie haben mit der Wirkung, welche die gleichen Stoffe im Körper normaler Menschen entfalten, keine Ähnlichkeit. Drittens können die Idiosynkrasiker auf die verschiedensten Stoffe, sofern sie gegen dieselben empfindlich sind, in völlig gleicher Weise reagieren. In diesen Feststellungen erblickte R. DOERR den Schlüssel zur Lösung des Idiosynkrasieproblems, da man dieselbe sonderbare Kombination bereits von der Anaphylaxie her kannte und wußte, daß hier nicht die auslösende Substanz als solche wirkt, sondern ihre Reaktion mit dem infolge der vorangegangenen „Sensibilisierung“ entstandenen Antikörper. Es schien DOERR daher geradezu notwendig, denselben Mechanismus auch für die Idiosynkrasien gelten zu lassen, d. h. auch bei diesen Reaktionsformen anzunehmen, „*daß die auslösenden Stoffe nicht unmittelbar auf die Zellen einwirken, sondern mit einer spezifisch abgestimmten, an oder in den Zellen fixierten Komponente in stets gleicher Weise abreagieren, und daß erst diese Reaktion Zellreizung oder Zellschädigung bedingt*“. Die Existenz dieser Komponente war zu jener Zeit rein hypothetisch. Aber diese Hypothese wurde noch im gleichen Jahre durch C. PRAUSNITZ und H. KÜSTNER (1921) experimentell bestätigt, indem diese Autoren zeigten, daß man mit dem Serum idiosynkrasischer Individuen die Haut normaler Menschen derart umstimmen kann, daß eine an gleicher Stelle ausgeführte Injektion des Stoffes, auf den der Idiosynkrasiker reagiert, eine typische lokale Urticaria erzeugt. Die Methode von PRAUSNITZ-KÜSTNER ist kein vollkommenes Analogon des homolog-passiven anaphylaktischen Experimentes, da im ersten Fall nur ein kleiner Hautbezirk reaktionsfähig gemacht wird, während im zweiten der Empfänger des Serums die gleichen schockartigen Allgemeinerscheinungen zeigt wie der Spender, wenn das spezifische Antigen reinjiziert wird. Aber diese Differenz läßt sich ausgleichen, wenn man größere

Mengen Blut von idiosynkrasischen Menschen normalen Individuen transfundiert. Solche Transfusionen wurden zum Teil zu therapeutischen Zwecken vorgenommen und es war dann ein Zufall, daß der Blutspender mit einer Idiosynkrasie behaftet war [M. A. RAMIREZ (1919), H. C. BERGER (1924), C. A. MILLS und L. SCHIFF (1926), H. G. HOLDER und W. E. DIEFENBACH (1932), SUREAU und POLACCO (1933)], bis schließlich Transfusionen von idiosynkrasischem Blut (500 bis 1000 ccm) direkt zu dem Zwecke ausgeführt wurden, um ihre Wirkungen auf normale Empfänger und das Verhalten der Antikörper im Empfänger nach verschiedenen Richtungen zu studieren [W. P. GARVER (1939), M. H. LOVELESS (1941)][1]. Als viertes Bindeglied zwischen Anaphylaxie und Idiosynkrasie kommt noch die Notwendigkeit der „Sensibilisierung" hinzu, d. h. einer vorausgegangenen, den Gegenkörper erzeugenden Einwirkung der reaktionsauslösenden Substanz, welche allein imstande ist, die spezifische Einstellung der Reaktivität auf bestimmte Stoffe zu erklären. Das Meerschweinchen wird nicht gegen Pferdeserum anaphylaktisch, wenn es nicht vorher mit Pferdeserum „präpariert" wurde, und so wird auch der Mensch nur durch den Kontakt mit einer bestimmten Substanz gegen diese idiosynkrasisch.

Der Ausdruck „Idiosynkrasie" ist aus dem Schrifttum allmählich verschwunden und durch den Terminus „Allergie" ersetzt worden. CLEMENS VON PIRQUET (1910) definiert aber als Allergie (von ἄλλη ἔργεια = geänderte Reaktionsfähigkeit) alle gesetzmäßigen und spezifischen Veränderungen der Reaktionsfähigkeit, die der Organismus durch die Vorbehandlung mit bakteriellen Produkten oder anderen körperfremden Substanzen erwirbt, gleichgültig ob die geänderte Reaktivität als Unempfindlichkeit, als „Immunität" oder als gesteigerte Empfindlichkeit zum Ausdruck kommt. In dieser ursprünglichen Fassung war der Allergiebegriff wegen seines allzu großen Umfanges praktisch unverwendbar. Warum, hat W. C. BOYD (1943) in folgender Art expliziert: In der PIRQUETschen Formulierung ist das Wort „Allergie" zweideutig. Die Aussage, ein Individuum reagiere allergisch, könnte ebensowohl bedeuten, daß es gesund bleibe, während es bei normaler Reaktivität erkranken würde, wie auch umgekehrt, daß es erkranke statt gesund zu bleiben. Das sei für den Arzt untragbar und hieraus ergebe sich die Notwendigkeit der Trennung von Immunität (im Sinne eines erworbenen spezifischen Schutzes) und Allergie „im engeren Sinne einer erworbenen pathologischen Reaktivität". Trotzdem auf diese Weise der PIRQUETsche Allergiebegriff aus praktisch medizinischen Gründen seines Sinnes beraubt und entrechtet wurde, blieb der Name „Allergie" bestehen. Als im

[1] Angaben über den Inhalt der in diesem Satze zitierten Arbeiten findet man auch bei BR. RATNER: „Allergy, Anaphylaxis and Immunotherapy", 1943, S. 572f.

November 1929 das erste Heft des Journal of Allergy erschien, hielten sich die Herausgeber für verpflichtet, die Bedeutung des Ausdruckes „Allergy“ festzulegen, um das Programm der neu gegründeten Zeitschrift zu umschreiben. Sie konstatierten, daß dem Worte im wissenschaftlichen Gebrauch keine allgemein anerkannte Definition entspreche, daß es aber von den Klinikern übereinstimmend auf Zustände spezifischer Überempfindlichkeit mit Ausschluß der Anaphylaxie niederer Tiere angewendet werde. Selbst wenn man die Zeit berücksichtigt, in welcher diese programmatische Erklärung abgegeben wurde, ist eine derart zur Schau getragene Uninteressiertheit für die wissenschaftliche Erfassung eines bestimmten Beobachtungsmaterials durchaus abzulehnen. Die Folge war, daß sich zahlreiche Autoren mit der Erfassung der krankhaften Störungen als „spezifische Überempfindlichkeiten“ begnügten und, von diesem an sich falschem Prinzip ausgehend, die Fülle der klinischen Bilder durch verschiedene Unterteilungen in ein System zu bringen suchten [A. F. Coca (1920), Coca und R. A. Cooke (1923), E. Urbach (1934), Urbach und Ph. M. Gottlieb (1946)], während R. Doerr (1921, 1923, 1929a, b, 1933, 1946a, b) mit seinen konsequenten Bemühungen das Gemeinsame aller klinischen Erscheinungen durch Gruppierung um das zentrale Phänomen der Anaphylaxie zu erfassen, ziemlich isoliert blieb.

Die überaus zahlreichen Allergiespezialisten, welche sich in den Vereinigten Staaten Amerikas zu größeren Verbänden (Akademie für Allergie, College of Allergists) zusammengeschlossen haben, waren sozusagen ex officio bemüht, die Kluft zwischen Anaphylaxie und Allergie soweit als irgend möglich zu vertiefen. Unter anderem wurde versucht, das Verhältnis der Anaphylaxie der Versuchstiere zu den Phänomenen spezifischer Überempfindlichkeit des Menschen als einen durch die Organisationsstufe bedingten Gegensatz hinzustellen. Dies erwies sich jedoch als sachlich unrichtig. Einerseits wurden beim Menschen typische anaphylaktische Reaktionen beobachtet, welche hinsichtlich ihrer Entstehungsbedingungen, ihrer klinischen Symptome und der autoptischen Befunde den anaphylaktischen Reaktionen gewisser Tierspezies glichen, worauf an anderer Stelle dieses Werkes genauer eingegangen werden soll. Auf der anderen Seite hat man Heufieber bei Hunden [F. W. Wittich (1941), J. W. Thomas (1943), G. Ruiz-Moreno und L. Bentoljla (1945)] und bei Rindern [G. W. Bray (1934)] konstatiert, J. Phillips beschrieb bei Hunden Nahrungsmittelidiosynkrasien in Form von angioneurotischen Ödemen und konnte die Diagnose durch Fütterungsversuche und Hautproben sichern, die ekzematöse Form der alimentären Allergie konnten G. B. Schnelle (1933) und F. W. Wittich (1944) bei Hunden beobachten und C. R. Schroeder (1933) berichtete über eine Dermatitis bei einem ganz jungen Walroß, welche durch Fütterung mit Milch verursacht wurde und nach dem Aussetzen der Milchfütterung sofort verschwand.

Die Serumkrankheit kommt bei Pferden und Rindern vor [F. GERLACH (1922), J. LOUSTAU und A. RODRIGUEZ (1940)]. Da außer den bereits zitierten auch noch andere Angaben über das Vorkommen allergischer Krankheiten bei Tieren vorliegen, so von P. W. BURNS (1933), B. S. POMEROY (1934), W. T. VAUGHAN (1939), A. BROWNLEE (1940) u. a., darf man annehmen, daß es sich nicht um ganz vereinzelte Fälle, sondern um relativ häufige Ereignisse handelt, die nur deshalb der Aufmerksamkeit entgehen, weil man sie, besonders wenn nicht sehr auffällige Erscheinungen auftreten, gar nicht beachtet, im Gegensatz zur Humanmedizin, wo man, in das andere Extrem fallend, mit der Diagnose „Allergie" sofort bei der Hand ist, wenn nicht offenkundige Indizien für eine andere Ätiologie sprechen.

Es existiert also kein Gegensatz zwischen Mensch und Tier derart, daß gewisse Formen pathogener Antigen-Antikörper-Reaktionen nur beim Menschen und andere nur bei Tieren möglich sind, eine Aussage, welche sowohl für das natürliche (spontane) Auftreten als für die experimentelle Induktion solcher Reaktionen gültig ist. Von dieser Seite her kann kein Einwand dagegen erhoben werden, die experimentelle Anaphylaxie als Zentralproblem zu bewerten. Sie ist nicht nur gründlicher erforscht als jede andere allergische Reaktionsform, sondern hat uns die Gewißheit verschafft, *daß die auslösenden Substanzen nicht als solche wirken, daß sie nicht als solche pathogen sein können, sondern nur durch ihre Reaktion mit einem infolge vorausgegangener „Präparierung" entstandenen oder passiv zugeführtem Antikörper, und daß diese Reaktion unabhängig von der chemischen Beschaffenheit der auslösenden Substanzen stets dieselbe sein muß, sei es nun an sich, sei es hinsichtlich ihrer physio-pathologischen Konsequenzen.* Wie schon aus diesem Wortlaut hervorgeht, ist jedoch diese Formulierung des Grundprinzips eine unvollständige Aussage, da sie die Frage unbeantwortet läßt, ob die Antigen-Antikörper-Reaktion die allergischen Krankheitserscheinungen hervorruft oder ein sekundärer, von ihr abhängiger Vorgang. Abgesehen davon ist es nicht bei allen Formen allergischer Symptome gleich einfach, den Beweis zu erbringen, daß nicht die auslösende Substanz das pathogene Agens ist, sondern ihr Abreagieren mit einem Antikörper.

Für die Anaphylaxie hat R. DOERR (1926, 1929a, b) die Erfüllung folgender Bedingungen als notwendig erachtet:

1. Der aktiv anaphylaktische Versuch muß ein positives Resultat liefern.

2. Die auslösende Substanz soll womöglich nicht schon primär toxisch sein, und wenn das der Fall ist, dürfen ihre Wirkungen nicht denselben Charakter haben, wie sie bei der Erfolgsinjektion der anaphylaktischen Versuchsanordnung in Erscheinung treten.

3. Die für die Vorbehandlung verwendete Substanz muß mit dem bei der Erfolgsinjektion verwendeten Stoff identisch sein oder mit ihm in jenem Grad der Verwandtschaft stehen, der im Gebiete der serologischen Spezifität die vitro-Reaktionen beherrscht.

4. Die Existenz eines für die pathogene Reaktion notwendigen Antikörpers muß durch den Übertragungsversuch (das homologe oder heterologe passiv anaphylaktische Experiment) erwiesen werden, wobei man als antikörperhaltiges Substrat entweder das Serum eines anaphylaktischen (bzw. mit der untersuchten Substanz immunisierten) Tieres oder isolierte überlebende Organe von Tieren benützen kann, welche sich im Stadium der anaphylaktischen Reaktivität befinden (Schutz-Dalesche Probe).

Diese Postulate lassen sich jedoch nicht in jedem Falle vollständig befriedigen.

Als Beispiel seien die zahlreichen Beobachtungen angeführt, daß die Empfindlichkeit der Haut infolge der Einwirkung von chemisch definierten Stoffen, die als Arzneimittel oder in der Industrie Verwendung finden, erheblich gesteigert werden kann. Solche Stoffe wirken oft schon auf die normale Haut reizend und die Wirkungen können den allergischen qualitativ ähneln, so daß die Allergie symptomatologisch den Charakter einer bloß quantitativen Steigerung der normalen Empfindlichkeit annimmt. Die experimentelle Erzeugung dieser als Kontaktdermatitis bezeichneten Allergieformen gelingt meist nur, wenn die Vorbehandlung von der Oberfläche der Haut aus erfolgt, während intraperitoneale, intravenöse, je selbst subkutane Präparierungen im Tierversuch keinen oder nur geringeren Erfolg haben [M. B. Sulzberger (1930), K. Landsteiner und M. W. Chase (1939)], und der passive Übertragungsversuch mit dem Serum der an Kontaktdermatitis leidenden Menschen oder Tiere gibt in der Regel negative Resultate. Von den vier oben aufgezählten Kriterien anaphylaktischer Prozesse erweisen sich somit meist drei als unbrauchbar, und es bleibt kein anderer Anhaltspunkt übrig als die Tatsache, daß die Empfindlichkeit spezifisch auf die Substanz der Vorbehandlung eingestellt sowie daß eine spezifische Vorbehandlung als conditio sine qua non zu betrachten ist. Die Sachlage stellt sich aber nur in dieser Form dar, wenn man sie in allgemeiner Form charakterisiert und einwandfrei festgestellte Ausnahmen, insbesondere gelungene Übertragungsversuche vernachlässigt.

Vor allem hat man hier und in ähnlichen Fällen zu berücksichtigen, daß die Grenzen, die man zwischen der Anaphylaxie und den verschiedenen Allergieformen gezogen, in stetig steigendem Ausmaße überbrückt wurden, seit R. Doerr (1921) erkannt hatte, daß alle diese Phänomene ein gemeinsames Prinzip umspannt, nämlich daß abnorme Reaktionen auftreten, welche durch Substanzen von bestimmten chemischem Bau ausgelöst werden, pathogenetisch aber von der Struktur des auslösenden

Agens unabhängig sind und auf einer vorausgegangenen Einwirkung dieses Agens berühren. Die einzig mögliche Erklärung für dieses Verhalten erblickte ich 1921 in der Annahme, daß die spezifische Einstellung durch die vorausgegangene Einwirkung zustande kommt, und daß, um dies nochmals zu betonen, die auslösenden Stoffe nicht als solche wirkten, sondern durch ihre Reaktion mit einem vom Organismus produzierten Gegenkörper, der in der Mehrzahl der Fälle mit dem Blutserum auf normale Individuen übertragen werden kann. Auf diesem Standpunkt stehe ich noch heute. Es erscheint mir zulässig, in jenen Fällen, in welchen der effektive Nachweis eines spezifischen Gegenkörpers nicht oder nur ausnahmsweise möglich ist, die Erwägung gelten zu lassen, daß die bei Mensch und Tier beobachteten krankhaften Phänomene in anderer Weise überhaupt nicht erklärt werden können [R. Doerr (1946b)]. Daß sich diese Annahme als einziger Weg aufdrängt, wurde von A. F. Coca (1943) in seinem Werk über gewisse Nahrungsmittelallergien, die er als „Idioblapsien" bezeichnete, zugegeben. Nach Cocas Angaben geben die von solchen Allergien befallenen Personen keine Cutanreaktionen und in ihrem Serum konnten mit Hilfe des Prausnitz-Küstnerschen Versuches keine Reagine nachgewiesen werden. Coca räumte aber ein, daß die scharf ausgeprägte Spezifität dieser Allergien die Annahme spezifischer Antikörper, welche mit dem von außen zugeführten Allergen reagieren, erfordere.

In jüngster Zeit ist es S. Raffel (1946, 1947, 1948) gelungen, engste Beziehungen zwischen der Anaphylaxie und den allergischen Reaktionen vom Tuberkulintypus, den sogenannten infektiösen Allergien, festzustellen. Es wurde der Beweis geliefert, daß sowohl den allgemeinen wie den lokalen, durch Tuberkulin auslösbaren Reaktionen eine Anaphylaxie gegen Tuberkuloprotein zugrunde liegt, und daß der besondere Typus der Tuberkulinreaktionen durch die Mitwirkung einer im Wachs der Tuberkelbazillen enthaltenen Substanz bedingt ist. So bewegt sich also auch dieser Teil der Allergieforschung in der Bahn, die R. Doerr (1921) als die einzig mögliche vorausgesehen hat.

In den vorstehenden Ausführungen sind die ersten Entwicklungsphasen der Erforschung der Anaphylaxie und der mit ihr verwandten allergischen Phänomene in groben Umrissen skizziert und die grundlegenden Probleme gekennzeichnet, welche sich aus Experiment und Beobachtung ergaben und auf ihre Lösungsmöglichkeiten hin geprüft wurden. Restlos erschlossen ist keines dieser Probleme und da die vorgelegten Erklärungsversuche nicht zu befriedigen vermochten, wurden Hypothesen älteren Datums wieder hervorgeholt, erneut durchmustert und vor allem miteinander kombiniert, um auf diese Art Ansprüchen, die man für unabweisbar hielt, Rechnung zu tragen. Daß bei diesen Restaurierungen und Flickarbeiten die Sucht, neue Namen zu erfinden, wieder zur Geltung kam, war nach allem, was sich in dieser Beziehung bereits abgespielt hatte (s. S. 10) zu erwarten. Es hat den Anschein — und in einem Falle hat mir das ein angesehener Forscher in einer schwachen Stunde rund heraus eingestanden —, daß der Erfolg, den die Worte Anaphylaxie und Allergie zu verzeichnen hatten, den Ansporn bildete, durch Erfindung eines Fremdwortes von gleicher oder stärkerer Durchschlagskraft zu weltweiter und dauerhafter Berühmtheit zu gelangen. Glücklicherweise vollzieht sich aber hier ein „Selbstreinigungsprozeß", indem die neuen Namen, nachdem sie im engeren Wirkungskreis ihrer Schöpfer eine Zeitlang Anwendung gefunden, wieder von der Bildfläche verschwinden.

Mit Rücksicht auf den enormen Umfang des literarischen Materials wird in diesem Band der „Immunitätsforschung" nur die Anaphylaxie behandelt; wenn in dem einleitenden Abschnitt auf die Verwandtschaft mit den Idiosynkrasien (Allergien) ausführlicher hingewiesen wurde, geschah dies, um die dominierende Stellung der Anaphylaxie in dem Gesamtgebiete der spezifisch induzierten pathologischen Reaktivitäten zur Geltung zu bringen. In dieser Vorherrschaft ist auch die Rechtfertigung implicite gegeben, der Anaphylaxie eine gesonderte Darstellung zu widmen.

II. Die Technik und Methodik der anaphylaktischen Versuchsanordnungen.

Seit der ersten Publikation von Portier und Richet (1902) bildeten typische Versuchsanordnungen den fixen Rahmen der Anaphylaxieforschung. Die theoretische und die experimentelle Analyse beschränken sich auf die Ermittlung der Bedingungen, unter welchen das als anaphylaktische Reaktion bezeichnete Phänomen hervorgerufen werden kann, und auf die Feststellung der Grenzen, innerhalb welcher die typischen Versuchsanordnungen geändert werden können, ohne das positive Resultat zu gefährden. Es müssen also die typischen Versuchsanordnungen zunächst besprochen werden, um auch dem Nichtspezialisten das Verständnis des Gesamtgebietes zu erschließen. Eine rein methodologisch-technische Darstellung schien dem Verfasser jedoch nicht wünschenswert; wo sich aus der Methodik Partialprobleme ergaben, wurden sie im Konnex mit den sachlichen Daten erörtert.

A. Der aktiv anaphylaktische Versuch.

Der aktiv anaphylaktische Versuch gliedert sich in drei Etappen: die *Vorbehandlung*, das *Inkubationsstadium* und die *Probe* auf das Bestehen des anaphylaktischen Zustandes.

1. Die Vorbehandlung.

Die Vorbehandlung („aktive Präparierung" oder „aktive Sensibilisierung") besteht in der parenteralen Zufuhr von Substanzen, deren anaphylaktogene Fähigkeiten bereits bekannt sind oder erst geprüft werden sollen.

Die *parenterale* Zufuhr verfolgt den Zweck, die verwendeten Substanzen in *unverändertem* Zustande an den Ort zu bringen, an welchem sie als Anaphylaktogene wirken, d. h. die Antikörperproduktion in Gang bringen können. Nun ist dieser Ort zur Zeit nicht sicher bekannt [vgl. R. Doerr (1947) und R. Doerr (1949)]; aber wir wissen, daß die Einverleibung per os (die enterale Zufuhr) den präzisierten Zweck vereiteln kann, sei es, daß die Magendarmschleimhaut für den zur Vorbehandlung benützten Stoff undurchlässig ist oder daß dieser von den Verdauungsfermenten angegriffen und in unwirksame Derivate umgesetzt wird.

Die Umgehung des Darmkanals läßt sich durch *Injektionen* in Gewebsparenchyme oder seröse Höhlen bewerkstelligen, welche gleichzeitig im Gegensatz zur Verfütterung eine exakte Dosierung ermöglichen. Die Injektionen werden meist *subkutan*, seltener *intramuskulär*, *intraperitoneal*, *intravenös* oder *intracardial* ausgeführt. Man könnte diese Injektionsarten für gleichwertig halten und daher der subkutanen Vorbehandlung wegen ihrer Einfachheit den Vorzug geben. Verfasser hat bei seinen sehr zahlreichen Versuchen an Meerschweinchen nie anders als subkutan (in das lockere Gewebe über dem Brustbein) injiziert und unter Beachtung selbstverständlicher Kautelen (Verhinderung des Ausfließens der eingespritzten Flüssigkeit aus der Einstichstelle) regelmäßige Resultate erzielt. Es scheinen aber doch Differenzen zu bestehen, die nicht bloß in versuchstechnischer Beziehung bemerkenswert sind.

H. R. Cohen und M. M. Mosko (1943) präparierten drei Gruppen von erwachsenen Meerschweinchen mit einer Lösung von gereinigtem Ovalbumin. Gruppe 1 erhielt in dreitägigen Intervallen 4 Injektionen von je 5 mg Ovalbumin *intraabdominal*, Gruppe 2 in denselben Abständen 3 *intracardiale* Injektionen von je 5 mg, Gruppe 3 6 mg (adsorbiert an Aluminiumhydroxyd) *intramuskulär*, verteilt auf die Extremitäten. Die Tiere der Gruppe 1 produzierten fast immer hochwertige Präzipitine und reagierten auf die intracardiale Erfolgsinjektion von 2 mg Ovalbumin mit schwerem, aber nicht letal verlaufendem Schock; in der Gruppe 2 war in der Regel keine Präzipitinbildung festzustellen, aber die in gleicher Weise und zur gleichen Zeit wie bei Gruppe 1 ausgeführte Probe führte immer zum akuten Schocktod; in der Gruppe 3 war die Entstehung hochwertiger Präzipitine ausnahmslos zu konstatieren, der Schock verlief jedoch trotz der Reinjektion etwas größerer Dosen nur selten letal. Damit war zunächst die Angabe von C. A. COLDWELL und G. P. YOUMANS (1941) widerlegt, daß Meerschweinchen nach wiederholten intraabdominalen Injektionen von Ovalbumin kein Präzipitin bilden. Zweitens hatte sich, was schon vorher wiederholt beobachtet worden war, erneut bestätigt, daß zwischen dem Vorhandensein von Präzipitin im strömenden Blut und der Intensität der anaphylaktischen Reaktivität kein Parallelismus besteht; in den Versuchen von COHEN und MOSKO war nach intracardialer Vorbehandlung überhaupt kein Präzipitin in der Zirkulation nachweisbar, obzwar der akut tötende Schock schon durch kleinste Ovalbuminmengen konstant ausgelöst werden konnte. Ferner schien es, daß die intramuskuläre Depotimmunisierung mit einem Adsorbat des Ovalbumins an Aluminiumhydroxyd die Präzipitinproduktion nicht nur quantitativ steigerte, sondern auch beschleunigte [vgl. das Kapitel über „Adjuvantia" bei R. DOERR (1948), S. 50 bis 60], ohne daß damit ein gleichsinniger Einfluß auf die Entwicklung des anaphylaktischen Zustandes verbunden war. Die Versuche von COHEN und MOSKO sollten nachgeprüft werden, insbesondere auch um zu entscheiden, warum sich intracardiale Antigeninjektionen so ungünstig auf die Entstehung zirkulierender Antikörper auswirken.

Eine Differenz zwischen zwei parenteralen Injektionsarten, die sogar absolut war, wurde von A. KLOPSTOCK und G. E. SELTER (1927) beschrieben. Meerschweinchen wurden durch subkutane, aber nicht durch intravenöse Injektionen von diazotiertem Atoxyl aktiv anaphylaktisch. Aufgeklärt wurde dieser merkwürdige Gegensatz nicht.

Die für eine erfolgreiche parenterale Vorbehandlung ausreichende Substanzmenge wird beeinflußt: 1. durch die Artzugehörigkeit des Versuchstieres; 2. innerhalb der Tierspezies durch individuelle Differenzen; 3. durch die antigene Aktivität der verwendeten Substanz; 4. durch die Zeit, welche man bis zur Probe verstreichen lassen will sowie durch die Art und die Empfindlichkeit dieser Probe; 5. durch die Art der parenteralen Einverleibung (s. oben); 6. durch den Umstand, ob man die ganze Substanzmenge auf einmal oder auf zwei, drei oder mehr Dosen verteilt in drei-, fünf-, siebentägigen Intervallen einspritzt und 7. durch den Reinheitsgrad der benützten Substanz bzw. durch ihre Verunreinigung mit anderen, nichtantigenen Ballaststoffen oder auch mit anderen Antigenen, welche die spezifische Auswirkung der Hauptsubstanz durch ihr Vorhandensein rein quantitativ reduzieren oder qualitativ konkurrenzieren.

Wie aus dieser Aufzählung hervorgeht, sind schon an dieser ersten Etappe des aktiv anaphylaktischen Experimentes viele Faktoren maßgebend beteiligt. Diese Versuchsanordnung ist daher, wie auch von anderer Seite gezeigt werden wird, keineswegs so einfach, daß sich Personen ohne genügende eigene Erfahrungen derselben zuverlässig bedienen können. Gerade dies geschieht jedoch in ungezählten Laboratorien und trägt die Hauptschuld an so manchen unwahrscheinlichen Behauptungen und den vielen Widersprüchen zwischen den Ergebnissen verschiedener Autoren in der gleichen Sache. Erleichtert wurde dieses laienhafte Tun sehr wesentlich durch die Einführung eines billigen Versuchstieres von optimaler Eignung für anaphylaktische Experimente, nämlich des *Meerschweinchens.*

Die Verwendung von Meerschweinchen geht auf eine Beobachtung von THEOBALD SMITH zurück, daß Meerschweinchen, welche mehrere Wochen vorher ein Gemenge von Diphtherietoxin und antitoxischem Pferdeserum erhalten hatten, plötzlich verendeten, wenn man ihnen einige Kubikzentimeter normalen Pferdeserums injizierte. Auf Veranlassung von PAUL EHRLICH unterzog R. OTTO (1906) diese Angaben einer Nachprüfung und fand, daß schon die einmalige Injektion von normalem Pferdeserum Meerschweinchen gegen eine in entsprechendem Intervall ausgeführte Reinjektion derselben (aber nicht einer anderen) Serumart „sensibilisiert". Das „Phänomen von THEOBALD SMITH" war somit nichts anderes als die 1903 von M. ARTHUS beim Kaninchen beschriebene „anaphylaxie générale", ein Schluß, zu welchem unabhängig von R. OTTO auch M. J. ROSENAU und J. F. ANDERSON (1906) gelangten.

Das Meerschweinchen reagiert auf die Vorbehandlung mit Antigenen von hoher Aktivität konstanter als jede andere Tierart, zeigt aber auch andere Eigentümlichkeiten, die sich bei keiner der bisher untersuchten Spezies nachweisen ließen.

Dazu gehören in erster Linie *die außerordentlich kleinen Substanzmengen, welche für eine aktive Präparierung genügen können.* Meerschweinchen von 200 bis 300 g konnten durch eine einmalige Subkutaninjektion von 0,00005 mg Ovalbumin [G. H. WELLS (1908)], 0,0001 mg Edestin [WELLS (1909)], 0,0005 mg Globulin aus Cucurbita maxima [WELLS und OSBORNE (1911)] oder 0,0004 mg Euglobulin aus Pferdeserum [R. DOERR und W. BERGER (1922)] aktiv präpariert werden. Diese minimalen Präparierungsdosen sind bei anderen Nagetieren (Ratten, Mäusen, Kaninchen) unwirksam, wobei man zu berücksichtigen hat, daß das Meerschweinchen hinsichtlich seiner Fähigkeit, auf die Einwirkung von Antigenen mit einer prompten und die Masse des einverleibten Antigens quantitativ weit übersteigenden Produktion von spezifischen Antikörpern zu reagieren, keineswegs eine Sonderstellung einnimmt, sondern von anderen Versuchstieren, z. B. vom Kaninchen noch übertroffen wird. Spricht man nun von Antikörpern schlechtweg, so meint man die im Blute zirkulierenden, mit einer spezifischen Affinität zu ihren Antigenen ausgestatteten Stoffe des Blutserums, die man jetzt auf Grund überzeugender Argumente als modifizierte Globuline („Immunglobuline") auffaßt [vgl. R. DOERR (1947), S. 15ff.]. Diese zirkulierenden Antikörper können es aber nicht sein, welche dafür verantwortlich zu machen sind, daß die minimalen Präparierungsdosen gerade nur beim Meerschweinchen und bei keiner anderen Tierspezies festgestellt wurden. Wir müssen vielmehr annehmen, daß noch eine andere Form oder Lokalisation der Antikörper existiert, welche die gleiche Spezifität besitzt wie die zirkulierenden Antikörper und am Zustandekommen der anaphylaktischen Reaktion maßgebend beteiligt ist. Das Meerschweinchen wäre dann dadurch ausgezeichnet, daß es diesen zweiten Typus des Antikörpers konstant und nach quantitativ minimaler Antigenreizung ausbildet. Vielleicht bestehen beim Meerschweinchen Besonderheiten des Eiweißstoffwechsels, möglicherweise auch besondere Eigenschaften der Labilglobuline. Es kann aber auch sein — und es sind gerade anaphylaktische Experimente am Meerschweinchen geeignet, solche Zweifel zu erwecken —, daß das letzte Wort über die wahre Natur der Antikörper noch nicht gesprochen ist (vgl. R. DOERR (1947), S. 41 bis 50), und daß man von der Anaphylaxie des Meerschweinchens ausgehend, zu neuen und mit den Tatsachen besser harmonierenden Vorstellungen gelangen wird. Es wird sich Gelegenheit finden, auf die experimentellen Ergebnisse, auf welche sich der letzte Satz bezieht, an geeigneter Stelle genauer einzugehen.

Im Bereiche der präparierenden Minimaldosen macht sich die Individualität der Meerschweinchen stark geltend; man bekommt neben positiven auch zahlreiche negative Resultate und die erzielten Grade des anaphylaktischen Zustandes sind bisweilen nur mäßig. Die optimalen Präparierungsdosen liegen beim Meerschweinchen wesentlich höher als die minimalen. Für eine einmalige Subkutaninjektion von reinem Ovalbumin verlangte G. H. WELLS (1908) 0,1 mg, und der Verfasser möchte auf Grund eigener, sehr reichhaltiger Erfahrungen für artfremde Sera (vom Pferde, Kaninchen, Menschen) 0,01 bis 0,1 ccm empfehlen. Die Dosierung artfremder Sera wird übrigens durch den Umstand beeinflußt, daß es sich nicht um Lösungen eines einzigen Eiweißantigens in stets gleicher Konzentration handelt, sondern um Gemische von Antigenen, die hinsichtlich ihrer Aktivität und der Inkubation ihrer Wirkung differieren und deren Anteile am Gesamteiweißgehalt des Serums innerhalb gewisser Grenzen variabel sind. Experimentiert man daher mit Vollserum, so ist es ratsam, für eine längere Versuchsreihe ein und dieselbe Serumprobe zu verwenden, die man während der Dauer des Bedarfes entsprechend konserviert. Sonst empfiehlt es sich, aus einem artfremden Vollserum die einzelnen Spezialproteine durch fraktionierte Fällungen abzusondern und die Homogenität der Fraktionen elektrophoretisch zu prüfen. Ist die Fragestellung nicht an Versuche mit Serumeiweiß gebunden, so wird man Antigene wählen, die sich leicht in hohem Reinheitsgrade darstellen oder beschaffen lassen.

Überschreiten die Präparierungsdosen das Optimum beträchtlich, so wird zunächst die Inkubation der anaphylaktischen Reaktivität verlängert und die Intensität der auslösbaren Reaktionen abgeschwächt. Durch wiederholte Injektionen massiver Dosen kann man das Zustandekommen des anaphylaktischen Zustandes völlig verhindern. Diese Beobachtung wurde auf S. 11 bereits erwähnt und soll im Rahmen der antianaphylaktischen Phänomene eingehender diskutiert werden.

Als Anhaltspunkte für die Präparierung anderer Tierspezies mögen folgende Angaben dienen, wobei vorausgeschickt werden muß, daß sich hundertprozentige positive Resultate nur beim Meerschweinchen erzielen lassen, während man bei anderen Tierspezies auch mit den besten der bisher empfohlenen Methoden stets einen bald kleineren, bald erheblichen Anteil von Versagern in Kauf zu nehmen hatte, sei es, daß der Schock nicht wie bei den übrigen Tieren einer Serie letal verlief oder daß die Symptome nur angedeutet waren, wohl auch ganz ausblieben.

Für *Hunde* gilt das Schema von R. Weil (1917b) als optimal. Man injiziert 0,5 ccm Pferdeserum pro Kilogramm Körpergewicht subkutan, nach drei Tagen die gleiche Dosis intravenös; bei der nach 18 bis 21 Tagen vorgenommenen Probe (20 ccm Pferdeserum intravenös) erweisen sich 95 % der Hunde als anaphylaktisch, 25 % in dem Grade, daß ein letaler Schock ausgelöst werden kann. Die einmalige Subkutaninjektion von 0,5 ccm pro Kilogramm Körpergewicht gibt nach A. Biedl und R. Kraus (1911) nur bei 70 bis 80 % der Hunde positive Resultate. Mit Eiklar wurden Hunde von Schittenhelm und Weichardt (1910), G. Denecke (1914) u. a. sensibilisiert; als präparierende Dosis benützte Denecke 1 bis 3 ccm Eiklar intravenös oder 5 ccm subkutan; die auslösbaren Symptome waren relativ mild, von 9 Hunden verendete keiner im Schock, und zwei Tiere zeigten überhaupt keine Erscheinungen.

Zahlreich waren die Bemühungen, eine konstant wirksame Präparierungsmethode für *Kaninchen* ausfindig zu machen; ein voller Erfolg war ihnen nicht beschieden. Es wurde zunächst nur berichtet, daß sich junge Kaninchen von 750 bis 900 g besser als erwachsene eignen, wenn man einen letalen Schock erzielen will [U. Friedemann (1909a, b), W. M. Scott (1911), C. K. Drinker und J. Bronfenbrenner (1924)]; aber die Angaben über die richtigen Präparierungsdosen waren verschieden. Eine einmalige subkutane oder intravenöse Injektion von 3 bis 5 ccm Pferdeserum wirkt jedenfalls nur bei einem geringen Prozentsatz junger Tiere und es wurden daher *mehrmalige Präparierungen* mit verschiedenen Zeitintervallen, verschiedenen Dosierungen und variierten Injektionsarten vorgeschlagen. Schon ARTHUS (1903, 1909), der ja die ersten anaphylaktischen Versuche an Kaninchen ausgeführt hat, sah sich genötigt, die wiederholte Antigeninjektion anzuwenden, und seit ARTHUS häuften sich die Angaben, wie man auf diese Art eine Höchstzahl positiver Ergebnisse erzielen kann. Von diesen Varianten, welche E. F. GROVE (1932) zusammengestellt hat, sei nur die von A. F. COCA (1919) empfohlene erwähnt, welcher am ersten Tag 0,5 ccm, sechs Tage später 1 ccm und die folgenden elf Tage täglich 0,25 ccm Pferdeserum meist intraperitoneal einspritzte und den Präzipitintiter fortlaufend auswertete; war ein Titer von 1 : 6000 erreicht, so konnte man nach COCA auf einen genügend starken anaphylaktischen Zustand schließen. E. F. GROVE (1932) überzeugte sich von der Leistungsfähigkeit der verschiedenen Typen mehrmaliger Präparierung und da sie nicht befriedigt war, konstruierte sie ein neues kompliziertes Schema, das sie als Grovesche Injektionsfolge („Grove series of injections") bezeichnete. Am ersten Tag erhielten die Kaninchen 0,5 ccm Pferdeserum intravenös, am fünften Tag 1 bis 5 ccm intraperitoneal, am zehnten Tage abermals 1 bis 5 ccm intraperitoneal, vom 11. bis 17. Tage täglich 0,1 bis 1,5 ccm intraperitoneal und am 24. Tage 1 bis 5 ccm subkutan. Von den so präparierten Kaninchen reagierten 22 % auf die intravenöse Probe überhaupt nicht, die übrigen 78 % zeigten Symptome verschiedener Intensität und nur 38 % verendeten im akuten Schock. Versuche mit Hühnereiweiß fielen ähnlich aus (53 Kaninchen, von welchen 70 % auf die Probe schwer, 5,6 % leicht und 24,4 % gar nicht reagierten).

Man kann sich, soweit die aktive Präparierung in Betracht kommt, keinen größeren Gegensatz denken, als er im Verhalten des Meerschweinchens und des Kaninchens zutage tritt. Nur in einem Punkte zeigte sich eine Übereinstimmung. Wie beim Meerschweinchen (s. S. 20) war auch beim Kaninchen kein Parallelismus zwischen dem Präzipitingehalt des strömenden Blutes und der Intensität des durch eine intravenöse Reinjektion ausgelösten Schocks zu konstatieren, gleichgültig ob als Antigen Pferdeserum oder Eiweiß benützt wurde. In den Protokollen von GROVE findet sich z. B. die Angabe, daß von 38 Kaninchen, deren Serum Eiweiß bis zu einer Verdünnung von 1 : 10000 spezifisch flockte, 8 nicht anaphylaktisch reagierten, und daß von 5 Kaninchen, die mit Pferdeserum vorbehandelt waren und einen Präzipitintiter bis zu 1 : 1000 aufwiesen, 3 Symptome zeigten, während 2 keine auffälligen Erscheinungen darboten.

Weiße Mäuse sollen auf Pferdeserum relativ konstant reagieren, wenn man sie durch zwei oder drei intraperitoneale Injektionen von je 0,3 bis 0,5 ccm Pferdeserum mit eingeschalteten drei- bis viertägigen Intervallen vorbehandelt [H. RITZ (1911), O. SCHIEMANN und H. MAYER (1926) u. a.]. Doch wurden von R. S. WEISER, O. J. GOLUB und D. M. HAMRE (1941) Differenzen zwischen verschiedenen Mäusestämmen und individuelle Unterschiede innerhalb desselben Stammes festgestellt. Im Verhältnis zum Körpergewicht der Mäuse sind die Präparierungsdosen unverhältnismäßig groß und scheinen für optimale Erfolge notwendig zu sein. H. RITZ (1911) und SARNOWSKY (1913) gaben nämlich an, daß kleine Mengen (0,01 ccm Serum oder weniger) ganz unwirksam sind, und nach einer einmaligen Injektion großer Dosen (bis 0,5 ccm pro Maus) wurden nur 50 % der Versuchsmäuse anaphylaktisch [H. RITZ (1911)]. Für andere Antigene (frisches Kaninchenserum, 1 : 3 verdünntes Hühnereiweiß) wurden von R. S. WEISER und seinen Mitarbeitern analoge Bedingungen der aktiven Präparierung ermittelt.

Über die Möglichkeit, an *weißen Ratten* das aktiv anaphylaktische Experiment auszuführen, liegen widersprechende Resultate vor. W. T. LONGCOPE (1922), W. C. SPAIN and E. F. GROVE (1925), M. K. EBERTH (1927), DWOILAZKAYA-BARYCHOWA (1934), G. BOSTRÖM (1937) berichteten über Mißerfolge, J. T. PARKER und F. J. PARKER (1924), P. E. WEDGEWOOD und A. H. GRANT (1924), T. C. SUDEN (1934), D. H. FLASHMAN (1926), L. C. WYMAN (1929), H. N. PRATT (1935), N. MOLOMUT (1939), O. D. RATNOFF (1939), J. T. WELD und L. C. MITCHELL (1941) sowie in letzter Zeit A. HOCHWALD und F. M. RACKEMANN (1946a, b) kamen zu positiven Resultaten. Wahrscheinlich ist der Grund für diese Differenzen zum Teile in der Art der Präparierung, hauptsächlich aber in der Zeit zu suchen, welche die Experimentatoren bis zur Erfolgsinjektion verstreichen ließen. Für die Sensibilisierung genügen 1 bis 2 mg Eiweißantigen intraperitoneal, die aber auf mehrere, durch kurze Intervalle getrennte Einzeldosen verteilt werden müssen; dagegen hat die Steigerung der intraperitoneal injizierten Totalquantität nach HOCHWALD und RACKEMANN keinen verstärkenden Einfluß auf die Intensität der anaphylaktischen Reaktionen. In unkomplizierten Versuchen verliefen diese Reaktionen im allgemeinen mild und ein tödlicher Verlauf wurde so gut wie nie beobachtet. Um mit einiger Regelmäßigkeit Schocksymptome zu erzielen, mußte die intravenöse Erfolgsinjektion zwischen dem 10. und dem 15. Tage nach der letzten präparierenden Einspritzung ausgeführt werden, was — in wenig überzeugender Form — damit begründet wird, daß in dieser Zeit der Präzipitintiter im Blute der präparierten Ratten seinen Gipfelpunkt erreicht und rasch wieder absinkt [W. T. LONGCOPE (1922), W. C. SPAIN und E. F. GROVE (1925), H. B. KENTON (1941), N. MOLOMUT (1939) u. a.]. Das Verhalten der Ratte und die aus demselben abgeleiteten Probleme sollen an anderer Stelle besprochen werden. Hier soll nur betont werden, daß es unverständlich ist, wie HOCHWALD und RACKEMANN zu dem Schluß kommen, daß zwischen den anaphylaktischen Reaktionen des Meerschweinchens und der Ratte mehr graduelle als qualitative Unterschiede bestehen. Nach den Versuchen der zitierten Autoren und allen übrigen Experimentatoren, welche anaphylaktische Versuche an Ratten mit positivem Resultat ausgeführt haben, ist gerade das Gegenteil richtig.

Für TAUBEN scheint nach den vorliegenden Berichten eine einmalige subkutane oder besser intravenöse Injektion von 0,25 bis 0,5 ccm artfremden Serums zu genügen [J. E. GAHRINGER (1926), F. DE EDS (1926), P. J. HANZLICK und A. B. STOCKTON (1927)]. 3 bis 8 Tage alte *Hühnerembryonen* konnte F. W. WITTICH (1941) durch Injektion von 0,2 bis 0,4 ccm einprozentiger Alaunpräzipitate oder von mit NaCl oder Dextrose hergestellten Antigenlösungen aktiv präparieren; die Injektionen müssen in langsamem Tempo vorgenommen werden, und zwar in das Eiklar knapp unterhalb der Eischale. Nur bei etwa 30 % konnten vierzehn bis achtzehn Tage nach der Sensibilisierung anaphylaktische Reaktionen hervorgerufen werden. Bei der Wahl der Antigene hat man zu berücksichtigen, daß der Hühnerembryo und sein Gefäßnetz schon in den ersten Entwicklungsstadien das FORSSMANsche Antigen enthält und daß daher normale oder immunisatorisch gewonnene Sera, welche den FORSSMANschen Antikörper enthalten (normales Menschenserum, normales Kaninchenserum, FORSSMANsche Antisera), „primär toxisch" wirken und schwere Schädigungen der Gefäße und Herzlähmung herbeiführen können [E. WITEBSKY und J. SZEPSENWOL (1934), A. BAUMANN und E. WITEBSKY (1934a, b)].

Rhesusaffen wurden, ähnlich wie Ratten, je nach der gewählten Methode, bald als völlig refraktär, bald als wenig empfindlich bezeichnet. N. KOPELOFF, L. M. DAVIDOFF und L. M. KOPELOFF (1936) konnten jedoch Affen durch ein- oder mehrmalige intravenöse Injektion sehr großer Mengen von unverdünntem Hühnereiereiweiß derart präparieren, daß sie auf die Probe mit tödlichem Schock reagierten. Als Beispiel mögen Versuche an drei Affen zitiert werden, denen 10 ccm Hühnereiereiweiß intravenös injiziert wurden; die Erfolgsinjektion, gleichfalls mit 10 ccm intravenös, erfolgte nach einem kurzen Intervall, nämlich nach zwei Wochen und wirkte bei zwei Affen tödlich; der dritte reagierte nicht, wurde aber durch eine zweite, nach weiteren zwei Wochen vorgenommene Reinjektion von 3 ccm intravenös getötet. Kontrollexperimente mit fünfmaliger Vorbehandlung und eingeschalteten zweiwöchigen Intervallen, aber mit fünffach verdünntem Hühnereiereiweiß, verliefen negativ (vgl. hiezu S. 139 ff.).

Die aktive Präparierung von *Katzen* hat mit der Schwierigkeit zu kämpfen, daß schon kleine Quanten verschiedener als Antigene verwendeter Substrate (normale Sera von Pferden, Schafen, Meerschweinchen, Kaninchen, Hühnereiereiweiß) primär toxisch wirken, wenn sie intravenös injiziert werden, und daß sich diese Effekte physiologisch von der Reaktion vorbehandelter Katzen auf eine Erfolgsinjektion nicht abgrenzen lassen [C. W. EDMUNDS (1914), C. K. DRINKER und J. BRONFENBRENNER (1924)].

Frösche sollen nach einer einmaligen Injektion von 0,1 bis 0,5 ccm

Hammelserum [E. FRIEDBERGER und S. MITA (1911)], 0,1 ccm Kaninchenserum oder 0,05 ccm gewaschener Kaninchenerythrocyten [K. A. FRIEDE und M. K. EBERT (1927)] anaphylaktisch werden; auch Kaltblütersera (von Schildkröten) wirken nach FRIEDE und EBERT in kleinen Dosen (0,01 bis 0,05 ccm) präparierend. Um sich gegen Fehldeutungen zu schützen, muß man Kontrollen einstellen, aus welchen hervorgeht, daß das als Antigen verwendete Substrat nicht primär toxisch ist, d. h. daß es auf nichtpräparierte Frösche nicht ebenso wirkt wie auf spezifisch vorbehandelte [J. L. KRITCHEWSKY und O. G. BIRGER (1924)]. In den Berichten über Anaphylaxieversuche an Fröschen stößt man auf zahlreiche Widersprüche. Die letal verlaufenden akuten Allgemeinerscheinungen, welche FRIEDBERGER und MITA (1911) beschrieben hatten, bezeichnet J. RIENMÜLLER (1943a), obzwar er die Möglichkeit einer spezifischen Sensibilisierung von Fröschen zugibt, als seltene und nicht zur anaphylaktischen Reaktion gehörende Komplikationen, und die durch Antigenkontakt bewirkten Störungen der Funktion des isolierten Herzens spezifisch vorbehandelter Frösche, welche K. GOODNER (1926) beobachtet hatte, konnten von N. B. DREYER und J. W. KING (1948) nicht bestätigt werden.

Wie aus verschiedenen Stellen der vorstehenden Ausführungen hervorgeht, kann man den Effekt der Vorbehandlung dadurch steigern, daß man die präparierende Substanz *mehrmals* (zwei- bis viermal) mit eingeschalteten Intervallen von 3 bis zu 6 Tagen injiziert. Die Zahl und der Rhythmus der Injektionen, mit welchem man einen optimalen Erfolg anstrebt, läßt sich nicht in allgemein gültiger Weise fixieren, sondern muß für jede Tierspezies und jede präparierende Substanz durch Vorversuche ermittelt werden. Jedenfalls haben aber systematische Experimente von A. BRIOT und AYNAUD (1913) mit artfremdem Serum, vor allem aber die Vergleiche, welche J. H. LEWIS (1928) zwischen der ein-, zwei- und dreimaligen Präparierung von Meerschweinchen mit gleichen Quantitäten von Kaninchenerythrocyten angestellt hat, die Vorteile bewiesen, welche die fraktionierte Präparierungsmethode, die auf einem bekannten Gesetz der Antikörperproduktion [E. v. DUNGERN (1903)] beruht, bieten kann, besonders wenn es sich um Stoffe von geringerem Präparierungsvermögen handelt. Außer der fraktionierten Präparierung stehen für solche Fälle auch unspezifische Hilfsmittel, die sogenannten „*Adjuvantia*" zur Verfügung, nämlich 1. die Adsorption der an sich nicht oder wenig wirksamen Stoffe an Kaolin, Tierkohle, Aluminiumverbindungen (Kalialaun, Aluminiumhydroxyd) und die Anlegung von Gewebsdepots mit solchen Adsorbaten zwecks Erzielung einer Dauerwirkung; 2. der Zusatz von abgetöteten Tuberkelbazillen, welche mit dem präparierenden Stoff unter Zuhilfenahme von Paraffin, Lanolin oder lanolinartigen Substanzen („Falba", „Aquaphor") in die

Form einer injizierbaren Emulsion gebracht werden; 3. Paraffin und lanolinartige Substanzen ohne abgetötete Tuberkelbazillen; 4. Zusatz von Aleuronat, Tapioca, Saponin, Abrin usw., um durch die Erregung einer lokalen Entzündung die Antigenresorption zu verlangsamen und dadurch zu verstärken. Genauere Angaben über solche „Adjuvantia" und den mutmaßlichen Mechanismus ihrer verstärkenden Wirksamkeit findet man bei R. Doerr (1949, S. 50 bis 61) und bei J. Freund, K. J. Thomson, Hough, Sommer und Pisani (1948).

Infolge der Durchlässigkeit der Haut und der verschiedenen Schleimhäute (Conjunctiva, Tracheal- und Bronchialmucosa, Schleimhaut der Urethra, der Vagina, des Rektums) läßt sich eine aktive Präparierung auch erreichen, wenn man die präparierenden Substanzen auf die genannten Flächen aufbringt, z. B. durch Einträufeln in den Bindehautsack, durch Inhalation versprengter Lösungen oder durch Einreiben in die Haut.

Auch die Magendarmschleimhaut ist keine unter allen Umständen sicher funktionierende Barriere, welche den Übertritt hochmolekularer Anaphylaktogene aus dem Darmlumen in die Blutzirkulation verhindert. „Enterale" oder „alimentäre" Sensibilisierungen von Versuchstieren, insbesondere von Meerschweinchen, bei welchen die aktive Präparierung nur sehr geringe Substanzmengen erfordert, sind wiederholt gelungen, teils durch Sondenfütterung, teils durch Beimischung der präparierenden Substanzen zur spontan aufgenommenen Nahrung. In den ausgedehnten Versuchsreihen von B. Ratner und H. L. Gruehl (1934), zu welchen zirka 400 Meerschweinchen verwendet wurden, gelang die aktive Präparierung durch die meist mehrmalige Verfütterung von Kuhmilch oder Pferdeserum in nicht weniger als 50 % der Einzelversuche, und zwar sowohl bei neugeborenen als bei erwachsenen Tieren; zur intravenösen Erfolgsinjektion wurden allerdings große Antigendosen (1 ccm Kuhmilch oder Pferdeserum) benützt, aber in einer relativ großen Zahl von Experimenten wirkte auch eine Fütterung mit 5 ccm Kuhmilch schockauslösend, so daß man schließen konnte, daß kleine Mengen der artfremden Proteine nicht nur sehr häufig ins Blut gelangen, sondern daß unter Umständen auch größere Quanten rasch genug resorbiert werden, um eine Schockreaktion beim enteral präparierten Meerschweinchen hervorrufen zu können (s. S. 36).

Schlüsse auf andere Tierspezies oder auf den Menschen kann man aus den Versuchen von Ratner und Gruehl nicht ohne weiters ableiten, weil eben die präparierenden Dosen beim Meerschweinchen sehr klein sind, weil auch die schockauslösenden Antigenquanten bei dieser Tierart erstaunlich gering sein können [R. Doerr und S. Seidenberg (1930)] und weil der Umstand eine Rolle gespielt haben könnte, daß in den Versuchen von Ratner und Gruehl tierische Eiweißstoffe enteral zugeführt wurden, welche beim natürlich ernährten Meerschweinchen nie in den Darmkanal gelangen. Es ist wohl anzunehmen und besonders für den Menschen durch ausgedehnte und mannigfach variierte Versuche erwiesen, daß kleine Mengen anaphylaktogener Stoffe auch bei anderen Tierarten aus dem Darmlumen in die Blutströmung übertreten, und zwar in unverändertem Zustande, weil nicht alle per os eingeführten Nahrungsmittel von den Verdauungsfermenten aufgeschlossen werden. Schon 1913 konnten L. B. Mendel und R. C. Lewis zeigen, daß ein großer Anteil von verschlucktem rohem Hühnereiereiweiß der Verdauung im Darme des Menschen entschlüpft, W. G. Bateman (1916) bestätigte dies an Tieren, rohe Kuhmilch verhält sich ähnlich und M. Walzer (1917) wies mit Hilfe der Prausnitz-Küstnerschen Reaktion nach, daß bei 88 % der von ihm untersuchten erwachsenen normalen Personen antigenes Eiweiß oder Antigene aus Fischen nach dem Genuß dieser Nahrungsmittel im Blute auftraten. Es hat aber nicht den Anschein, daß solche Antigeninvasionen vom Darme her beim Menschen regelmäßig oder auch nur relativ häufig typisch anaphylaktische Zustände herbeiführen. Allerdings werden intravenöse Erfolgsinjektionen mit roher Kuhmilch, rohem Hühnereiereiweiß oder Extrakten aus Fischfleisch beim Menschen nicht ausgeführt; das einzige Anaphylaktogen, daß intravenös injiziert wird und schweren Schock auslösen könnte, ist das Pferdeserum wegen der Gewinnung verschiedener Heilsera von dieser Tierart. Manche Autoren wollten in Fällen, in welchen Patienten, welche auf eine Erstinjektion von Pferdeserum mit schockartigen Erscheinungen reagierten, auf eine spezifische Sensibilisierung vom Darm aus infolge des Genusses von Pferdefleisch oder von aus Pferdefleisch hergestellten Saucen zurückführen [H. F. Gillette (1908), G. H. Weawer (1909), L. Bernard, R. Debré und R. Porak (1912), W. Kopaczewski (1921)]; doch scheint dieser Faktor selbst in Volksgruppen mit vorwiegender Fleischnahrung kaum eine evidente Rolle zu spielen, geschweige bei der Ernährungsweise mitteleuropäischer Bevölkerungen.

Hingegen ist sowohl bei Menschen als bei Tieren eine transplazentare Sensibilisierung des Fetus in utero möglich, eine Tatsache, die uns noch in dem Kapitel über die Vererbbarkeit des anaphylaktischen Zustandes beschäftigen wird. Im Prinzip sind hier zwei Möglichkeiten gegeben, nämlich der Übertritt von sensibilisierendem Antigen aus dem Blute der Mutter in das Blut des Fetus oder die Passage von Antikörpern, welche die Mutter produziert hat, in den fetalen Kreislauf. Eine sonderbare Kombination dieser beiden Vorgänge scheint für den Fall erwiesen, daß eine Rh-negative Mutter eine Rh-positive Frucht trägt. Der Rh-Faktor des Fetus bzw. seine diesen Faktor enthaltenden Erythrocyten rufen, wenn sie in das Blut der Mutter gelangen, die Entstehung eines Antikörpers gegen Rh hervor, der dann diaplazentar dem Fetus zugeführt wird und in demselben pathologische, als Erythroblastosis bezeichnete Zustände[1] infolge seiner Reaktion mit dem Rh der Erythrocyten des Fetus bewirkt.

2. Die Inkubationszeit (präanaphylaktische Periode).

Der Übergang aus dem normalen in den aktiv anaphylaktischen Zustand erfolgt *allmählich.* Wann der anaphylaktische Zustand nachweisbar wird, hängt natürlich von der Empfindlichkeit der „Probe" ab; doch muß jede Probe, wenn man sie fortlaufend vom Momente der Präparierung angefangen an einer Serie gleichartig vorbehandelter Tiere gleicher Art anstellt, zunächst negative, dann zweifelhafte und schließlich positive Resultate liefern. Im Experiment begrenzt man die Inkubationszeit willkürlich durch den Termin, an welchem die verwendete Probe einen deutlichen, der subjektiven Bewertung des Experimentators nicht mehr unterliegenden Ausschlag gibt. Es ist also nicht notwendig, die Probe gerade im Zeitpunkt der maximalen Entwicklung des anaphylaktischen Zustandes vorzunehmen. Praktisch läßt sich übrigens diese Forderung nur dann befriedigen, wenn es sich um gesetzmäßig reagierende Tierspezies, z. B. Meerschweinchen, handelt, bei welchen man durch optimale Präparierung fast ausnahmslos den akuten Schocktod erreichen kann. Bei anderen Tierarten ist dies nicht durchführbar, weil sich keine Art der Präparierung ermitteln läßt, welche auf gleichartig sensibilisierte Tiere gleichen Gewichtes stets identisch wirken würde, oder weil das Maximum des akut letalen Schocks überhaupt nicht beobachtet wird (Ratte, Kaltblüter).

Versuchsreihen, welche auf dem Kriterium maximaler Wirkung aufgebaut sind, hat O. Thomsen (1917) mitgeteilt. Dieser Autor sensibilisierte eine sehr große Zahl von 350 g schweren Meerschweinchen am gleichen Tage mit je 0,004 ccm einer bestimmten Probe Pferdeserum subkutan und stellte die intravenös tödliche Minimaldosis desselben Pferdeserums nach verschiedenen Zeitintervallen fest; sie betrug

am 12.	Tage	0,035 ccm	am 40.	Tage	0,04 ccm	am 110.	Tage	0,1 ccm
„ 18.	„	0,025 „	„ 50.	„	0,06 „	„ 200.	„	0,2 „
„ 25.	„	0,02 „	„ 80.	„	0,08 „	„ 285.	„	0,3 „

Um die funktionale Abhängigkeit des Sensibilisierungsgrades von der seit der Präparierung verflossenen Zeit graphisch darzustellen, nahm

[1] Daß die Erythroblastosis eine pathogene Antigen-Antikörper-Reaktion ist, unterliegt wohl keinem Zweifel. Unter die typisch anaphylaktischen Phänomene kann man sie aber nicht einreihen, weil der Mechanismus der beobachteten krankhaften Erscheinungen wie auch wohl die Entstehungsbedingungen dem Begriff anaphylaktischer Reaktionen nicht entsprechen.

Thomsen an, daß die intravenös tödlichen Reinjektionsdosen dem Grade des anaphylaktischen Zustandes umgekehrt proportional seien, und trug ihre reziproken Werte auf einer Zeitabszisse als Ordinaten auf. So sind die in Abb. 1 abgebildeten Kurven zustande gekommen, von welchen die ausgezogene dem oben in Zahlen angegebenen Versuch, die gestrichelte einem zweiten Experiment entspricht, in welchem die Meerschweinchen mit dem gleichen Pferdeserum, aber mit einer größeren Dosis (0,1 ccm) präpariert worden waren.

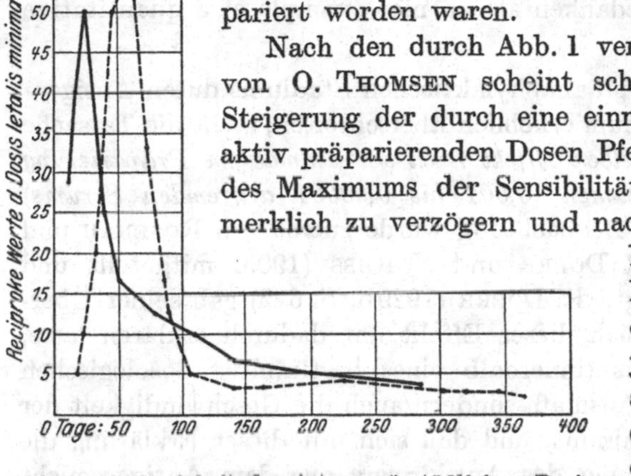

Abb. 1. Abhängigkeit der intravenös tödlichen Dosis Pferdeserum von der nach einmaliger subkutaner Präparierung mit 0,004 ccm bzw. 0,1 ccm verstrichenen Zeit.

Nach den durch Abb. 1 veranschaulichten Angaben von O. Thomsen scheint schon eine relativ geringe Steigerung der durch eine einmalige Subkutaninjektion aktiv präparierenden Dosen Pferdeserum die Erreichung des Maximums der Sensibilität beim Meerschweinchen merklich zu verzögern und nach mittleren oder großen Mengen (0,5 bis 1,0 ccm Pferdeserum und mehr) ist dieser Hemmungseffekt jedenfalls schon ziemlich ausgeprägt[1]. Schon aus diesem Grunde erscheint es unzulässig, die sensibilisierenden Dosen eines bestimmten Antigens mit dem Körpergewicht der verschiedenen Tierarten in Beziehung zu setzen. D. M. Behner (1930) konnte Meerschweinchen von 200 g mit 0,0002 ccm Pferdeserum sensibilisieren, einer Quantität, die in den Toxin-Antitoxin-Gemischen vorhanden ist, welche man zu aktiven Schutzimpfungen gegen Diphtherie bei Kindern von 10 kg Körpergewicht anwendet. Wenn Behner nun diese Menge Pferdeserum auf ein Zehntel bis ein Hundertstel reduziert, um eine Annäherung an das Verhältnis zu erzielen, welches zwischen dem Körpergewicht der Kinder und der Meerschweinchen besteht, nämlich

[1] Ob der verzögernde Einfluß einer geringen Überschreitung der optimalen Präparierungsdosis auf das Zustandekommen des anaphylaktischen Zustandes de facto so groß ist, wie es nach den zitierten Versuchen von O. Thomsen den Anschein hat, ist vorderhand noch zweifelhaft. Sollte dies aber tatsächlich der Fall sein, so wäre die Sonderstellung des Meerschweinchens außer durch die minimalen Präparierungsdosen auch hiedurch begründet, und es läge nahe, zwischen beiden Eigenschaften einen Zusammenhang zu vermuten. Größere Antigenmengen wirken zwar auch beim Hunde antagonistisch auf die Entwicklung der anaphylaktischen Reaktivität, aber dosologisch bei weitem nicht in dem Ausmaß, welches Thomsen beim Meerschweinchen beobachten konnte.

auf 0,00002 bis 0,000002 ccm, gelang es ihr nicht, Meerschweinchen aktiv durch eine einmalige Subkutaninjektion derart zu präparieren, daß bei der Probe eine schwere Reaktion erfolgte. Daraus wird gefolgert, daß die Schutzimpfung mit Toxin-Antitoxingemischen, welche 0,0002 ccm Pferdeserum enthalten, beim Menschen keine Sensibilisierung gegen Pferdeserum zur Folge haben können. Daß die Publikation von BEHNER noch im Jahre 1930 in einem namhaften Journal erscheinen durfte, ist merkwürdig, noch merkwürdiger, daß BR. RATNER (1943) den zugrunde gelegten Gedanken als „a nice example of a quantitative relationship" bezeichnete.

Der Verlängerung des präanaphylaktischen Stadiums durch Antigenmengen, welche das Optimum erheblich überschreiten, steht die Tatsache gegenüber, *daß man denselben Effekt nach der einmaligen Präparierung mit minimalen Antigenquanten (0,001 bis 0,00001 artfremden Serums)* feststellen konnte. Diese Beobachtung wurde zuerst von ROSENAU und ANDERSON[1] sowie von R. DOERR und V. RUSS (1909) mitgeteilt und später wiederholt bestätigt. R. DOERR (1929b, S. 672) gab seiner Überzeugung Ausdruck, daß sich dieser Effekt nur dadurch erklären lasse, daß mit der Antigendosis (innerhalb eines bestimmten dosologischen Bereiches) nicht nur das Ausmaß, sondern auch die Geschwindigkeit der Antikörperproduktion abnimmt, und daß sich mit dieser Erklärung die Theorie von der Entstehung des Antikörpers aus dem Antigen nicht vertrage. Man müsse vielmehr annehmen, daß die Antikörper von Zellen gebildet werden, wobei das Antigen als spezifischer Reiz wirkt. Da sich nun die Antikörperproduktion beim Meerschweinchen über mehrere Monate erstrecken kann, so folge daraus, daß sie bei dieser Tierart, wenn sie einmal in Gang gebracht ist, *autonom, d. h. vom Antigenreiz unabhängig werden kann,* und daß sie ihr Ende infolge von Bedingungen erreiche, die nicht mehr im Reiz, sondern nur in den gereizten Zellen gesucht werden können. DOERR verwies a. a. O. darauf, daß das Überdauern der Reizfolge über den Reiz durchaus keine singuläre Erscheinung sei, sondern bei zahlreichen Vorgängen, z. B. bei der Röntgenreizung der Hautgewebe oder bei der experimentellen Erzeugung dei Teerkarzinome, leicht nachzuweisen sei. Ferner wurde hervorgehoben, daß das Phänomen der Verlängerung der Inkubationszeit auch dann eintritt, wenn man zur Präparierung Antigene von geringer Aktivität (schwacher Reizwirkung auf die antikörperproduzierenden Zellen) oder Stoffe verwendet, die zwar im nativen Zustande kräftig präparieren, die aber durch verschiedene Eingriffe (Erhitzen, koagulierende Agenzien, ultraviolettes Licht usw.) partiell „denaturiert" wurden; als Belege wurden damals

---

[1] Zit. nach H. PFEIFFER: „Das Problem der Eiweißanaphylaxie", **1910**, S. 36.

die Versuche von P. UHLENHUTH und HÄNDEL (1909) mit Ölen, Insekteneiweiß, Mumienmaterial u. dgl. angeführt, die Experimente von R. DOERR und V. RUSS (1909) mit erhitztem Rinderserum und die Angaben von H. H. DALE und HARTLEY (1916) sowie von R. DOERR und W. BERGER (1922) über die verlängerte Inkubation nach der Präparierung mit Pferdeserumalbumin.

Wenn es nun richtig ist, daß die Antikörperproduktion den Antigenreiz ganz erheblich überdauern kann, muß man sich fragen, ob es auf diese Weise nicht zu einer starken Anreicherung des Antikörpers im strömenden Blute kommen muß. Auf diese Frage gaben die eben zitierten Ausführungen von R. DOERR keine Auskunft. Diese Lücke wurde aber durch die weitgehend gesicherte Erkenntnis geschlossen, daß die Antikörper modifizierte Globuline sind, welche ebenso wie die normalen Globuline des Blutplasmas aus den Aminosäuren des Nahrungseiweißes synthetisiert werden, und ebenso wie diese am Eiweißstoffwechsel teilnehmen. Der Antikörper verhält sich somit nicht wie ein dem Stoffwechsel nicht unterworfenes Produkt, er wird vielmehr abgebaut, und es konnte gezeigt werden, daß Antikörpermoleküle im Kaninchenorganismus nur eine Lebensdauer von zirka vier Wochen haben [R. SCHÖNHEIMER, S. RATNER, D. RITTENBERG und M. HEIDELBERGER (1942a, b), HEIDELBERGER, TREFFERS, SCHÖNHEIMER, RATNER und RITTENBERG (1942)][1]. Ist also im Organismus eines aktiv präparierten Tieres viele Monate lang Antikörper vorhanden, wie man das aus der andauernden Persistenz des anaphylaktischen Zustandes schließen darf, so ergibt sich der Schluß, daß der kontinuierliche Abbau des Antikörpers durch autonom gewordene Neubildung so lange kompensiert werden muß, bis diese Neubildung spontan sistiert, was beim Meerschweinchen erst nach Ablauf von drei Jahren nach einer aktiven Präparierung erfolgt oder doch erfolgen kann.

Die von R. DOERR (1926) entwickelte Vorstellung von Antigenreiz, welche derselbe Autor [R. DOERR (1948)] zu einer Lehre von der „Dynamik der Eiweißantigene" ausgestaltet hat, ist aber noch mit zwei anderen unentschiedenen Partialproblemen belastet. Erstens weiß man nicht genau, was in der präanaphylaktischen Periode vorgeht. Handelt es sich de facto nur um eine so stark verlangsamte Antikörperproduktion oder braucht ein schwacher Antigenreiz so lange, um sich in der Bildung von Antikörper auszuwirken? Es ist dabei zu berücksichtigen, daß sich der Antikörperbestand in dem Vorhandensein oder in der Intensität des anaphylaktischen Zustandes keineswegs getreu widerspiegelt. Daß sich im Organismus Antikörper vorfindet, ist wohl eine notwendige, aber keine hinreichende Bedingung für die anaphylaktische Reaktionsfähigkeit und

[1] Vgl. hiezu R. DOERR, Antikörper, 1. Teil, 1947, S. 54 bis 58.

einen anderen Indikator für den Komplex von Faktoren, der für diese Reaktionsfähigkeit eigentlich maßgebend (hinreichend) ist, besitzen wir nicht. Zweitens wurde bereits mehrfach betont, daß auch Präparierungsdosen, welche das Optimum relativ wenig überschreiten, die präanaphylaktische Periode verlängern, und es sollte daher ermittelt werden, warum beim Meerschweinchen eine Präparierungsdose verzögernd wirkt, gleichgültig, ob sie sich vom Optimum nach unten oder nach oben entfernt. Im Prinzip stünde der Annahme nichts im Wege, daß man nur durch eine bestimmte Reizstärke einen gewünschten Reizerfolg herbeiführen kann. Aber durch eine solche, derzeit unbeweisbare Hilfshypothese wird die, wie wir noch sehen werden, vielfach rätselhafte Beziehung zwischen Antikörper und anaphylaktischem Zustand der begrifflichen Durchdringung nicht näher gebracht, sondern nur ein Ausweg gesucht, weil eine präzise Erklärung nicht abgegeben werden kann.

Bei allen aktiv präparierbaren Tierspezies klingt die Sensibilität nach erreichtem Maximum wieder ab. Die verschiedenen Tierarten unterscheiden sich aber einerseits durch die Frist, welche zwischen Präparierung und Sensibilitätsmaximum verstreicht, anderseits durch die Geschwindigkeit der Sensibilitätsabnahme und den Termin, an welchem der anaphylaktische Zustand unter die Grenze der Nachweisbarkeit herabsinkt. Zweifellos wird ferner nicht nur die aufsteigende, sondern auch die absinkende Phase durch die Dosis und die Natur der zur Präparierung benutzten Antigene beeinflußt.

Beim *Meerschweinchen* wartet man mit der Probe in der Regel drei Wochen. Weiß man oder vermutet man, daß inkubationsverlängernde Momente in Betracht kommen, so muß man vier bis sechs Wochen verstreichen lassen, falls man nicht die mehrmalige Präparierung, die meist rascher zum Ziele führt, vorzieht. Die Dauer des anaphylaktischen Zustandes ist beim Meerschweinchen sehr beträchtlich; O. Thomsen (1917) konnte noch 365 Tage nach der subkutanen Präparierung mit 0,01 ccm Pferdeserum akut letalen Schock und sogar nach 1121 Tagen noch leichte Symptome auslösen. Doch gilt das nicht für alle Antigene. Die aktive Anaphylaxie gegen Schildkrötenserum soll nach Ninni (1912) schon am 30. Tage nicht nachweisbar sein, und jene gegen artfremde Erythrocyten nach 45 bis 60 Tagen erlöschen [M. Zolog (1924)]. Im Bereiche der Antikörper, welche sich im Gefolge von Infektionen entwickeln, stoßen wir ebenfalls auf derartige Differenzen, welche durch die Natur des immunisierenden Agens bestimmt werden. Nach dem Überstehen von Masern oder des Gelbfiebers persistieren die spezifisch viruliziden Antikörper lebenslänglich und R. Doerr (1947, S. 45f) hat auseinandergesetzt, daß man in diesen Fällen denselben Mechanismus annehmen muß, wie bei der jahrelang anhaltenden aktiven Anaphylaxie des Meerschweinchens gegen Pferdeserum, nämlich eine autonom gewordene Antikörperproduktion, welche den Zerfall der Immunglobuline im Eiweißstoffwechsel stetig kompensiert. Antikörper, welche nach anderen Virusinfektionen im Blutplasma des Menschen auftreten, sind weniger beständig und schwinden aus der Zirkulation zum Teil schon nach kurzer Zeit. Diese Analogien können nicht befremden, sondern bringen eben nur die Tatsache zum Ausdruck, daß die Anaphylaxie ein „Immunitätsphänomen" ist, sofern man darunter eine durch Antigenwirkung bedingte Produktion von Antikörpern versteht und sich nicht in teleologische Vorurteile verstrickt.

Beim *Hunde* wird das Maximum etwas rascher erreicht als beim Meerschweinchen, etwa zwischen dem 18. und 21. Tage; vom 24. Tage an setzt die Abnahme ein und nach Ablauf von sieben Wochen verhalten sich etwa 70 % der sensibilisierten Hunde wieder wie normale [CH. RICHET (1911), R. WEIL (1917b)]. Worauf es beruht, daß einzelne Hunde noch nach einer weit längeren Zeitspanne ganz außerordentlich stark reagieren [s. CH. RICHET (1911), S. 29], läßt sich, soweit nicht auch hier die Verschiedenheit der präparierenden Antigene eine Rolle spielt, nur mit den individuellen Differenzen der Antikörperbildung erklären, die auch bei anderen Tierspezies stark ausgeprägt sein können (Präzipitinbildung beim Kaninchen, virulizide Antikörper nach dem Überstehen der Dengue).

Bei der *Taube* kann man nach den Angaben von J. E. GAHRINGER (1926) schon am 4. Tage nach einer einmaligen Präparierung mit einer optimalen Dosis Hundeserum (0,25 ccm) Allgemeinsymptome hervorrufen; die Sensibilität steigt dann rasch bis zum 10. Tage, erreicht am 16. Tage das Maximum, und sinkt dann ab, um zwischen dem 60. und 70. Tage (von vereinzelten Ausnahmen abgesehen) wieder zu verschwinden.

Über das Verhalten der *Ratten* vgl. S. 25.

Bei anderen Tierarten (Kaninchen, Mäusen, Fröschen, Fischen usw.) bemißt man das Intervall zwischen einmaliger Sensibilisierung und Probe mit 14 bis 21 Tagen (z. T. in schematischer Anlehnung an die für das Meerschweinchen ermittelten Verhältnisse) und erzielt damit befriedigende Resultate. Präpariert man durch mehrere Injektionen, so läßt man nach der letzten sensibilisierenden Injektion noch vierzehn Tage verstreichen.

Angaben über Beginn und Ende des anaphylaktischen Zustandes können, was hier hervorgehoben werden muß, nicht auf fortlaufenden Untersuchungen an einzelnen Tieren beruhen, weil die Probe naturgemäß den Charakter eines einmaligen Eingriffes hat, welcher an sich den Reaktionszustand vermindern, steigern oder verlängern kann. Es sind also stets nur statistische Erhebungen, auf welche sich solche Aussagen stützen; sie geben namentlich dann präzise Resultate, wenn es sich um regelmäßig reagierende Tierspezies (Meerschweinchen) handelt und wenn nur eine einzige präparierende Injektion erforderlich ist. Macht man mehrere, durch Intervalle getrennte präparierende Injektionen, so bleibt der Beginn des anaphylaktischen Zustandes unbestimmt, da er in die Präparierungszeit fallen kann, und wenn die betreffende Tierart nur in einem gewissen Prozentsatz der Einzelversuche aktive Anaphylaxie zeigt, muß man genügend viele Tiere unter sonst gleichartigen Bedingungen prüfen, um zu erfahren, wie das durchschnittliche Minimum und das durchschnittliche Maximum der Dauer des anaphylaktischen Zustandes zu bewerten ist und in welchem Ausmaße Abweichungen von diesen Durchschnittswerten vorkommen können. Doch gelten diese Erwägungen nur für die „allgemeine" Anaphylaxie; die „lokale" Anaphylaxie kann am gleichen Tier mehrmals geprüft werden (s. S. 88).

3. Die Probe.

Die Probe besteht in der erneuten Zufuhr des zur Präparierung verwendeten Stoffes oder eines Antigens von ähnlicher immunologischer Spezifität, falls die immunologische Verwandtschaft der beiden (zur Präparierung und zur Probe benutzten) Substanzen geprüft werden soll. Der Erfolg der Probe wird beurteilt a) nach dem Verhalten des ganzen Tieres; b) nach dem Verhalten einzelner, in situ belassener und der Beobachtung zugänglich gemachter Organe oder c) nach dem Verhalten einzelner, isolierter (vom Tiere abgetrennter) überlebender Organe. Die Methodik ist in diesen drei Fällen verschieden.

a) *Die Probe am intakten Tiere*

geht entweder darauf aus, eine lokale oder eine allgemeine anaphylaktische Reaktion zu erzielen. Da die lokale Anaphylaxie an anderer Stelle abgehandelt werden soll, sei hier nur die *Auslösung von Allgemeinreaktionen* erörtert. Diese Allgemeinreaktionen zeigen schockartigen Charakter, und die Erfahrung hat gelehrt, daß sie das Maximum der Intensität annehmen, *wenn eine bestimmte Antigenkonzentration plötzlich in der Blutbahn hergestellt wird*, daß dagegen jede Verlangsamung dieses Vorganges die Symptome abschwächt. Die Injektion ist daher (hinsichtlich ihrer schockauslösenden Wirkung) den anderen Möglichkeiten der parenteralen Antigenzufuhr weit überlegen, und unter den verschiedenen Injektionsarten liefert die direkte Einspritzung der erforderlichen Antigenmenge in das kreisende Blut die besten Resultate.

Die Einspritzung des Antigens in das strömende Blut kann in Form von *intravenösen*, *intraartiellen* (intracarotalen) oder *intracardialen* Injektionen ausgeführt werden. Am einfachsten sind die intravenösen Injektionen, die entweder percutan in eine durch die Haut sichtbare oberflächliche Vene (Ohrvene der Kaninchen oder langohriger Hunde, Schwanzvene der Mäuse, Flügelvene der Vögel) vorgenommen werden können oder in ein durch einen Hautschnitt freigelegtes venöses Gefäß (Jugularis oder Hinterfußvene von Meerschweinchen, Bauchvene von Fröschen). Die Technik wird heute von jeder geschulten Laborantin beherrscht, so daß detaillierte Beschreibungen, wie man sie bei R. DOERR (1913), H. PFEIFFER (1933) oder E. FRIEDBERGER (1911) findet, überflüssig erscheinen. R. DOERR (1929b, S. 674) hat indes auf zwei wichtige Punkte aufmerksam gemacht.

Erstens ist das *Injektionsvolum* der Größe der verwendeten Tierspezies anzupassen, bei kleinen Versuchstieren also möglichst niedrig und außerdem in vergleichenden Reihenversuchen gleich zu halten. H. TASAWA (1913) sensibilisierte Meerschweinchen von gleichem Körpergewicht mit je 0,02 ccm Hammelserum; am 21. Tage betrug die intravenös tödliche Reinjektionsdosis 0,025 ccm, wenn diese Menge in 1,0 ccm Flüssigkeitsvolum, dagegen 0,09 ccm Hammelserum, wenn sie in 4,0 ccm eingespritzt wurde. Diese Beobachtung läßt sich verschieden erklären, nach E. FRIEDBERGER und S. MITA (1911) z. B. durch die langsamere Injektion des größeren Flüssigkeitsquantums oder durch die antagonistische Wirkung, welche das in der Verdünnungsflüssigkeit enthaltene NaCl auf den Schock ausübt; die versuchstechnischen Konsequenzen sind jedoch vom Mechanismus der Erscheinung unabhängig und bestehen eben darin, bei kleineren Versuchstieren niedrige und in titrierenden Reihenversuchen stets gleiche Injektionsvolumina zu wählen.

Zweitens nennt man die kleinste Antigenmenge, welche sich unter bestimmten Bedingungen als wirksam erweist, die *schockauslösende Minimaldosis* oder die *tödliche Minimaldosis*, falls man auf den Exitus als Schockfolge abstellt; durch Zusätze wie „intravenös“, „intracerebral“, „intraperitoneal“ tödliche Minimaldosis pflegt man noch die Injektionsart anzugeben, für welche der ermittelte Wert gilt. Man sagt z. B., für hochgradig sensibilisierte Meerschweinchen könne die intravenöse Dos. min. letalis auf 0,005 ccm Pferdeserum oder auf 0,000001 g kristallisiertes Ovalbumin absinken. Durch diese Ausdrucksweise verschleiert man aber die Tatsache, daß das injizierte Antigenquantum nur durch die rasche Herstellung einer bestimmten Antigenkonzentration im Blute des Versuchstieres zur Geltung kommt, und erweckt den Eindruck, als ob das Antigen für das sensibilisierte Versuchstier „toxisch“ wäre. In der Tat substituierten viele Autoren der schockauslösenden Minimaldosis die „toxische Minimaldosis“ und E. FRIEDBERGER ging noch weiter, indem er das in der experimentellen Pharmakologie bei der Titrierung toxischer Substanzen übliche Umrechnen der Dosen des reinjizierten Antigens auf das Kilogramm Körpergewicht einführte, ein Vorgehen, welches R. DOERR

(1929b, S. 675) mit vollem Recht als „sehr bezeichnend für die herrschende Unklarheit der Begriffe“ und aus mehrfachen Gründen als unzulässig bezeichnete. In der Tat geht ja aus den oben zitierten Versuchen von H. TASAWA und den Beobachtungen anderer Autoren hervor, daß die tödliche Minimaldosis ganz unabhängig vom Körpergewicht der Meerschweinchen einen sehr verschiedenen Wert annehmen kann, je nachdem man das Antigen in mehr oder minder konzentrierter Lösung einspritzt oder je nachdem man die Injektion in raschem oder stark verlangsamtem Tempo ausführt.

Beim Meerschweinchen kann der akute Schock mit tödlichem Ausgang auch durch eine *intracerebrale* oder *subdurale* Injektion des Antigens herbeigeführt werden; beim Hunde und beim Kaninchen gibt diese Reinjektionsmethode negative Resultate, wie R. DOERR (1929b) vermutete, weil es nur bei hochgradig sensibilisierten Meerschweinchen möglich ist, die erforderlichen Antigenmengen auf diesem Wege einzuverleiben. In Anbetracht ihrer Ungenauigkeit und Umständlichkeit wurde diese Methode von anderen Autoren auch beim Meerschweinchen ganz aufgegeben und nur von A. BESREDKA in größerem Umfange weiter angewendet, weil er in der Wirksamkeit der intracerebralen Injektion den Schlüssel für das Verständnis des Mechanismus der anaphylaktischen Reaktionen zu finden vermeinte [A. BESREDKA (1911, 1927a, b), BESREDKA und E. STEINHARDT (1907), BESREDKA und BRONFENBRENNER (1911)]. BESREDKA verlegte den Sitz der anaphylaktischen Reaktion in das Zentralnervensystem und führte sie auf eine brüske Desensibilisierung lebenswichtiger Teile des Großhirns zurück, wobei er sich hauptsächlich darauf stützte, daß die tödlichen Minimaldosen für die intracerebrale Probe nur wenig größer sind als für die intravenöse [BESREDKA und BRONFENBRENNER (1911), E. FRIEDBERGER (1911)]. A. SCHWARZMANN (1930/1931) konnte jedoch unter der Leitung von DOERR zeigen, daß für Pferdeserum als Antigen eine vierfach größere Dosis notwendig ist, wenn man den akut letalen Schock intracerebral statt intravenös auslösen will, und daß die Auslösung des Schocks durch intracerebrale Erfolgsinjektionen nicht vom Gehirn, sondern vom Blute ausgeht. SCHWARZMANN wies nach, daß cerebral eingespritztes Pferdeserum sowohl bei normalen wie bei sensibilisierten Meerschweinchen rasch und in großen Mengen in das Blut übertritt, in welchem es durch die Präzipitinreaktion und (als sensibilisierendes Antigen) durch das anaphylaktische Experiment festzustellen ist. Vor allem wird der Schock sowohl nach einer cerebralen wie nach einer intravenösen Erfolgsinjektion durch eine bronchospastische Erstickung herbeigeführt; das „Erfolgs- oder Schockorgan“ ist somit in beiden Fällen die Lunge. Die so stark ausgeprägte Überlegenheit intracerebraler über subkutane oder intraperitoneale Erfolgsinjektionen ist somit darauf zurückzuführen, daß in den Liquor oder in das Gehirn eingespritzte Substanzen rascher in das Blut in der erforderlichen Menge gelangen als von der Subcutis oder von der Peritonealhöhle aus, was SCHWARZMANN auch in anderen Experimenten mit Tetanustoxin und Histamin bestätigt fand. Schon vor SCHWARZMANN hatten W. G. SCHMIDT und AD. STÄHELIN (1929) festgestellt, daß die subdural tödliche Histamindosis für das Meerschweinchen zwei- bis dreimal größer ist als die intravenös letale, und daß der Tod nach beiden Arten der Giftzufuhr durch Immobilisierung der Lunge im geblähten Zustande erfolgt. Man könnte höchstens daran denken, daß sich im Falle einer intracerebralen Erfolgsinjektion eine Lokalreaktion des Gehirns am pathologischen Geschehen, wenn auch nur unwesentlich, beteiligt. N. KOPELOFF, L. M. DAVIDOFF und L. M. KOPELOFF (1936) konnten an mit Hühnereiereiweiß sensibilisierten Rhesusaffen, welchen sie das Antigen in das Großhirn injizierten, solche lokale Reaktionen in Form von hämorrhagischen, im Zentrum meist nekrotischen Herden feststellen; aber die Wirkung dieser Herde trat in nervösen Ausfallerscheinungen (Lähmungen der contralateralen Körperhälfte) und nicht als schockbedingender Faktor in Erscheinung. Beim Meerschweinchen wurden solche Halbseitensymptome nie beobachtet und der anatomische Effekt der intracerebralen Antigeninjektion war in quantitativer Hinsicht nicht anders, als man es in Anbetracht des Injektionstraumas und der Kürze der bis zum Exitus verstrichenen Zeit erwarten durfte; auch erfordert das Zustandekommen der lokalen Anaphylaxie mehrmalige Präparierungen, während der Schock schon nach der einmaligen Sensibilisierung mit einer minimalen Antigenmenge cerebral auslösbar ist.

In Anbetracht des Umstandes, daß sich der zum aktiven Schocktod führende Vorgang beim Meerschweinchen in der Lunge bzw. in der glatten Muskulatur der Verzweigungen des Bronchialbaumes abspielt, könnte man a priori annehmen, daß auch die intratracheale Einbringung von Antigen und insbesondere die Inhalation von versprayten oder verstäubtem Antigen auf sensibilisierte Meerschweinchen reaktionsauslösend wirken kann. Daß dies tatsächlich der Fall ist, wurde zuerst von B. BUSSON (1911) festgestellt und in der Folge berichteten auch andere Autoren über positive Resultate, so S. ISHIOKA (1912), H. SEWALL (1914), F. ARLOING und L. LANGERON (1923), B. BUSSON und OGATA (1924), H. L. ALEXANDER, W. G. BECKE und J. A. HOLMES (1926). Um intensive Schockwirkungen zu erzielen, muß man allerdings, wie ALEXANDER und seine Mitarbeiter betonten, hochgradig sensibilisierte Meerschweinchen und Antigene von hoher Aktivität, also Kombinationen wählen, für welche die von der Blutbahn aus letale Antigendosis ein Minimum wird; selbst dann hat man noch immer einen erheblichen Prozentsatz von negativen Ergebnissen, vielleicht weil nicht immer ausreichende Antigenquanten in die tieferen, besser resorbierenden Luftwege eindringen.

Man erhält durch diese Angaben den Eindruck, daß das inhalierte Antigen nicht durch die Bronchialschleimhaut hindurch auf die glatte Bronchialmuskulatur wirkt, sondern in das Blut aufgenommen werden muß, daß also hier ein ähnlicher Mechanismus in Aktion tritt, wie er von SCHWARZMANN für die intracerebralen Erfolgsinjektionen erwiesen wurde. Daß die Meerschweinchen, wenn sie nach einer Antigeninhalation im Schock verenden, den anatomischen Befund der bronchospastischen Erstickung darbieten [P. KALLOS und W. PAGEL (1937)], ist selbstverständlich kein Widerspruch gegen die Annahme, daß der Bronchospasmus durch resorbiertes Antigen, d. h. vom Blut aus und nicht durch bloßen Kontakt mit der Bronchialschleimhaut, ausgelöst wird.

Die Antigeninhalation wurde außer von den bereits zitierten Autoren auch von anderen Forschern in großem Umfange angewendet; es seien hier noch H. SEWALL und C. POWELL (1916), B. RATNER, H. C. JACKSON und H. L. GRUEHL (1925, 1927), B. RATNER und H. L. GRUEHL (1929), P. MANTEUFEL und R. PREUNER (1933), P. KALLOS und L. KALLOS-DEFFNER (1937, 1942), C. PRAUSNITZ (1936) und L. J. COURTRIGHT, S. R. HURWITZ und A. B. COURTRIGHT (1942), E. URBACH, G. JAGGARD und D. W. CRISMAN (1947) genannt. Ein doppelter Zweck war für die Wahl dieser Methode maßgebend. Es sollte erstens nachgewiesen werden, daß durch Inhalation von Antigenen, also auf einem unter natürlichen Verhältnissen in Betracht kommenden Wege „Sensibilisierungen" zustande kommen können; das war beim Meerschweinchen mit sehr verschiedenen Substanzen (Eiereiweiß, artfremdes Serum, Pflanzenpollen, Baumwollstaub usw.) gelungen, und zwar sowohl mit flüssigen (versprayten) als auch mit trockenen (verstäubten) Stoffen, und es wurde vorausgesetzt, daß sich der Mensch in dieser Beziehung gleich verhalten müsse — trotz der ziemlich allgemeinen Tendenz, zwischen der experimentellen Anaphylaxie der niederen Tiere und der unter natürlichen Verhältnissen auftretenden Allergie des Menschen eine scharfe Trennungslinie zu ziehen. Zweitens sollten die beim sensibilisierten Meerschweinchen durch Antigeninhalation auslösbaren Reaktionen mit den asthmatischen Anfällen des Menschen auf eine Linie gerückt werden. Da nun das sensibilisierte Meerschweinchen, wenn es infolge einer Antigeninhalation eingeht, infolge einer bronchospastischen Erstickung verendet [P. KALLOS und W. PAGEL (1937)], müßte, soll die Parallele gelten, auch dem asthmatischen Anfall eine krampfhafte Kontraktion der glatten Bronchialmuskeln zugrunde liegen. Das trifft aber, wie R. DOERR (1946a) auseinandergesetzt hat, nicht zu.

Intraperitoneale oder *subkutane* Erfolgsinjektionen können ebenfalls Allgemeinerscheinungen auslösen, die aber abgeschwächten und protrahierten Verlauf nehmen und — wenn überhaupt — erst in ½ bis 2 Stunden zum Tode führen. Über akut letalen Schock nach subkutaner

Injektion relativ kleiner Dosen Pferdeserum (0,2 bis 2,0 ccm) haben R. DOERR und S. SEIDENBERG (1930) berichtet; sie konnten aber diesen Effekt nur bei hereditär anaphylaktischen Meerschweinchen erzielen und die Symptome setzten bei solchen Tieren nicht unmittelbar nach der Subkutaninjektion, sondern erst nach einer Latenzperiode von 15 bis 25 Minuten ein, und wurden daher als Wirkungen des vom subkutanen Zellgewebe aus resorbierten Serums aufgefaßt. Sonst sind die minimalen Schockdosen selbst für hochgradig sensibilisierte Meerschweinchen und sehr aktive Antigene sehr groß, 12 bis 20 ccm Pferdeserum subkutan [J. H. LEWIS (1908, 1921)] oder 4 bis 6 ccm intraperitoneal [R. OTTO (1907), H. PFEIFFER und S. MITA (1910), O. THOMSEN (1909a, b), M. J. ROSENAU und J. F. ANDERSON (1909) u. a.]. Für kristallisiertes Ovalbumin fand jedoch G. H. WELLS (1909) als Dos. min. let. 0,0005 g, was mit der leichten Resorbierbarkeit dieses Proteins vom Peritoneum aus zusammenhängen muß. Denn, wie DOERR (1929b) hervorhebt, kann man mit Bestimmtheit behaupten, daß sich an der Auslösung der Schocksymptome nur jene Antigenquote beteiligt, welche genügend schnell in das Blut aufgenommen wird; so erklärt sich die Beobachtung von J. H. LEWIS, daß das Einspritzen großer Flüssigkeitsvolumina unter hohem Druck oder das Massieren der Injektionsstellen die Wirksamkeit subkutaner Erfolgsinjektionen steigert. Als *Methode der Wahl* kommt die intraperitoneale Probe nur beim Meerschweinchen und auch bei diesem nur dann in Frage, wenn sich die intravenöse Zufuhr der verwendeten Stoffe wegen ihrer blutschädigenden (hämagglutinierenden, hämolysierenden, koagulierenden) Eigenschaften als unmöglich erweist; sie wurde aus diesem Grunde von G. H. WELLS und OSBORNE (1911) bei ihren anaphylaktischen Experimenten mit Phytoproteinen mit Vorteil benutzt. In vielen Fällen lassen sich jedoch derartige „primäre Toxizitäten“ der Antigene durch einfache Eingriffe (Erwärmen auf 56 bis 60° C, längeres Stehenlassen) beseitigen, ohne das schockauslösende Vermögen zu reduzieren, und das entgiftete Material kann dann ohne weiteres direkt in das Blut injiziert werden. So sind R. DOERR und H. RAUBITSCHECK (1908) bei Versuchen mit dem im frischen Zustande stark giftigen Aalserum vorgegangen, und dieses Mittel hat sich auch bei den Sera verschiedener Säugetiere, frischen Organextrakten, bei frischem defibriniertem Blut [J. MOLDOVAN (1910)] bewährt. Man muß sich jedoch durch hinreichende Kontrollen überzeugen, daß die Entgiftung gelungen ist, d. h., daß die Substanz auf normale Meerschweinchen selbst in höheren Dosen, als sie im anaphylaktischen Hauptversuch Anwendung finden soll, nicht mehr wirkt.

Die klinischen Allgemeinsymptome können alle Abstufungen von den Zeichen leichten Unbehagens bis zum schwersten, letal endigendem Schock zeigen. Ist dies mit der Fragestellung vereinbar, so wählt man ein Maximum der Wirkung als konventionellen Grenzwert. Für das Meerschweinchen und die intravenöse Erfolgsinjektion wurde von R. DOERR und V. RUSS (1909a) der akute, in 3 bis 10 Minuten zum Exitus führende Schock als Kriterium des Versuchsresultates vorgeschlagen, was von der Mehrzahl der Experimentatoren akzeptiert wurde. Sollen beim Meerschweinchen auch schwächere Grade der Allgemeinreaktion nachgewiesen werden oder experimentiert man an Tierarten, die nicht oder nicht regelmäßig im Schock verenden, so muß man sich entweder an klinische Symptome von geringerer Intensität halten oder andere Kennzeichen der anaphylaktischen Reaktion verwerten, wie das Absinken des arteriellen Druckes, den Temperatursturz, die verminderte oder aufgehobene Koagulabilität des Blutes, die Veränderungen des zytologischen Blutbildes u. a. m., ist aber bei Benutzung solcher Kriterien zahlreichen objektiven und subjektiven Fehlerquellen ausgesetzt. Warnen möchte der Verfasser davor, aus dem Grade der Abnahme der Körpertemperatur auf die Stärke der Allgemeinreaktion zu schließen, besonders beim Meerschweinchen, dessen Thermolabilität jedem Experimentator, der an dieser Tierspezies Messungen der Temperatur zu irgendeinem Zweck vorgenommen hat, bekannt sein sollte; erfreulicherweise ist man von dieser Methode, für welche sogar besondere mathematische Formeln aufgestellt wurden [H. PFEIFFER (1909, 1933), H. PFEIFFER und S. MITA (1910)], ganz abgekommen. Dagegen werden derzeit in vielen Arbeiten die Abstufungen der Allgemeinreaktion durch allgemeine Ausdrücke, wie schwach, mild, mäßig, stark oder sehr stark, charakterisiert, ohne anzugeben, was man darunter zu verstehen hat, so daß man auf Treu und Glauben der Urteilsfähigkeit und Zuverlässigkeit des Berichterstatters ausgeliefert ist.

Für die zweckmäßige Bemessung der für intravenöse Erfolgsinjektionen verwendeten Antigenmengen kann in Anbetracht der Vielzahl der bestimmenden Faktoren kein brauchbares Schema aufgestellt werden. Von dem für anaphylaktische Versuche so häufig gebrauchten Pferdeserum gelten für sensibilisierte Meerschweinchen 0,5 bis 1,0 ccm als große, 0,2 bis 0,5 ccm als mittlere, 0,005 bis 0,2 ccm als kleine Probedosen. Für die Erfolgsinjektion bei Hunden braucht man 5 bis 10 ccm, bei Kaninchen 2 bis 5 ccm, bei Katzen und Opossums etwa ebensoviel, bei Mäusen 0,2 bis 0,5 ccm, bei Tauben 0,5 bis 1,0 ccm, bei Hühnern 1 bis 2 ccm, bei Fröschen 0,1 bis 0,5 ccm Pferdeserum bzw. gleiche Mengen anderer artfremder Sera. Für andere Antigene und andere Arten der Erfolgsinjektion muß man sich Auskunft in Spezialarbeiten holen oder, was in Anbetracht der umfangreichen Literatur einfacher sein kann und, wenn es sich nicht um chemisch reine, sorgfältig untersuchte Substanzen handelt, auch verläßlicher ist, die wirksamen Dosen durch eigene Vorversuche feststellen.

b) Probe an bestimmten, in situ belassenen Organen.

Gemeinsame Voraussetzung ist, daß das Organ im Schock eine sinnfällige oder leicht konstatierbare Veränderung erleidet.

Beispiele:

α) **Die Leber sensibilisierter Hunde.** Die Leber wird freigelegt, eine zuführende Kanüle in die Vena portae, eine abführende in die untere Hohlvene eingebunden; die Arteria hepatica und die obere Hohlvene werden abgebunden. Als Perfusionsflüssigkeit kann man normales Hundeblut oder warme (38° C) Ringer-Locke-Lösung benutzen; Perfusionsdruck 10 bis 15 mm Hg = dem normalen Pfortaderdruck der Hunde. Zusatz des schockauslösenden Antigens zur Perfusionsflüssigkeit bewirkt Schwellung und Cyanose der Leber sowie eine sehr starke Reduktion der abströmenden Flüssigkeitsmenge; durchgeleitetes normales Hundeblut wird inkoagulabel [R. Nolf (1910), R. Weil (1917b), R. Weil und C. Eggleston (1917), W. H. Manwaring, R. H. Chilcote und V. M. Hosepian (1923) u. v. a.].

β) **Die Lunge von sensibilisierten Meerschweinchen, Hunden, Kaninchen.** Für Hunde empfehlen W. H. Manwaring und W. H. Boyd (1923) das Einbinden der zuführenden Kanüle in die obere Hohlvene, der abführenden in den Zipfel des linken Herzohres. Die Lungen werden bis zur respiratorischen Mittelstellung aufgeblasen, die Trachea wird abgeklemmt. Perfusionsdruck 25 mm Hg. Zusatz von Antigen zur Perfusionsflüssigkeit reduziert die Durchströmungsmenge binnen 3 Minuten auf ein Viertel ihrer ursprünglichen Größe. Die Lungen werden nach 5 Minuten ödematös und kollabieren nicht, wenn man die Trachealklemme entfernt.

Um die Probe an der in situ belassenen Lunge des *Meerschweinchens* auszuführen, bindet man nach einer von H. H. Dale (1913) und von Manwaring und Y. Kusama (1917) angewendeten Methode die zuführende Kanüle in die Arteria pulmonalis ein, die abführende befestigt man in einem Schlitz des linken Ventrikels. Die natürliche wird durch die künstliche Atmung ersetzt. Nach Zusatz von Antigen zur Durchströmungsflüssigkeit ist die Verringerung des Abflusses aus den Pulmonalvenen im Gegensatz zur Hundelunge entweder gar nicht oder nur in geringerem Grade zu konstatieren (Manwaring und Kusama); dagegen blähen sich die Lungen auf und werden alsbald im geblähten Zustande starr (Dale, Manwaring und Kusama).

Eine Variante der eben angegebenen Operationstechnik haben P. Nolf und M. Adant (1946) sehr ausführlich beschrieben. Der Hauptsache nach besteht das Verfahren darin, daß man die beiden Venae jugulares des Meerschweinchens zunächst unterbindet, um bei der nachfolgenden

Durchschneidung dieser Gefäße die Aspiration von Luft und die Entstehung von Luftembolien in der Lunge zu verhindern. Dann werden die Jugulares oberhalb der Ligaturen und gleichzeitig die Carotiden, überdies auch die Vagusnerven (im Bereiche des Halses) durchschnitten; nach der Öffnung der Bauchhöhle wird die Entblutung durch die Durchschneidung der Aorta abdominalis vervollständigt. Die künstliche Atmung wird durch eine von STARLING angegebene Pumpe mit Hilfe einer in die Trachea eingebundenen Kanüle bewerkstelligt und die Exkursionen der Lunge werden graphisch registriert (s. w. u.). Durch einen Schlitz in der vorderen Fläche des rechten Ventrikels führt man die zuführende Kanüle in die Arteria pulmonalis ein und für die abströmende Perfusionsflüssigkeit wird eine zweite Kanüle durch das linke Herzohr und das Mitralostium vorgeschoben, welche die aus den Lungen kommende Flüssigkeit ableitet. Wenn diese Kanülen befestigt sind, wird die Lunge ganz von dem Körper des Versuchstieres abgetrennt und in eine plethysmographische Röhre gebracht, welche mit einer Mareyschen Kapsel in Verbindung steht. Als Perfusionsflüssigkeit dient Tyrodelösung, welcher man 5 % Gummi arabicum (zwecks Verhütung von Ödemen) zusetzt; da das Gemisch sauer reagiert, wird der p_h auf 7,2 bis 7,3 durch Zusatz von Sodalösung eingestellt. Setzt man der Perfusionsflüssigkeit Antigen zu, so kommt dies in der plethysmographischen Registrierung des Lungenvolums dadurch zum Ausdruck, daß die obere Begrenzungslinie der Kurve absinkt und die untere in etwas geringerem Grade ansteigt, bis schließlich der weitere Kurvenverlauf die Erstarrung der Lunge im geblähten Zustande anzeigt. Im Vergleich zu den anderen hier zitierten Methoden bedeutet die plethysmographische Registrierung der Erstarrung der Lunge im geblähten Zustande gegenüber der Feststellung durch einfache Besichtigung zweifellos eine Komplikation. Auch betonen NOLF und ADANT, daß man die richtigen Kurven nur erzielt, wenn man optimale Bedingungen hinsichtlich der Zahl der Insufflationen pro Minute, des Druckes, unter welchem die Insufflationen erfolgen, und der Dauer der Expiration einhält. Die Technik von NOLF und ADANT wäre auch hier nicht relativ eingehend beschrieben worden, wenn nicht mit ihrer Hilfe theoretisch wichtige Ergebnisse erzielt worden wären, auf die wir im nächsten Kapitel zurückkommen werden.

γ) **Der Uterus und der Darm sensibilisierter Meerschweinchen.** Nach NOLF und ADANT (1946) tötet man die sensibilisierten Meerschweinchen durch Durchschneidung der Carotiden, öffnet dann rasch den Thorax, entfernt Herz und Lungen und bindet oberhalb des Zwerchfells eine zuführende Kanüle in die Aorta descendens und eine abführende Kanüle, ebenfalls oberhalb des Diaphragmas, in die untere Hohlvene ein. Sodann wird die ganze obere Körperhälfte einige Zentimeter oberhalb des Zwerchfells abgeschnitten und die untere in sauerstoffhaltige Tyrodelösung versenkt, nachdem man vorher noch folgende Operationen vorgenommen hat: a) Zwei je 5 cm lange Segmente des Darmes (des Ileums und des Jejunums) werden durch doppelte Ligaturen abgebunden und der Darm zwischen den Ligaturen durchschnitten; in jedes der isolierten Segmente wird ein mit Paraffin gefülltes Manometer eingebunden, welches den intraintestinalen Druck registriert; b) jedes Uterushorn wird derart mit einem Myographion verbunden, daß Kontraktionen der Hörner auf der rotierenden Trommel des Myographions verzeichnet werden. Zunächst wird rhythmisch gummihaltige Tyrodelösung durch 20 bis 30 Minuten perfundiert, um das Blut aus den Gefäßen zu entfernen. Setzt man nun Antigen zur Perfusionsflüssigkeit zu, *so reagiert der Darm überhaupt nicht*, während sich die Uterushörner energisch kontrahieren; wobei bemerkt werden muß, daß in den mit dieser Technik von NOLF und ADANT ausgeführten Versuchen artfremde Erythrocyten als sensibilisierende und schockauslösende Antigene verwendet wurden.

δ) **Die Harnblase von sensibilisierten Hunden und Meerschweinchen.** Die Blase wird mit warmer NaCl-Lösung gefüllt und der intravesikuläre Druck durch ein Hg-Manometer gemessen; injiziert man dem Tiere Antigen, so steigt infolge der Kontraktion der glatten Blasenmuskulatur der Druck beim Meerschweinchen auf 35 mm Hg innerhalb von $1\frac{1}{3}$, beim Hunde auf 50 mm Hg innerhalb von $2\frac{1}{2}$ Minuten. Beim Kaninchen soll diese Reaktion nicht eintreten [MANWARING, HOSEPIAN, ENRIGHT und PORTER (1925), MANWARING und D. H. MARINO (1927)].

ε) **Der Kropf sensibilisierter Tauben.** In den durch Fasten entleerten Kropf wird von außen eine Fischblase eingeführt und durch Luft aufgebläht. Antigeninjektion bewirkt eine Kontraktion der Ringmuskulatur bzw. eine Kompression der Fischblase und die Kontraktion läßt sich graphisch auf einer rotierenden Trommel verzeichnen [P. J. HANZLIK und A. B. STOCKTON (1927a)].

c) *Die Probe an isolierten überlebenden Organen.*

Manche der sub b) angeführten Methoden können auch in der Weise abgeändert werden, daß man das Organ zuerst in situ durch Perfusion so weit als möglich blutfrei spült und dasselbe sodann vollständig vom Körper abtrennt (herausschneidet); unter geeigneten Bedingungen kann man dann feststellen, wie sich das isolierte Organ verhält, wenn man durch seine Gefäße eine antigenhaltige Flüssigkeit durchleitet. Solche Experimente wurden mit positivem Erfolge an der Leber sensibilisierter Hunde angestellt (Volums- und Gewichtszunahme des Organs, Drosselung des Durchflusses der Perfusionsflüssigkeit). Für die herausgeschnittene und im Wasserbad gehaltene Meerschweinchenlunge wurde ein besonderer Apparat von MANWARING und KUSAMA (1917, Abbildung des Apparates daselbst) angegeben, welcher die Kombination von künstlicher Atmung mit Perfusion des Lungenkreislaufs gestattet und auf diese Weise das Zustandekommen der charakteristischen Lungenblähung ermöglicht; denselben Zweck erreicht das auf S. 43f. beschriebene Verfahren von P. Nolf und Adant, welches gleichfalls die Entstehung der Lungenblähung am isolierten Organ prüft, aber für die Feststellung der durch die Bronchokonstriktion bedingten Störungen der Lungenventilation eine besondere Methode (die plethysmographische Registrierung des Lungenvolums) verwendet. Doch dienen diese Verfahren, ebenso wie die anderen sub b) genannten dem Studium der Schockphänomene und ihres physiopathologischen Mechanismus; als „Proben" wären sie viel zu umständlich, namentlich, wenn eine große Zahl von Einzeluntersuchungen in kurzer Zeit erledigt werden soll. Zu diagnostischen Zwecken bis zu einem gewissen Grade brauchbar ist dagegen die von W. H. Schultz (1910a, b, 1912a, b) eingeführte und von H. H. Dale (1913) vervollkommnete Technik, welche als Testobjekte ausgeschnittene, überlebende, an glatten Muskelfasern reiche Organe verwendet. Diese, meist als Schultz-Dalesche Versuchsanordnung bezeichnete Methode verdient aus praktischen und noch mehr aus theoretischen Gründen eine ausführliche Besprechung.

Die Schultz-Dalesche Versuchsanordnung.

Als Testorgane benützt man in der Regel das Uterushorn spezifisch sensibilisierter virginaler Meerschweinchen (H. H. Dale) oder Dünndarmsegmente solcher Tiere [W. H. Schultz, H. H. Dale, E. Friedberger und Kumagai (1914), R. Massini (1916), Kendall und Varney (1927) u. a.], läßt aber das Antigen nicht von den Gefäßen des zu prüfenden Gewebes aus einwirken, sondern einfach in der Art, daß das Gewebe in einer von Sauerstoff durchperlten, warmen Flüssigkeit (Locke- oder Tyrode-Lösung) suspendiert und das Antigen in der erforderlichen Menge zugesetzt wird. Die durch den Antigenkontakt ausgelösten Muskelkontraktionen werden graphisch registriert. Die Einzelheiten der Methode wurden von H. H. Dale und P. P. Laidlaw (1912), von M. Guggenheim und W. Löffler (1916), M. Walzer und E. Grove (1925), A. J. Kendall und Ph. Varney (1927) u. a. beschrieben. In Abb. 2 ist ein Apparat abgebildet, der von der Firma *James Jaquet* in Basel hergestellt und von Guggenheim und Löffler speziell für die Prüfung von Darmsegmenten angewendet wurde. Das sogenannte „Auswaschen", d. h. der Austausch der Flüssigkeit, welcher man eine Substanz zugesetzt hat, gegen frische, warme Locke- oder Tyrode-Lösung, um die Reaktion des gleichen Darmsegmentes auf andere Substanzen zu prüfen, erweist sich bei dieser Apparatur als ziemlich umständlich.

GUGGENHEIM und LÖFFLER heben allerdings hervor, daß man den ganzen Dünndarm von Duodenum bis zum Coecum verwenden könne, und daß man drei verschiedene Darmsegmente desselben Meerschweinchens mit drei verschiedenen Substanzen gleichzeitig zu prüfen imstande sei, wodurch sich das Auswaschen erübrigen würde. Dieses Vorgehen hat aber zur Voraussetzung, daß alle Dünndarmabschnitte eines sensibilisierten Meerschweinchens auf die gleiche Antigenmenge gleich stark reagieren. Das ist aber nach D. H. CAMPBELL und G. E. MCCASLAND (1944) sowie A. H. KEMPF und S. M. FEINBERG (1948) nicht der Fall, vielmehr zeigen die Reaktionsgrößen verschiedener Darmabschnitte desselben Tieres quantitative Differenzen, und es wurde von KEMPF und FEINBERG sogar festgestellt, daß sich ein oder zwei Segmente eines Meerschweinchendarmes auf Antigenkontakt überhaupt nicht kontrahieren, während sich die anderen als reaktionsfähig erweisen.

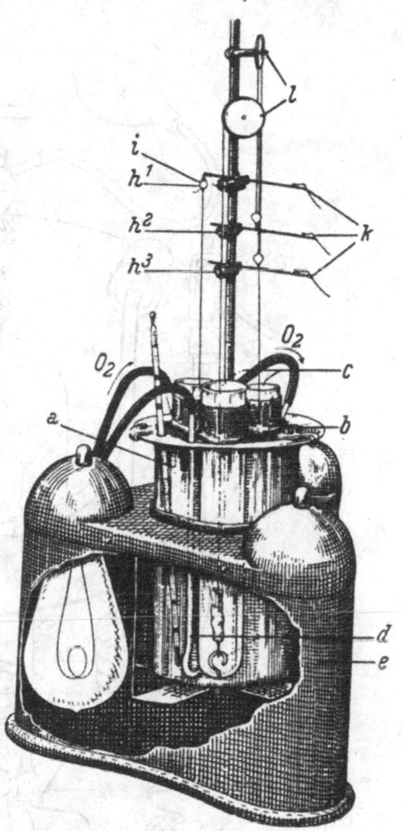

Abb. 2. Erklärung: In ein zirka 1 Liter fassendes Becherglas (*a*) tauchen durch einen durchbohrten Metalldeckel (*b*) drei weitere Eprouvetten (*c*) von 100 ccm Inhalt, an deren Boden ein Glashäkchen zur Befestigung der Darmschlinge und ein Zuleitungsrohr (*d*) für den Sauerstoff angebracht sind. Das Wasserbad ruht in einem Gestell aus Kupferblech (*e*), in welches drei Glühbirnen eingeschraubt sind, mit denen die Temperatur konstant auf 38 C° erhalten werden kann. Die eine der Darmschlingen wird direkt durch einen Seidenfaden mit einer kleinen federnden Drahtklemme (*i*) mit dem einen Hebel (h^1) verbunden, der Anschluß der beiden anderen (h^2 und h^3) wird durch in Kugellagern sehr leicht spielende Rollen (*l*) vermittelt, so daß die Bewegungen aller drei Darmschlingen in einer Ebene durch Stirnschreiber (*k*) verzeichnet werden können. (Photokopie nach M. GUGGENHEIM und W. LÖFFLER 1916, S. 311).

Ist der *Uterus* das Testobjekt, so kann man vom gleichen Tier mit einer Testsubstanz gleichzeitig nur zwei Kurven bekommen, nämlich von jedem der zwei Uterushörner eine, wie das u. a. auch die von NOLF und ADANT angegebene Technik ermöglicht (s. S. 44). In der Regel prüft man nur *ein* Uterushorn und nimmt stillschweigend an, daß es hinsichtlich seiner spezifischen Reaktionsfähigkeit mit dem anderen übereinstimmt. Beim Uterushorn erweist sich das „Auswaschen“ als notwendig, da man stets nachweisen muß, erstens, daß die ausgelösten Kontraktionen spezifisch sind, d. h. daß andere Stoffe als das zur Sensibilisierung des Tieres verwendete Antigen keine Wirkung haben, und zweitens, daß das Uterushorn, wenn

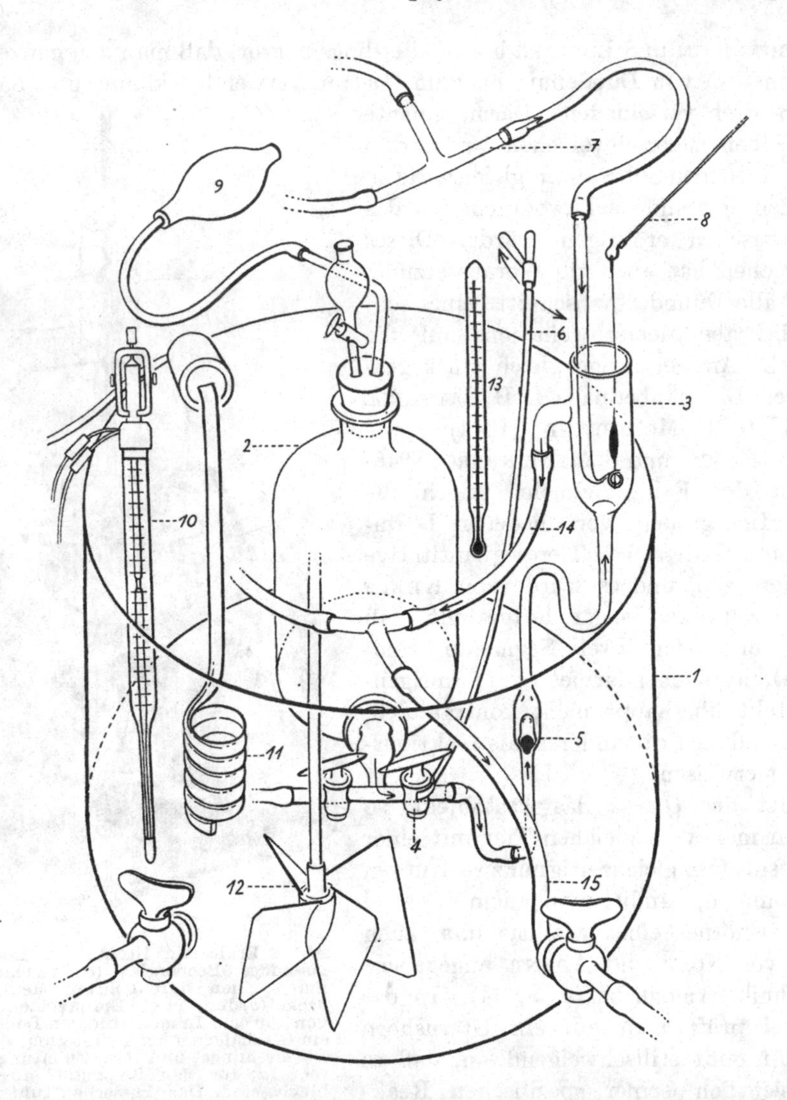

Abb. 3. In einem mit Wasser gefüllten Aluminiumtopf (1) befindet sich eine mit Tyrodelösung gefüllte Flasche (2). Durch eine elektrische Heizvorrichtung (11) wird das Wasser im Topfe und gleichzeitig die Tyrodelösung in der Flasche erwärmt und mit Hilfe eines Regulators (10) und einer Rührvorrichtung (12) auf gleicher Temperatur gehalten, was an einem Thermometer (13) ständig kontrolliert werden kann. Das zu prüfende Organ (Uterushorn, Darmstreifen) befindet sich in dem mit warmer Tyrodelösung gefüllten Gefäß (3) und ist daselbst einerseits an einem kanalisierten, entsprechend geformten Glasröhrchen befestigt, durch welches O zugeleitet wird (Leitung 7), anderseits steht es mit einem Schreibhebel (8) in Verbindung. Soll das Bad, in welches das Testorgan eintaucht, gewechselt werden, so öffnet man den Hahn (4) mittels eines Stahlkabels (6) und pumpt Tyrodelösung durch Kompression des Ballons (9) aus der Vorratsflasche nach dem Gefäß (3) hinüber. Die mit 14 und 15 bezeichnete Leitung besorgt den Abfluß der ausgetauschten Flüssigkeit nach außen. Das Ventil (5) besteht aus einem mit Hg gefüllten Glaskörper und schließt sich, wenn der Hahn (4) geschlossen wird, sofort, um den Rückfluß gebrauchter Flüssigkeit in das Gefäß (3) zu verhindern. In dem abgebildeten Modell sind zwei Versuchsgefäße vorhanden, von welchen aber, um die Darstellung nicht zu komplizieren, nur eines (3) eingezeichnet ist.

auch das Antigen unwirksam ist, überhaupt lebt und seine Kontraktionsfähigkeit bewahrt hat, wozu man gewöhnlich Histamin in geeigneter Konzentration benutzt. Neuere Apparaturen sind daher mit Vorrichtungen versehen, welche das mehrmalige Auswaschen vereinfachen. Abb. 3 zeigt einen derartigen Apparat, welcher im Hygienischen Institut der Universität Basel angefertigt wurde und seine Brauchbarkeit in zahlreichen Untersuchungen erwiesen hat[1]. Der Austausch von Flüssigkeit in den Glasröhren, in welchen die Testobjekte suspendiert sind, erfolgt hier von außen her durch einen Gummiballon, durch dessen Kompression Flüssigkeit aus einer Vorratsflasche, welche Tyrode-Lösung enthält, in die Röhrchen mit den Testobjekten hinübergepumpt werden kann; um die Kommunikation zwischen Vorratsflasche und Teströhrchen herzustellen, muß ein Hahn geöffnet werden, was ebenfalls von außen her mit Hilfe eines Stahlkabels geschieht. Die Testobjekte werden somit, sobald sie einmal einmontiert sind, vom Experimentator nicht mehr berührt und sind keinen Temperaturschwankungen ausgesetzt, da die Waschflüssigkeit aus der Vorratsflasche, welche im gleichen Wasserbad steht wie die Teströhrchen, dieselbe Temperatur haben muß wie die auszutauschende Flüssigkeit. Die übrigen Einzelheiten sind der Abb. 3 und der beigefügten Erklärung zu entnehmen.

Wenn man zu dem Bade, in welchem das Uterushorn eines aktiv präparierten Meerschweinchens suspendiert ist, Antigen in hinreichender Konzentration zusetzt, kontrahiert sich das Horn, und dieser Bewegungsvorgang kann als Funktion der Zeit auf einer rotierenden Trommel verzeichnet werden. Aus dem Volumen des Bades, das bekannt sein muß, und dem Volumen der (als Lösung) zugesetzten auslösenden Substanz errechnet man die Konzentration dieser Substanz, welche auf den glatten Muskel einwirkt. Das ist jedoch nur ein durch die Versuchsanordnung bedingter Notbehelf, denn H. H. DALE (1913) hat selbst in einer seiner ersten Publikationen („The anaphylactic reaction of plain muscle in the guinea-pig") darauf aufmerksam gemacht, daß die Antigenlösung dem Bade an einem vom Organ entfernten Punkte zugesetzt wird und immerhin einige Zeit braucht, bis sie mit dem Uterushorn (in übrigens nicht direkt bestimmbarer Konzentration) in Kontakt kommt, und daß zweitens die glatte Muskulatur des Uterushornes vom Peritoneum und Bindegewebe bedeckt ist. Nichtsdestoweniger zieht sich der Muskel schon 10 sec nach dem Zusatz des Antigens zum Bade zusammen. A. J. KENDALL und PH. L. VARNEY (1927) verwendeten als Testobjekte den Dünndarm sensibilisierter Meerschweinchen und brachten mit einer besonderen

[1] Soweit der Verfasser hierüber orientiert ist, wurden bei der Konstruktion des Apparates Erfahrungen mit anderen ähnlichen, in Basler Laboratorien verwendeten Konstruktionen verwertet.

(im Original abgebildeten) Hilfsapparatur die Antigenlösung entweder auf die äußere peritoneale oder auf die innere, von der Schleimhaut bekleidete Fläche der Darmwand; im ersten Fall setzte die Kontraktion der Darmmuskulatur nach 10 sec ein und strebte mit der größten (für glatte Muskulatur möglichen) Geschwindigkeit dem Maximum zu, im zweiten Falle verstrichen 30 bis 60 sec, bevor die Muskelverkürzung begann, und die Zusammenziehung erfolgte nicht brüsk, sondern in erheblich verlangsamtem Tempo. So wie der Uterus und der Darm sensibilisierter Meerschweinchen verhalten sich die gleichnamigen Organe normaler Meerschweinchen, wenn sie unter analogen Versuchsbedingungen der Einwirkung von Histamin exponiert werden; am Dünndarm ließen sich mit Histamin die beschriebenen Unterschiede zwischen seröser und muköser Applikation in ganz analoger Form nachweisen [H. H. DALE (1920), KENDALL und VARNEY (1927a)]. R. DOERR (1929b) schloß aus diesen Beobachtungen, erstens daß die Serosa und die Mucosa des Dünndarmes eine verschiedene Durchlässigkeit für die auslösenden Substanzen besitzen, und daß der Muskel sofort reagiert, sobald eine von diesen Schranken passiert, d. h. sobald der direkte Kontakt zwischen Muskelzellen und auslösendem Stoff hergestellt ist, und zweitens daß das Fehlen einer Latenz bei der anaphylaktischen Kontraktion des isolierten glatten Muskels aktiv präparierter Meerschweinchen die Möglichkeit ausschließe, daß aus dem an sich unwirksamen Antigen — es handelt sich in den zitierten Experimenten um Pferdeserum — infolge eines chemischen (fermentativen) Prozesses ein „Muskelgift" neu gebildet wird. So einfach liegt indes die Sache nicht. Es steht zwar fest, daß die auslösende Substanz nicht als Matrix eines Muskelgiftes aufgefaßt werden kann, sondern daß im Beginne des Reaktionsgeschehens eine Antigen-Antikörper-Reaktion stattfinden muß, die entweder an sich oder durch Mobilisierung von kontraktionserregenden Stoffen aus dem Gewebe (Histamin oder Acetylcholin) die Zusammenziehung des glatten Muskels verursacht. Uterushorn und Darm sind aber Gewebe, die sich aus verschiedenartigen Zellen aufbauen. Das Uterushorn z. B. ist außen von Peritoneum überzogen, innen von einer Schleimhaut ausgekleidet, es enthält nicht nur glatte Muskelfasern, sondern auch Nerven, Blut-

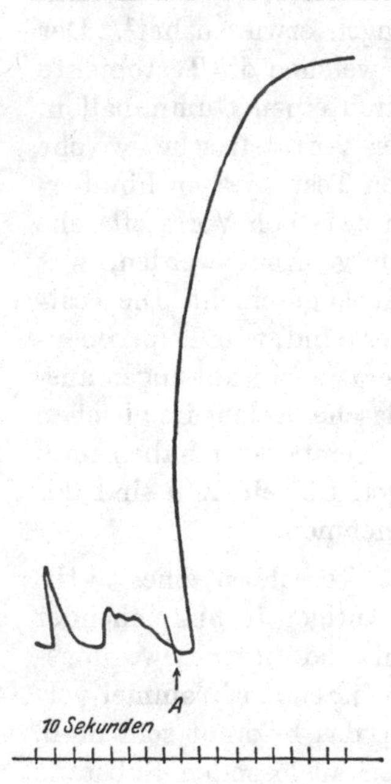

Abb. 4. Uterus eines vor 14 Tagen aktiv präparierten Meerschweinchens. Volum des Bades 250 ccm. Bei *A* Zusatz von 0,5 ccm Pferdeserum.

kapillaren, größere Gefäße und Lymphbahnen. Wo sitzt der Antikörper, mit welchem die schockauslösende Substanz reagiert und wo findet die Liberierung von kontraktionserregenden Stoffen — falls sie das direkt auf den Muskel wirkende Agens sein sollte — statt? Wirft man einen Blick auf Abb. 4 und erfährt man, daß die Zeit, welche zwischen dem Zusatz des Antigens zum Bade und dem Beginne der Muskelkontraktion verstreicht, nicht nachweisbar länger ist, als wenn man Histamin unmittelbar auf die Serosa des Uterushornes oder eines Darmstückes aufbringen würde, so müßte man entweder annehmen, daß die Serosa für die hochmolekularen Proteine des Pferdeserums und andere Eiweißantigene ebenso durchlässig ist wie für Histamin oder daß sich die Antigen-Antikörper-Reaktion einschließlich des Freiwerdens von Histamin oder Acetylcholin in der Serosa selbst abspielt. Die richtige Antwort scheint aber in dieser Alternative gar nicht enthalten zu sein, da die schockauslösenden Substanzen auch von der Schleimhaut aus wirken, wo sie, falls die Versuchsanordnungen von KENDALL und VARNEY einwandfrei waren, mit der Serosa nicht in Kontakt kommen, und zwar wieder so wie auf die Schleimhaut gebrachtes Histamin. Die weitere Diskussion soll nun aufgeschoben und eine Annäherung an das hier vorliegende Problem von anderer Seite versucht werden.

Die Schultz-Dalesche Versuchsanordnung wird so gut wie ausschließlich für die Prüfung der anaphylaktischen Reaktivität des *Meerschweinchens* verwendet[1] und gilt bei dieser Tierart als eine empfindliche und zuverlässige Probe, als empfindlich, weil sie nach M. WALZER und E. GROVE (1925) schon deutlich positive Resultate liefert, wenn die intravenöse Injektion beim lebenden Meerschweinchen nur leichte und zweideutige Symptome auszulösen vermag, als zuverlässig, weil sich in ihren Ergebnissen das Verhalten des ganzen Tieres getreu widerspiegeln soll [H. H. DALE (1913), C. H. KELLAWAY und J. C. COWELL (1922), A. J. KENDALL und F. O. SHUMATE (1930), E. A. KABAT und H. LANDOW (1942)]. Dieser Parallelismus ist keineswegs selbstverständlich, denn das Meerschweinchen verendet im anaphylaktischen Schock infolge der krampfhaften Kontraktion der Bronchialmuskulatur und die Substitution dieser glatten Muskeln durch Muskeln des Uterus oder des Darmes muß kein vollwertiger Ersatz sein; ferner wird der Schock am lebenden Tier durch intravenöse Injektion ausgelöst, und wenn dies auf andere Art erzielt werden kann, führt der Weg, auf dem die auslösende Substanz die Bronchialmuskulatur erreicht, höchstwahrscheinlich immer über das

[1] In Form von Spiralen ausgeschnittene Streifen aus der Wand der Carotis sensibilisierter *Kaninchen* sollen sich nach den Angaben von E. F. GROVE (1932) kontrahieren, wenn sie in der Schultz-Daleschen Versuchsanordnung mit Antigen in Kontakt gebracht werden. Man hat meines Wissens diese Beobachtung nicht weiter verfolgt.

Blut (s. die Ausführungen auf S. 41). Trotz dieser möglichen Einwände war das Vertrauen in die Beweiskraft der Probe am isolierten Uterushorn aktiv präparierter Meerschweinchen so groß, daß das Verhalten des Tieres selbst gar nicht geprüft oder als nebensächlich behandelt wurde; in den Veröffentlichungen wurden zahlreiche Zuckungskurven der Uterushörner reproduziert, teils als dokumentarische Belege, daß mit den geprüften Substanzen der anaphylaktische Zustand erzeugt werden konnte, teils um am sensibilisierten Uterushorn die antagonistische Wirksamkeit verschiedener Präparate, z. B. der zahlreichen synthetischen Antihistaminica, nachzuweisen.

Daß dieses unbeschränkte Vertrauen nicht gerechtfertigt ist, geht jedoch aus den bereits zitierten Beobachtungen von WALZER und GROVE hervor, denen zufolge die Probe am Uterushorn eines aktiv präparierten Meerschweinchens schon deutlich positive Resultate zu einer Zeit liefern kann, wo die intravenöse Erfolgsinjektion noch keine unzweideutigen Symptome auslöst. Zweitens ist von mehreren Autoren festgestellt worden, daß Meerschweinchen nach wiederholter Präparierung mit großen Antigendosen nicht anaphylaktisch, sondern, wie man sich ausgedrückt hat, gegen das Antigen „immun" werden; aber das Uterushorn solcher Tiere kann einen hohen Grad von Empfindlichkeit gegen Antigenkontakt zeigen, was aus den übereinstimmenden Angaben von H. H. DALE (1913), MANWARING und KUSAMA (1917), W. H. MOORE (1915) u. a. mit Sicherheit hervorgeht. In neuerer Zeit hat L. B. WINTER (1944, 1945) der Reaktion des Uterus als Indikator der Reaktivität des intakten Tieres nur einen geringen Wert zugebilligt, da er sich überzeugt hatte, daß Meerschweinchen bei anscheinend gleicher Sensibilität des Uterus auf die intravenöse Probe bald mit intensivem Schock, bald überhaupt nicht reagieren. Allerdings hat WINTER die Meerschweinchen mit Pferdeserum oder aus Pferdeserum dargestellten Proteinfraktionen *intraperitoneal* präpariert, so daß der Uterus mit dem Antigen direkt in Berührung kam, er nahm jedem Meerschweinchen vor der Probe, bei welcher das Antigen *in die Pfortader* injiziert wurde, ein Uterushorn heraus und führte diese Operation ebenso wie die Probe selbst in Äthernarkose durch. Die Versuchsergebnisse von WINTER lassen sich daher nicht ohne weiteres mit den experimentellen Resultaten anderer Autoren vergleichen; anderseits ist hervorzuheben, daß WINTER die Reaktivität der Tiere mit der Sensibilität ihres eigenen Uterus verglich, was zweifellos zuverlässiger ist, als wenn man die Reaktivität der Meerschweinchen und die Sensibilität des Uterus an verschiedenen Tieren bestimmt, so daß als einheitliche Versuchsfaktoren nur die gleiche Präparierungsart und das identische Intervall zwischen Präparierung und Probe in Betracht kommen. Jedenfalls bedarf diese Frage noch weiterer Abklärung.

In einer Beziehung herrscht aber, soweit nur die experimentell ermittelten Tatsachen in Betracht gezogen werden, Übereinstimmung: Man kann Meerschweinchen durch mehrere Injektionen artfremder Erythrocyten aktiv präparieren und durch intravenöse Reinjektionen derselben Erythrocyten einen anaphylaktischen Schock auslösen, während das Uterushorn solcher mit artfremden Blutkörperchen vorbehandelten Meerschweinchen in der Schultz-Daleschen Versuchsanordnung nicht reagiert, wenn man dem Bade, in welchem das Testobjekt suspendiert ist, eine Suspension der *intakten* Erythrocyten zusetzt [H. Friedli (1925)]. Da aber die Kontraktion des Uterushornes in der Schultz-Daleschen Versuchsanordnung erfolgt, wenn man als Testsubstanz eine aus den Erythrocyten durch Behandlung mit destilliertem Wasser gewonnene Hämoglobinlösung verwendet, so schien der Schluß gerechtfertigt, daß die Unwirksamkeit der Vollerythrocyten im Schultz-Daleschen Versuch darauf beruht, „daß die korpuskulären Elemente nicht zum Schockgewebe, zum glatten Muskel gelangen können", und in weiterer Folge, daß sie das intravenös injizierte, spezifisch sensibilisierte Meerschweinchen unter den Erscheinungen des Bronchospasmus töten, weil sie im zirkulierenden Blute der reagierenden Tiere „gelöst" werden und Stoffe frei geben, welche auch in der Schultz-Daleschen Versuchsanordnung wirksam sind. Da H. Friedli 1925 festgestellt hatte, daß die Reaktion des isolierten Uterushornes auch dann ausbleibt, wenn man dasselbe mit den Stromata der Erythrocyten in Kontakt bringt, und H. Friedli und H. Homma (1925) diese Angabe dahin ergänzten, daß Erythrocytenstromata auch dann nicht wirken, wenn man sie dem sensibilisierten Tier intravenös injiziert, konnte angenommen werden, daß die schockauslösende Substanz das Hämoglobin sein dürfte, d. h. daß im Falle der Auslösung des Schocks durch eine intravenöse Injektion von Vollerythrocyten der entscheidenden Antigen-Antikörper-Reaktion eine Hämolyse des injizierten Fremdblutes vorausgehen müßte. Eine Untersuchung von W. Gerlach und W. Finkeldey (1927) schien den Beweis für die reale Existenz dieses als notwendig angenommenen Prozesses zu liefern. Diese Autoren präparierten nämlich Meerschweinchen mit Hühnererythrocyten; bei der Reinjektion dieser durch ihren Kerngehalt morphologisch markierten Blutzellen konnte eine stürmische Hämolyse des Fremdblutes konstatiert werden, die nicht nur zum Austritt des Hämoglobins, sondern auch zum Zerfall der Stromata führte und oft schon nach zwei Minuten beendet war.

R. Doerr (1948, S. 216) erhob nachträglich gegen die unter seiner Leitung ausgeführten Experimente einige Einwände, vor allem, daß die Hämolyse von Erythrocyten durch destilliertes Wasser und das Abzentrifugieren der Stromata keine reine Hämoglobinlösung ergibt. In elektrophoretischen Diagrammen der Hämolysate roter Blutzellen dominiert zwar nach K. G. Stern, M. Reiner und R. H. Silber (1945) sowie

K. G. STERN und M. REINER (1946) das Hämoglobin weitaus, aber neben demselben lassen sich in geringen Mengen farblose Proteine nachweisen, welche dieselbe Wanderungsgeschwindigkeit haben wie die intakten Vollerythrocyten, was dafür spricht, daß sie in der Membran oder im Stroma der Blutkörperchen lokalisiert sind. Solche Proteine könnten sich an der Auslösung des Schocks beim intakten Tier und an der kontraktionserregenden Wirkung von Hämoglobinlösungen auf das isolierte Uterushorn beteiligen. Nun ist dieses Detail zunächst nicht von ausschlaggebender Bedeutung; weit wichtiger wäre es, ob man dasselbe Phänomen, nämlich den Gegensatz zwischen der völlig negativen Probe am isolierten Uterushorn und dem stark positiven Erfolg der intravenösen Injektion sensibilisierter Meerschweinchen auch bei anderen aktiv präparierenden Substraten beobachtet hat. Das ist tatsächlich der Fall.

Zunächst machte R. DOERR (1938, S. 96f.) darauf aufmerksam, daß die für artfremde Erythrocyten festgestellten Tatsachen für alle geformten Elemente, z. B. für Bakterien oder Spermatozoën, gültig sind: sie wirken im nativen Zustande auf das sensibilisierte und intravenös reinjizierte Meerschweinchen schockauslösend, vermögen aber das isolierte Uterushorn des sensibilisierten Tieres nicht zur Kontraktion zu reizen; um eine positive Reaktion des Uterushornes zu erzielen, müssen solche geformte Elemente unter Wahrung ihrer Antigenfunktionen in den gelösten Zustand übergeführt werden [H. ZINSSER und R. F. PARKER (1917), H. FRIEDLI (1925), C. G. BULL und MCKEE (1929)]. Auf alle diese Beispiele läßt sich der bereits erwähnte, von FRIEDLI entwickelte Gedanke anwenden, daß die schockauslösende Wirkung auf das intravenös reinjizierte Meerschweinchen durch eine vorausgehende Lyse der antikörperhaltigen Zellen vermittelt wird. Die Virusforschung hat jedoch Beobachtungen gezeitigt, auf welche diese Erklärung nicht zu passen scheint. Sensibilisiert man Meerschweinchen mit Tabakmosaikvirus, so reagieren sie auf die intravenöse Reinjektion dieses Antigens mit einem durchaus typischen Schock [W. M. STANLEY (1935, 1936)]; dagegen kontrahiert sich der Uterus eines sensibilisierten Meerschweinchens nicht, wenn er mit einer Virussuspension im Schultz-Daleschen Versuch in Kontakt gebracht wird [K. S. CHESTER (1936), F. C. BAWDEN und N. W. PIRIE (1937), C. V. SEASTONE, H. S. LORING und K. S. CHESTER (1937)]. Den Viruselementen wird aber der Charakter von Makromolekülen zugeschrieben und die Unwirksamkeit im Test am Uterushorn wurde — dieser Vorstellung gemäß — darauf zurückgeführt, daß die Moleküle zu groß sind, um durch die Serosa hindurch bis zum glatten Muskel vorzudringen (vgl. hiezu S. 53). SEASTONE, LORING und CHESTER stellten daher Modellversuche mit einem anderen hochmolekularen Protein, dem Hämocyanin von Limulus polyphemus an, das nach I.-B. ERIKSSON-QUENSEL und THE SVEDBERG (1936) ein Molekulargewicht von 3000000 (zirka ein Achtel bis ein Sechzehntel des Molekulargewichtes des Tabakmosaikvirus) besitzt; nun war das anaphylaktische Experiment in beiden Formen positiv, die aus der Größe der Virusmoleküle abgeleitete Erklärung somit anscheinend hinfällig; aber SEASTONE und seine Mitarbeiter erhoben selbst den Einwand, daß das Hämocyanin leicht in kleinere Teile dissoziiert und daß es daher diese relativ niedermolekularen Spaltprodukte sein konnten, welche die Reaktionen des isolierten Uterus ausgelöst hatten. Bei Licht betrachtet, erklärt dieser „Parallelversuch" nichts. Es wurde ja nicht nachgewiesen, daß sich das Hämocyanin im Schultz-Daleschen Versuch spaltet, wenn es zur Tyrode-Lösung zugesetzt wird, und selbst, wenn man dies rein willkürlich annehmen wollte, wüßte man nicht, wie groß die kontraktionserregenden Spaltstücke waren; graduierte Versuche, aus welchen hervorgehen würde, daß Antigenpartikel von einer bestimmten Größe angefangen im Test am überlebenden Uterushorn nicht mehr wirksam sein können, hat überhaupt kein Experimentator ausgeführt, so daß die Vorstellung, daß die Elemente des Tabakmosaikvirus infolge ihrer Dimensionen die Serosa nicht passieren können, einstweilen durchaus unbegründet ist.

Unter diesen Umständen darf daran erinnert werden, daß die Elementarteilchen des Tabakmosaikvirus stäbchenförmig sind und in elektronenoptischen Aufnahmen den Eindruck von Gebilden machen, die eine bestimmte Gestalt und innerhalb einer gewissen Variationsbreite auch eine bestimmte Länge besitzen [s. u. a. H. Z. GAW (1947)]. Zweitens aber lassen sich die Elemente des Tabakmosaikvirus durch verschiedene Methoden in Fragmente von kleinerem Molekulargewicht (zirka 360000) zerlegen, welche, abgesehen von der Infektiosität, alle Eigenschaften der Viruselemente besitzen [J. D. BERNAL und J. FANKUCHEN (1941), G. SCHRAMM (1943)]. Nimmt man mit G. BERGOLD an, daß das Molekulargewicht (Teilchengewicht) des Tabakmosaikvirus 39 Millionen beträgt, so würden 108 solcher Spaltstücke zu 360000 resultieren. Nach der Ansicht des Verfassers besteht kein grundsätzliches Bedenken, die Zerlegung des Riesenmoleküls des Tabakmosaikvirus in solche kleine Untereinheiten als eine Art Lösung aufzufassen und sich, falls man den ganzen hier dargelegten Gedankengang als eine mögliche Erklärung annimmt, vorzustellen, daß das Tabakmosaikvirus auf das isolierte Uterushorn des sensibilisierten Meerschweinchens aus demselben Grunde nicht wirkt wie Vollerythrocyten, Bakterien oder Spermatozoën, weil die Viruselemente nicht einfach „Moleküle", sondern biologische, den Zellen verwandte Einheiten von bestimmten Formen sind. Die Wirkung des Tabakmosaikvirus auf das intravenös reinjizierte Meerschweinchen könnte dann darauf beruhen, daß in den Kapillaren des lebenden Tieres eine Aufspaltung der Viruselemente in die Untereinheiten stattfindet. Voraussetzung wäre, daß die Untereinheiten die serologischen Eigenschaften des nativen Virus haben, wozu nur die Reaktionsfähigkeit mit vorhandenem Antikörper (das „Bindungsvermögen"), nicht aber die produktive Antigenfunktion notwendig wäre, da es sich ja nur um die Auslösung des anaphylaktischen Schocks in einem antikörperhaltigen (aktiv präparierten) Organismus handelt.

Diese Voraussetzung ist erfüllt. Zunächst hat G. Schramm (1941) aus dem Virusmolekül durch Behandlung mit Nucleotidase die Nucleinsäure eliminiert und festgestellt, daß das von der Nucleinsäure befreite Virus durch ein Kaninchenantiserum, das durch Immunisierung mit nativem Virus hergestellt worden war, spezifisch ausgeflockt wird. Immerhin lag hier nur eine unwesentliche Verkleinerung der Viruselemente vor, aus der bloß zu folgern war, daß die Nucleinsäure die serologische Spezifität nicht entscheidend beeinflußt. H. Friedrich-Freksa, G. Melchers und G. Schramm (1946) konnten jedoch zeigen, daß auch kleinere Spaltstücke (die 108 Untereinheiten, s. oben) mit dem für alle Stämme gemeinsamen Antikörper reagieren. Es fehlt sonach nur noch der Nachweis, erstens, daß man mit dem fragmentierten Virus einen positiven Uterustest erzielen kann, und zweitens, daß intravenös injiziertes Virus in den Kapillaren des sensibilisierten Meerschweinchens in Fragmente (Untereinheiten) zerfällt.

Mit dem Mechanismus der Anaphylaxie gegen artfremde Erythrocyten beschäftigten sich in neuerer Zeit auch P. Nolf und M. Adant (1946). Sie präparierten Meerschweinchen durch drei Injektionen von Pferdeerythrocyten und prüften die Reaktionen der Lunge, des Uterus und des Dünndarmes mit Hilfe der auf S. 44 beschriebenen Methoden. Die zur Perfusion der genannten Organe verwendeten Pferdeblutkörperchen wurden mindestens zwölfmal mit dem fünfzigfachen Volumen Kochsalzlösung gewaschen, wodurch erreicht werden sollte, daß das an der Oberfläche der Erythrocyten haftende Serum entfernt und auf diese Weise jede Mitwirkung eines gelösten Antigens ausgeschlossen wäre. Die Lunge reagierte mit Verminderung des Atemvolums und schließlicher Erstarrung infolge der Obstruktion der Luftwege (Bronchospasmus), die Uterushörner kontrahierten sich und der Dünndarm reagierte überhaupt nicht, angeblich infolge mangelhafter Sauerstoffzufuhr. Die aus der Lunge austretende Perfusionsflüssigkeit wurde zentrifugiert, um die Erythrocyten abzusondern, und die nach dem Zentrifugieren abgeheberte überstehende Flüssigkeit enthielt, spektroskopisch untersucht, kein Hämoglobin und gab beim Kochen oder beim Zusatz von Trichloressigsäure keinen Niederschlag; auch die mikroskopische Untersuchung lieferte keine Anhaltspunkte für eine intravasale Zerstörung der den Schock auslösenden Pferdeerythrocyten. Damit stand aber in einem von den Autoren nicht aufgeklärten Gegensatz die Tatsache, daß die Kochsalzlösung, in welcher die zur Perfusion verwendeten Pferdeblutkörperchen *das letztemal* gewaschen worden waren, nach dem Abzentrifugieren der Erythrocyten auf präparierte Meerschweinchen regelmäßig desensibilisierend wirkte und in zwei von insgesamt zehn Versuchen sogar einen leichten Bronchospasmus hervorrief. Das letzte Waschwasser war also offenbar schwach antigenhaltig, und die forcierten Waschprozeduren hatten nicht genügt, gelöste, aus den Fremdblutkörperchen stammende Substanzen völlig zu eliminieren. Da NOLF und ADANT für die reaktionsauslösenden Perfusionen große Flüssigkeitsmengen benutzten, wäre es daher möglich gewesen, daß derartige Stoffe die beobachteten Reaktionen hervorriefen, durch ihre Quantität die geringe Konzentration ausgleichend. Unter dieser Voraussetzung wäre eine intravasale Lyse des Fremdblutes selbstverständlich nicht notwendig gewesen, und daß sie nicht nachweisbar war, konnte einfach darauf beruhen, daß eine vorausgegangene Durchspülung das hämolysinhaltige Blut aus den Gefäßen des Untersuchungsobjektes entfernt hatte. Allerdings müßte diese Erklärung experimentell verifiziert werden, eventuell durch Versuche mit markierten (kernhaltigen) Erythrocyten. Wie die Dinge jetzt liegen, geht aus den Versuchen von NOLF und ADANT strenge genommen nur hervor, daß in Kochsalzlösung gewaschene Erythrocyten auf das präparierte Meerschweinchen bzw. auf die Erfolgsorgane wirken, wenn man sie durch die Gefäße durchleitet, daß sie aber, wie sich auch NOLF und ADANT überzeugten, unwirksam sind, wenn man sie von außen her in ungelöstem Zustande mit dem serösen Überzug des sensibilisierten Uterushornes in Berührung bringt, und dieser Gegensatz war schon lange vorher in der Form eines allgemeinen (für geformte Elemente aller Art gültigen) Gesetzes bekannt.

NOLF und ADANT, die davon überzeugt waren, daß das Antigen in den reaktionsauslösenden Erythrocytensuspensionen nur in Form von intakten Pferdeblutkörperchen vorhanden sein konnte, interpretierten ihre Versuchsergebnisse in dem Sinne, daß das Antigen unter den von ihnen gewählten Bedingungen mit den glatten Muskeln überhaupt nicht in Kontakt kommen konnte; wenn diese gleichwohl auf die Einführung in das Gefäßsystem der Lunge mit einem intensiven Spasmus reagiert hatten, sei dies nur als Folge einer Reaktion zwischen den Erythrocyten und den Gefäßendothelien zu verstehen, welche ein chemisches Agens, nämlich Histamin, in Freiheit setzt, das dann auf die glatten Muskeln kontraktionserregend wirkt. Wie man sich die Reaktion zwischen den Endothelien und den an ihnen vorbeirollenden intakten Erythrocyten vorstellen soll, wurde nicht erörtert und ist um so weniger verständlich, als die Endothelien der Lungengefäße nicht die Fähigkeit besitzen, Zellen oder Zellfragmente durch Phagocytose zu fixieren [W. GERLACH und FINKELDEY (1928), W. GERLACH und W. HAASE (1928), W. GERLACH (1928)]. Offenbar kam es NOLF und ADANT nur auf den Beweis an, daß sich die auslösende Antigen-Antikörper-Reaktion nicht an den reagierenden Zellen abspielen muß, sondern nur dadurch wirksam wird, daß sie eine auf das Erfolgsorgan toxisch wirkende Substanz freimacht. Ob dieser Beweis für die Richtigkeit der Histamintheorie überzeugender ist als die anderen vorliegenden Argumente, soll an dieser Stelle nicht erörtert werden. Der Mechanismus der Erythrocytenanaphylaxie und der Gegensatz zwischen dem negativen Uterustest und dem positiven Resultat einer intravenösen Erfolgsinjektion beim lebenden Tier, sowie das Positivwerden des Uterustestes, falls man gelöste Erythrocyten als Prüfungsantigen verwendet, sind durch NOLF und ADANT in keiner Weise dem Verständnis erschlossen worden, ganz abgesehen davon, daß alle diese Phänomene nicht nur bei Erythrocyten, sondern auch bei anderen Antigenen in Zellform sowie beim Tabakmosaikvirus sichergestellt wurden.

In sachlicher Beziehung sei noch bemerkt, daß sich artfremde Erythrocyten im Meerschweinchenversuch wie Antigene von „geringer Aktivität" verhalten. G. FISCHER (1924) erzielte die aktive Präparierung durch einmalige Subkutaninjektion artfremder, gewaschener Erythrocyten (vom Pferde, Kaninchen, Rind) auch dann nicht regelmäßig, wenn er die Erythrocyten aus 0,2 bis 0,4 ccm Blut verwendete. Will man konstante Ergebnisse bekommen, so muß man die Methode der wiederholten (mindestens dreimaligen) Antigeninjektion mit eingeschalteten Intervallen wählen [G. FISCHER (1924), J. H. LEWIS (1928)]. Im Gegensatz dazu stehen die minimalen Zellmengen, mit welchem man durch intravenöse Injektion einen schweren oder letalen Schock auszulösen vermag; bisweilen kann man mit den Erythrocyten aus 0,00005 ccm eine deutliche Reaktion hervorrufen [G. FISCHER (1924), H. FRIEDLI und H. HOMMA (1928)]. Nun hängt die präparierende Wirkung einer Substanz, die im allgemeinen wohl mit der Fähigkeit identifiziert werden darf, die Antikörperbildung in Gang zu bringen, zweifellos von anderen Faktoren ab als die reaktionsauslösende Wirkung, welche durch die Affinität zu einem bereits vorhandenen Antikörper bestimmt wird. Haben wir doch in gewissen Haptenen, z. B. in den Polysacchariden der Pneumokokken, Beispiele, daß eine kräftige auslösende Wirkung mit einem völligen Mangel der produktiven Antigenfunktion (der Antikörperbildung) einhergehen kann. Da wir aber nicht wissen, worauf die Fähigkeit der Antikörperbildung beruht [vgl. DOERR (1948)], wäre es möglich, daß der Gegensatz zwischen schwach präparierendem und hochgradig auslösendem Vermögen bei den Erythrocyten eine besondere Ursache hat. Für Ovalbumin, die Proteine des Blutserums und einige andere, genauer untersuchte Antigene gilt jedenfalls als allgemeine Regel, daß die sicher präparierenden Dosen wesentlich kleiner sind als die Mengen, die man für eine letale intravenöse Erfolgsinjektion beim Meerschweinchen benötigt.

Wie man aus diesen keineswegs vollständigen Ausführungen entnehmen kann, hat sich die fast als selbstverständlich hingenommene Behauptung, daß sich in der Empfindlichkeit der Uterusmuskulatur gegen Antigenkontakt die anaphylaktische Reaktivität des Meerschweinchens quantitativ und qualitativ widerspiegelt, nicht nur als bloß partiell zutreffend erwiesen, sondern ist die Quelle einer ganzen Reihe von Problemen geworden, welche derzeit noch auf ihre Lösung harren.

Der Schultz-Dalesche Versuch wurde und wird noch heute ausschließlich beim Meerschweinchen verwendet. Die glatte Uterusmuskulatur sensibilisierter Rhesusaffen reagiert auf Antigenkontakt überhaupt nicht [M. M. Albert und W. Walzer (1942)] und nach einer Beobachtung von L. Tuft (1938) scheint das auch auf den Menschen zuzutreffen. Tuft konnte Streifen der Uterusmuskulatur einer Frau untersuchen, bei welcher die sectio caesarea ausgeführt werden mußte; die Frau war im Stadium vorgeschrittener Schwangerschaft mit Pferdeserum injiziert worden, ihre Haut reagierte auf Pferdeserum positiv und ihr Blut enthielt Präzipitine für dieses Antigen. Im Schultz-Daleschen Versuch zeigten aber die Uterusstreifen, obwohl sie sich beim Kontakt mit Histamin oder Pituitrin prompt kontrahierten, keine Andeutung einer Reaktion, wenn man zum Wasserbad, in welchem sie suspendiert waren, Pferdeserum zusetzte.

Auf dem Prinzip, das Antigen als Zusatz zu einer Perfusionsflüssigkeit vom Gefäßlumen aus wirken zu lassen, beruhen außer den bereits früher erwähnten Verfahren nach folgende Methoden:

α) **Die Untersuchung des isolierten lebenden, von der Aorta aus durchströmten Herzens**; Zusatz von Antigen soll Änderungen der Schlagfolge und des Schlagvolums oder kürzeren oder längeren Stillstand der Herztätigkeit zur Folge haben. Bei den für anaphylaktische Versuche meist verwendeten Tierarten, Meerschweinchen und Hunden, spielen jedoch Störungen der Herzfunktion beim Zustandekommen des Schocks keine direkte Rolle [Lit. bei R. Doerr (1929b, S. 679 und 718)]; nur beim Kaninchen scheint das Herz maßgebend beteiligt zu sein, da das Herz des im Schock verendeten Kaninchens bei einer unmittelbar post mortem vorgenommenen Autopsie im Stillstand gefunden wird (im Gegensatze zum Hunde und Meerschweinchen) und da es auch durch elektrische Reizung nicht mehr zum Schlagen gebracht werden kann [J. Auer (1911), Robinson und J. Auer (1913a, b)]. In gewissem Sinne gehört hieher auch der anaphylaktische Herztod spezifisch sensibilisierter und mit dem Antigen reinjizierter Hühnerembryonen (s. S. 26); die anaphylaktische Reaktion besteht in einer deutlichen Verlangsamung der Schlagfolge und im Stillstand des Herzens in der Diastole. Interessant ist, daß Histamin auch in konzentrierter Lösung das Herz des Hühnerembryos nicht beeinflußt und daß Acetylcholin oder Cholin zwar wirkt, aber in anderer Weise, indem das isolierte Herz des Embryos rasch, meist sogar plötzlich, in der Systole stehen bleibt [ST. WENT [1939)].

β) **Die Verwendung der sogenannten Gefäßpräparate** d. h. bestimmter überlebender Körperteile oder Organe, welche von warmer Lockescher Lösung durchströmt werden; Zusatz von Antigen zur Perfusionsflüssigkeit hat eine merkbare Verminderung des Abflusses aus der ableitenden Vene zur Folge, was auf einer Drosselung der Zufuhr (Arteriospasmus) oder auf einer Behinderung des Abflusses (Venenkontraktion, Veränderung des Kapillarlumens) oder auf einer Kombination von verminderter Zufuhr mit behindertem Abfluß beruhen kann. Perfusionen haben immer, auch wenn sie nicht lange dauern und nur unter geringem Druck ausgeführt werden, Ödembildung, d. h. den Austritt von Flüssigkeit aus den Kapillaren in die angrenzenden Gewebe zur Folge. Die bereits an früherer Stelle erwähnten Perfusionen der Leber sensibilisierter Hunde, der Lunge, des Uterus oder von Dünndarmschlingen von Meerschweinchen oder anderen Versuchstieren sind dieser Gruppe von Verfahren zuzurechnen; man versteht jedoch unter ,,Gefäßpräparaten" meist nur:

$\alpha\alpha$) *das isolierte Kaninchenohr*, welches für die Analyse der anaphylaktischen Reaktivität von E. FRIEDBERGER und S. SEIDENBERG (1927), W. GERLACH (1925), S. GENES und Z. DINERSTEIN (1927) sowie von R. G. ABELL und H. P. SCHENK (1938) herangezogen wurde und

$\beta\beta$) *die untere Körperhälfte von Fröschen* [W. ARNOLDI und E. LESCHKE (1920), J. RIENMÜLLER (1943b)], von Hunden [MANWARING und W. H. BOYD (1923), MANWARING, CHILCOTE und HOSEPIAN (1923)] oder von Meerschweinchen [E. FRIEDBERGER und S. SEIDENBERG (1927), J. L. KRITSCHEWSKY und E. HERONIMUS (1928)].

B. Der passiv anaphylaktische Versuch.

Die typische passive Versuchsanordnung besteht aus folgenden Akten: 1. der Erzeugung eines passiv präparierenden Antiserums durch Immunisierung eines Tieres A mit einem bestimmten Antigen; 2. der Übertragung dieses Antiserums auf ein Tier B, welches derselben oder einer anderen Spezies wie A angehören kann (homologe oder heterologe passive Anaphylaxie); 3. der Probe auf das Bestehen einer anaphylaktischen Reaktivität bei B durch Zufuhr des zur Behandlung von A benutzten Antigens. Wie in einem aktiv anaphylaktischen Experiment ist auch hier das Vorhandensein des Antikörpers die Voraussetzung der Auslösbarkeit anaphylaktischer Symptome. Nur wird die Produktion des Antikörpers in einen anderen Organismus verlegt und der Antikörper dem Versuchstier in fertigem Zustande in der Form eines Antiserums einverleibt. Da passiv zugeführter Antikörper (Immunglobulin) im Organismus abgebaut, aber selbstverständlich nicht wieder ersetzt wird, ist die Dauer des passiv anaphylaktischen Zustandes, im Gegensatz zum aktiv induzierten, begrenzt; sie beträgt bei der heterologen passiven Anaphylaxie des Meerschweinchens zirka 6 bis 10 Tage [A. F. COCA und KOSAKAI (1920)], bei der homologen maximal 60 bis 77 Tage [R. OTTO (1907), BR. RATNER, JACKSON und GRUEHL (1926)].

In theoretischer Beziehung bietet der passiv anaphylaktische Versuch vor dem aktiven den Vorteil, daß man die Menge des Antikörpers kennt, welche dem Versuchstier einverleibt wird. Es bleibt allerdings im Prinzip unentschieden, welche Quote des injizierten Antikörpers sich an der Reaktion beteiligt, die für die Auslösung der Symptome maßgebend ist. Aus quantitativen Untersuchungen von E. A. KABAT und M. H. BOLDT (1944) geht jedoch hervor, daß unter optimalen Umständen schon 0,2 mg Immunglobulin (= 0,2 ccm Antiserum, im untersuchten Falle Antiovalbuminserum vom Meerschweinchen) genügen können, um ein Meerschweinchen passiv anaphylaktisch zu machen; der Stickstoffgehalt in dieser Menge Immunglobulin betrug 0,005 bis 0,03 mg. Antiserum vom Kaninchen vermag Meerschweinchen unter Umständen schon in Mengen von 0,02 ccm Antiserum passiv zu präparieren (= 0,03 mg Antikörper-N), also in noch geringerer Menge als das homologe Meerschweinchenantiserum, weil es das Immunglobulin in höherer Konzentration enthält [E. A. KABAT und H. LANDOW (1942)]. Diese außerordentlich geringen Quantitäten Immunglobulin, welche für eine anaphylaktische Reaktion beim Meerschweinchen erforderlich sind, könnten mit manchen Besonderheiten, welche die aktive Anaphylaxie dieses Tieres zeigt, in engerem Zusammenhang stehen zum Beispiel mit den minimalen Präparierungsdosen, mit der Beeinflussung der Inkubation durch geringe Überschreitungen des quantitativen Optimums der Präparierung usw.; doch sind der tatsächliche Konnex sowie seine Ursachen vorderhand noch nicht klargestellt.

1. Die Gewinnung passiv präparierender Antisera

scheint von allen Tierspezies möglich zu sein, welche sich aktiv präparieren lassen. Positive Angaben liegen vor für Meerschweinchen, Kaninchen, Hunde, weiße Mäuse [O. SCHIEMANN und H. MEYER (1926)], Ratten [J. P. PARKER und F. PARKER (1924)], Pferde, Menschen, Tauben, Schildkröten [N. P. SHERWOOD und DOWNS (1928)] und Frösche [K. A. FRIEDE und M. K. EBERT (1927)]. Dieser Parallelismus zwischen der Möglichkeit einer aktiven Präparierung und der Produktion passiv präparierender Antisera besteht aber jedenfalls nur im Bereiche der homolog passiven Versuchsanordnungen; gehören Spender und Empfänger des Antiserums verschiedenen Spezies an, so kann die passive Präparierung unmöglich sein, auch dann, wenn das übertragene Antiserum nachweislich Antikörper (Immunglobulin) enthält. Man kennt eine ziemlich große Zahl solcher „Inkompatibilitäten", unter welcher Bezeichnung man die Fälle zusammenfassen kann, in welchen Antisera einer Spezies A eine Spezies B trotz ihres Antikörpergehaltes nicht passiv zu präparieren vermögen. Nachstehend einige Beispiele, in welchen der Serumspender an erster, der nichtkompatible Empfänger an zweiter Stelle genannt ist:

1. Serumspender: Kaninchen, inkompatible Empfänger: Hühner oder Tauben [E. FRIEDBERGER und O. HARTOCH (1909), F. GERLACH (1922), N. P. SHERWOOD (1928), W. M. SCOTT (1931)].

2. Serumspender: Huhn, inkompatible Empfänger: Meerschweinchen [P. UHLENHUTH und HAENDEL (1909), N. P. SHERWOOD und DOWNS (1928)].

3. Serumspender: Kaninchen, inkompatible Empfänger: Schildkröten (N. P. SHERWOOD und DOWNS (1928)].

4. Serumspender: Ratte, inkompatibler Empfänger: Meerschweinchen [W. T. LONGCOPE (1922), W. C. SPAIN und E. F. GROVE (1925)].

5. Serumspender: Pferd, inkompatibler Empfänger: Meerschweinchen [O. T. AVERY und W. S. TILLETT (1929), R. BROWN (1934), E. M. FOLLENSBY und S. B. HOOKER (1944)].

6. Serumspender: Rind, inkompatibler Empfänger: Meerschweinchen [zit. nach M. W. CHASE (1948, S. 116)].

Wie R. DOERR (1928b, S. 683) betonte, ist es in Anbetracht dieser unmöglichen Kombinationen irreführend, wenn man behauptet, das passive Präparierungsvermögen eines Antiserums beruhe auf seinem Gehalt an „anaphylaktischem" Antikörper. Der in einem Antiserum vom Kaninchen enthaltene Antikörper ist für das Kaninchen und das Meerschweinchen ein anaphylaktischer Antikörper, für das Huhn, die Taube, die Schildkröte ist er es nicht. Das, was man als das passive Präparierungsvermögen bezeichnet, ist somit eine Relativität, eine Beziehung antikörperhaltiger Immunsera zu bestimmten Tierspezies bzw. zu ihren Geweben.

Das Wesen dieser Beziehung ist nicht sicher bekannt. FRIEDBERGER und HARTOCH (1909) nahmen, um die unmöglichen Säuger-Vogel-Kombinationen zu erklären, an, daß Vogelkomplement nicht auf Säugerambozeptoren passe und umgekehrt, eine Erklärung, die auf der Prämisse aufgebaut war, daß die Beteiligung des im Blute der Versuchstiere vorhandenen Komplementes an der Antigen-Antikörper-Reaktion für das Zustandekommen der anaphylaktischen Störungen notwendig sei; diese Voraussetzung hat sich jedoch als unhaltbar erwiesen und außerdem kennt man eine Reihe von Inkompatibilitäten, auf welche sich diese Erklärung nicht anwenden läßt. Der bequeme und daher auch beliebte Ausweg, einfach zwei Antikörper anzunehmen, von denen der eine passiv präpariert, der andere nicht, kann nicht betreten werden, da das Vorhandensein und das Fehlen des passiven Präparierungsvermögens im gleichen Antiserum vereint sein können und dann gesetzmäßig von der Artzugehörigkeit des Serumspenders und des Tieres abhängt, auf welches das Antiserum übertragen wird. Die größte Wahrscheinlichkeit hat die Annahme für sich, daß die unmöglichen Kombinationen auf einer besonderen Beschaffenheit der Immunglobuline beruhen, welche ihre Fixierung an den Schockgeweben der passiv zu präparierenden Tiere verhindern. Auf die Begründung dieser Hypothese soll an anderer Stelle näher eingegangen werden.

Hier mögen zunächst unrichtige Definitionen der passiven Anaphylaxie kritisiert werden, die sich bei einigen neueren Autoren vorfinden. Br. Ratner (1943, S. 408) will unter passiver Anaphylaxie die Übertragung des Sensibilisierungszustandes auf ein normales Tier verstehen, welche dadurch zustande kommt, daß man dem normalen Tier das Serum eines überempfindlichen injiziert. So schreibt auch W. C. Boyd (1947, S. 312f.): "It has been implied already that the sensitive condition in animals is due to the development of antibodies, and this is strongly confirmed by the observation, that a normal animal can by rendered susceptible to anaphylactic shock by transferring to it serum from a sensitive animal." Daß solche Definitionen grundsätzlich abzulehnen sind, wurde auf S. 9 ausführlich begründet. Sie stehen auch mit der Tatsache in Widerspruch, daß sich der Spender des passiv präparierenden Antiserums zur Zeit der Blutentnahme nicht im anaphylaktischen Zustand befinden muß, was von R. Otto schon 1907 festgestellt und in der Folge von Iwanoff (1927) und vielen anderen Autoren bestätigt wurde, namentlich auch bei Meerschweinchen, welche durch wiederholte Injektionen massiver Antigendosen „immun" geworden waren (s. S. 11). Es ist daher auch denkbar, daß ein passiv präparierendes Serum von einer Tierart gewonnen wird, die sich aktiv schwer oder mit dem gewählten Antigen überhaupt nicht sensibilisieren läßt. So sollen Affen bei der Behandlung mit menschlichen Serumproteinen ein Antiserum liefern, mit welchem man Meerschweinchen passiv präparieren kann, obzwar die Affen selbst nicht anaphylaktisch werden. [P. Uhlenhuth und Haendel (1909).]

Die Immunisierung der Tiere, welche die präparierenden Sera liefern, erfolgt durch parenterale Zufuhr der gewählten Antigene. Der passiv präparierende Antikörper kann im Serum verschiedener Tierspezies schon nach einer einzigen Antigeninjektion auftreten; praktisch macht man von dieser Möglichkeit keinen Gebrauch, da die auf diese Weise gewonnenen Antisera einen niedrigen Titer haben, d. h. nur in großen Dosen passiv präparieren, was in mehrfacher Hinsicht einen Nachteil bedeutet. Man immunisiert daher durch wiederholte Antigeninjektionen, zwischen welche entsprechende Zeitintervalle eingeschaltet werden. Auf diese Art erhält man von Kaninchen leicht Antisera, welche Meerschweinchen regelmäßig und schon in kleinen Mengen (0,05 bis 0,1 ccm) passiv präparieren. Auch von Meerschweinchen wurden gelegentlich Antisera von hoher Wirksamkeit erhalten [E. FRIEDBERGER und S. SEIDENBERG (1927), B. SCHWARZMANN (1926), R. DOERR und L. BLEYER (1926), E. A. KABAT und M. H. BOLDT (1944)].

2. Die Übertragung des Antiserums.

Die Übertragung des Antiserums, d. h. die „passive Präparierung" erfolgt durch subkutane, intraperitoneale oder intravenöse Injektion. Die von R. OTTO bevorzugte intraperitoneale Injektion ist schonender, weil sie die sogenannte „primäre Toxizität" intravenös injizierter Antisera umgeht. Die intravenöse Injektion gibt aber, da sie von den Resorptionsverhältnissen in der Bauchhöhle unabhängig ist, konstantere Resultate und ist für eine Reihe von Fragestellungen, die theoretisch bedeutungsvoll sind, unentbehrlich, besonders für die Entscheidung, welches Zeitintervall vom Momente der Einverleibung des Antiserums an bis zu dem Zeitpunkt verstreichen muß, in welchem die Probe (die Injektion des Antigens) ein hinreichend intensives Resultat (schweren oder letalen Schock) liefert (siehe den folgenden Abschnitt).

E. A. KABAT und H. LANDOW (1942) wollten mit Hilfe dieser Methodik (intravenöse Injektion des Antiserums und intravenöse Erfolgsinjektion des Antigens) entscheiden, in welchem quantitativen Verhältnis Antikörper und Antigen zueinander stehen müssen, damit der anaphylaktische Schock des Meerschweinchens das Maximum seiner Intensität erreicht. Es ergab sich zunächst, daß dies dann der Fall ist, wenn das Antigen im Überschuß zugeführt wird, d. h. wenn bei einem mit gleichen Mengen Antiserum und Antigen in vitro angestellten Präzipitinversuch die Flokkung durch den Antigenüberschuß verhindert wird und das Produkt der Antigen-Antikörper-Reaktion in Lösung bleibt. In einer späteren Mitteilung wurde jedoch dieser interessante Befund widerrufen, bzw. auf das zuerst untersuchte Antigen-Antikörper-System eingeschränkt und verlor dadurch seine prinzipielle Bedeutung (vgl. hiezu 5.).

3. Das Latenzstadium der passiven Anaphylaxie.

Injiziert man das passiv präparierende Antiserum subkutan oder intraperitoneal, so kann es nicht überraschen, daß der auf diese Weise induzierte anaphylaktische Zustand nicht sofort, sondern erst nach einer längeren Frist manifestiert wird. Da die Probe fast immer in einer intravenösen Antigeninjektion besteht, kann man sich mit der Erklärung begnügen, daß der Antikörper vom Unterhautzellgewebe oder von der Bauchhöhle aus resorbiert werden und im zirkulierenden Blut die erforderliche Konzentration erreichen muß, um dort mit dem Antigen der Erfolgsinjektion so rasch und intensiv zu reagieren, daß das anaphylaktische Syndrom zustande kommt. Die Erfahrung lehrte, daß man beim Meerschweinchen nach einer subkutanen Injektion eines passiv präparierenden Serums 24 bis 48 Stunden [U. FRIEDEMANN (1907), R. OTTO (1907)], nach einer intraperitonealen Injektion 24 Stunden [R. OTTO (1907), R. DOERR und V. RUSS (1909)] verstreichen lassen muß. Das Latenzstadium ist aber auch nach der intravenösen Zufuhr des Antiserums voll ausgeprägt [R. DOERR und V. RUSS (1909)], und zwar sowohl bei der heterologen wie bei der homologen Versuchsanordnung [B. SCHWARZMANN (1926), R. DOERR und L. BLEYER (1926)]. Der Übergang vom Latenzstadium in den manifesten passiv anaphylaktischen Zustand vollzieht sich allmählich, indem mit gleich bleibenden Antigenmengen zunächst schwach positive, dann zunehmend stärkere Reaktionen ausgelöst werden [R. DOERR und V. RUSS (1909)]; das Maximum der passiven Sensibilisierung, nicht nur durch den Effekt der Erfolgsinjektion, sondern auch durch das Minimum der schockauslösenden Antigendosis bestimmt, wird im allgemeinen erst in 24 Stunden, nach den Untersuchungen von C. H. KELLAWAY und S. J. COWELL (1922) sogar noch später erreicht. Im Falle der intravenösen Zufuhr des Antiserums kann man sich nicht mit einer so einfachen Begründung behelfen, wie sie für die passive Präparierung durch subkutane oder intraperitoneale Injektionen auszureichen scheint.

Bevor wir auf andere mutmaßliche Ursachen eingehen, muß betont werden, daß die Latenzperiode der passiven Anaphylaxie nur beim Meerschweinchen ein gut ausgeprägtes und konstantes Phänomen ist, bei anderen Tierarten dagegen nicht festgestellt wurde oder, korrekter ausgedrückt, für die Auslösung des anaphylaktischen Syndroms nicht erforderlich ist. Negative Angaben liegen vor für weiße Mäuse [K. L. BURDON (1946)], für Kaninchen [U. FRIEDEMANN (1909), W. M. SCOTT (1910) u. a.] sowie für Hunde [N. P. SHERWOOD, O. O. STOLAND, J. S. KIRK und D. J. TENNENBERG (1948)]. Wenn also zunächst nur die Latenzperiode der passiven Anaphylaxie des Meerschweinchens der Ausgangspunkt für experimentelle Forschung und Hypothese sein kann, bedeutet das nicht, daß die erzielten Ergebnisse keine allgemeinere Bedeutung besitzen können. Zu berücksichtigen ist ferner a priori, daß die anaphylaktischen Allgemeinreaktionen bei verschiedenen Tierspezies einen völlig differenten Mechanismus haben, und daß darin das unterschiedliche Verhalten hinsichtlich der Latenzperiode begründet sein kann. So ist es, vorgreifend bemerkt, möglich, daß die Anaphylaxie des Meerschweinchens einen zellularen, die der Maus einen humoralen Mechanismus hat. Verallgemeinerungen müssen eben stets vorher sorgfältig auf ihre Zulässigkeit geprüft werden.

Um zu einem Verständnis der Notwendigkeit des Latenzstadiums der passiven Anaphylaxie beim Meerschweinchen zu gelangen, standen vorerst zwei experimentelle Feststellungen zur Verfügung, welche früher als ausreichende Erklärungen galten: die „*Perfusionsfestigkeit*“ *des Antikörpers* und das sogenannte „*Auslöschphänomen*“.

a) *Die Perfusionsfestigkeit.*

Leitet man durch die Gefäße eines passiv präparierten Meerschweinchens stundenlang Ringer- oder Tyrode-Lösung, so bewahren die Organe ihre volle Empfindlichkeit gegen Antigenkontakt. Diese „Perfusionsfestigkeit“ des Antikörpers spricht dafür, daß zwischen den Schockgeweben und dem Antikörper eine innigere Beziehung zustande gekommen ist, daß der Antikörper irgendwie an die Gewebe fixiert, daß er, wie man sich auszudrücken pflegte, „sessil“ oder „zellständig“ geworden ist.

Gegen diese Deutung kann der Einwand erhoben werden, daß es nach den Untersuchungen von W. P. Larson und E. T. Bell (1919) nicht möglich ist, das Blut aus den Gefäßen mittels Durchleitung von Ringer-Lösung vollständig zu entfernen, und daß sich überdies bei jeder derartigen Perfusion ein Ödem entwickelt, d. h. daß Flüssigkeit aus den Gefäßen durch die Kapillarwände in das umgebende Gewebe austritt [H. H. Dale, Friedberger und Seidenberg (1927), J. L. Kritschewski und E. Heronimus (1928), P. Nolf und Adant (1946) u. a.]. Befindet sich der Antikörper nicht in den Gefäßen, sondern außerhalb derselben, so kann er durch die Durchspülung der Gefäßlumina infolge seiner geänderten Lokalisation nicht aus den Organen entfernt werden, auch wenn er nicht an die Gewebe gebunden ist. Diesen Sachverhalt suchten E. Friedberger und S. Seidenberg (1927) an perfundierten Gefäßpräparaten sensibilisierter Meerschweinchen experimentell nachzuweisen, doch wurden ihre Versuche, da sie mit einer zu langen Lebensdauer der isolierten Organe rechneten, von J. L. Kritschewske und Y. Heronimus (1928) nicht als beweiskräftig anerkannt.

J. Freund (1927, 1929) sowie Freund und C. E. Whitney (1928, 1929) faßten jedoch die Perfusionsfestigkeit nicht als einen durch die Perfusion erzeugten Zustand, sondern als Ausdruck des beständigen Austausches zirkulationsfremder Stoffe zwischen Blut und Gewebsflüssigkeit auf, als einen Prozeß, der schon unter normalen Bedingungen abläuft und einem Gleichgewichtszustand zustrebt. Daher wäre der Antikörper nie ausschließlich im Blutplasma, sondern gleichzeitig auch in der Gewebslymphe vorhanden und an diesem Orte gegen die Entfernung durch Perfusion geschützt.

In Experimenten, in welchen als Antikörper Bakterienagglutinine und als Versuchstiere aktiv und passiv immunisierte Kaninchen verwendet wurden, stellte es sich heraus, daß die Agglutinine nur in der Haut und im Uterus perfusionsfest werden und daß die hiezu erforderliche Zeit mehrere Stunden beträgt. Im Gegensatz hiezu stand die Angabe von J. FREUND, daß die lokale Sensibilisierung der Haut des Kaninchens durch intradermale Injektion von Antieiereiweiß von Kaninchen transitorischen Charakter hat, weil der Antikörper aus der Depotstelle durch Resorption verschwindet; eine entzündliche Reaktion (das Arthussche Phänomen) trat nämlich nur ein, wenn das Antigen innerhalb der ersten vier Stunden nach der lokalen Präparierung der Haut nachinjiziert wurde. Man wurde also vor die Behauptung gestellt, daß Antikörper vom Kaninchen nur in bestimmten Organen perfusionsfest wird, und daß die Perfusionsfestigkeit nur bei Bakterienagglutininen, nicht aber bei jenen Antikörpern festzustellen ist, welche für die lokale Anaphylaxie erforderlich sind. Ein Versuch, die experimentellen Befunde miteinander oder mit der Latenz der passiven Anaphylaxie des Meerschweinchens in Zusammenhang zu bringen, wurde nicht gemacht, vielmehr begnügte sich J. FREUND mit der negativen und allgemein formulierten Feststellung, daß Antikörper nicht an die Gewebe gebunden werden, wozu er durch seine Versuche nicht berechtigt war.

b) *Das Auslöschphänomen.*

Aktiv oder passiv präparierte Meerschweinchen reagieren auf eine intravenöse Erfolgsinjektion des Antigens nicht oder nur abgeschwächt, wenn man kurz vorher artfremdes oder artgleiches Normalserum in das Blut eingespritzt hat [E. FRIEDBERGER und HJELT (1924), E. FRIEDBERGER und S. SEIDENBERG (1927), H. H. DALE und C. H. KELLAWAY (1921), C. H. KELLAWAY und J. S. COWELL (1922), R. DOERR und S. BLEYER (1926)]. Diese antianaphylaktische Wirkung wurde als „*Auslöschphänomen*“ bezeichnet. Die schützende Dosis Normalserum beträgt einen bis mehrere Kubikzentimeter und ist für verschiedene Serumarten verschieden. Nach FRIEDBERGER und HJELT wirkt Kaninchenserum meist schon in Mengen von 1,0 ccm auslöschend, Sera vom Pferde, Huhn oder vom Menschen dagegen nicht; es können aber verschiedene Proben von Kaninchenserum sehr bedeutende quantitative Differenzen aufweisen [DOERR und BLEYER]. Der Schutz ist kein absoluter, da die Tiere trotz der vorgeschalteten Normalseruminjektion reagieren, wenn man die Antigendosis entsprechend erhöht. Aus den interessanten Versuchen von KELLAWAY und COWELL, welche die auslöschende Wirkung von Normalmeerschweinchenserum an präparierten Meerschweinchen genauer prüften, geht ferner hervor, daß die Schutzwirkung frühestens nach 10 bis 15 Minuten nachweisbar wird, daß sie erst nach einer Stunde das Maximum erreicht und auf demselben 1 bis 3 weitere Stunden verharrt, um von da an wieder langsam abzunehmen, derart, daß noch am folgenden Tage (24 Stunden nach der schützenden Normalseruminjektion) eine erhöhte Resistenz gegen die intravenöse Erfolgsinjektion des Antigens konstatiert werden kann. In dem Zeitraum der Schutzwirkung reagierte auch der Uterus der geschützten Meerschweinchen im SCHULTZ-DALEschen Versuch nicht, und KELLAWAY und COWELL nahmen daher als Grund des Auslöschphänomens an, daß entweder die Vereinigung von zellständigem Antikörper und von außen herantretendem Antigen verhindert wird oder daß die physiologische Folge dieser Vereinigung (die Kontraktion der glatten Muskeln) eine Hemmung erfährt. R. DOERR (1928a, S. 875) hat aber gegen die Identifizierung der Latenzperiode der passiven Anaphylaxie mit dem Auslöschphänomen eingewendet, daß diese beiden Erscheinungen an differente zeitliche und quantitative Bedingungen gebunden sind. Das Auslöschphänomen ist in den ersten Minuten nach einer intravenösen Seruminjektion noch nicht nachweisbar und tritt nur nach größeren, mehrere Kubikzentimeter betragenden Serummengen auf; dagegen bleibt der Schock aus, wenn man einem normalen Meerschweinchen zuerst präparierendes Antiserum und unmittelbar darauf — also zu einer Zeit, wo sich die Auslöschfunktion des Antiserums noch nicht entwickelt haben kann — Antigen intravenös injiziert, und zur passiven Präparierung eines Meerschweinchens benötigt man nur 0,05 bis 0,1 ccm eines hochwertigen Immunserums und die Latenzperiode tritt auch nach so kleinen Quanten in Erscheinung [R. DOERR und L. BLEYER (1926)], während das Auslöschphänomen mindestens einen, meist aber mehrere Kubikzentimeter Serum erfordert.

c) Weitere Beobachtungen, welche für die Bindung des Antikörpers an die Schockgewebe sprechen.

Für die Bindung von Antikörper an die Schockgewebe kann, unabhängig von der „Perfusionsfestigkeit“, die Tatsache geltend gemacht werden, daß das Blut von Meerschweinchen, die man durch eine einmalige Subkutaninjektion kleiner Dosen Pferdeserum aktiv präpariert hat, schon nach 63 Tagen keine nachweisbaren Spuren von Antikörper enthält [R. WEIL (1913), C. H. KELLAWAY und S. J. COWELL (1923)], während die Tiere selbst mindestens ein Jahr lang in solchem Grade anaphylaktisch bleiben, daß eine intravenöse Erfolgsinjektion mit einigen Zehnteln Kubikzentimeter Pferdeserum den akuten Schocktod herbeiführt. Es besteht also mehrere Monate hindurch ein Zustand, der nicht auf zirkulierendem Antikörper zu beruhen scheint und doch zweifellos durch das Vorhandensein von Antikörper bedingt sein muß. Sucht man den Antikörper in den Organen, so gibt der Versuch am möglichst blutfrei gespülten überlebenden Uterus ein spezifisch positives Resultat.

Solche Beobachtungen mußten im Verein mit der Perfusionsfestigkeit schließlich dazu führen, die Frage experimentell zu entscheiden, wieviel Zeit es beansprucht, bis intravenös injizierter Antikörper an die Gewebe gebunden wird, oder, um diese Frage in eine weniger hypothetische Form zu kleiden, bis er jene Reaktionsfähigkeit mit Antigen erreicht, welche das Maximum pathologischer Auswirkung ermöglicht.

Versuche, welche der Beantwortung dieser Frage dienen sollen, können entweder an Tieren (Meerschweinchen) ausgeführt werden oder an isolierten überlebenden Organen (Uterushorn).

H. H. Dale (1913) fand, daß der Uterus normaler Meerschweinchen passiv, und zwar perfusionsfest sensibilisiert wird, wenn man durch die Gefäße des Tieres verdünntes Antiserum von Kaninchen 5 Stunden lang durchleitet; dauerte die Durchströmung nur 1½ Stunden, so blieb der Erfolg aus. B. v. Fenyvessy und J. Freund (1914) präparierten Meerschweinchen passiv durch intravenöse Injektion von gerade noch ausreichenden Mengen homologen oder heterologen Antiserums; wurde die Hälfte des Gesamtblutes der Tiere innerhalb der ersten Stunde ausgetauscht, so kam keine Anaphylaxie zustande, wohl aber, wenn der Austausch nach 1 Stunde oder später erfolgte. E. L. Opie (1924) injizierte Kaninchen intravenös mit großen Mengen Antipferdeserum vom Kaninchen; erst nach 48 Stunden ergab die intrakutane Probe mit Pferdeserum einen maximalen Effekt (Nekrose).

Die passive Präparierung des isolierten überlebenden Uterushornes von Meerschweinchen wurde zuerst von H. H. Dale und Kellaway (1921) versucht. Diese Autoren konstatierten zwar, daß sich der Uterus eines *präparierten* Meerschweinchens nicht kontrahiert, wenn man zu der Ringer-Lösung, in welche er im Schultz-Daleschen Versuch eintaucht, zuerst Antipferdeserum vom Kaninchen und dann Antigen (Pferdeserum) zusetzt; aber dieses negative Resultat entspricht nicht der Fragestellung, da man zu dem Experiment ein normales und nicht ein bereits spezifisch vorbehandeltes Organ hätte verwenden müssen. Dagegen berichtete N. P. Sherwood (1928), daß sich das schlagende Herz ganz junger (3 bis 4 Tage alter) Hühnerembryonen in vitro durch Immunserum von Hühnern sensibilisieren läßt. In neuerer Zeit teilte A. Kulka (1942) mit, daß Antigen-Antikörper-Gemische — hergestellt aus einem Immunserum von Kaninchen gegen den Pneumokokkentypus III und dem Polysaccharid dieses Typus — den normalen Meerschweinchenuterus zu Kontraktion bringen. Die Verfasserin schränkte diese Aussage in der Folge [A. Kulka (1943)] dahin ein, daß nur Gemische wirksam sind, welche noch genügende Mengen freien (nicht abgesättigten) Antikörpers enthalten; ist der Antikörper vollständig ausgefällt, so wirken weder die bei der Reaktion in vitro ausfallenden Niederschläge noch die überstehenden Flüssigkeiten auf den normalen Uterus. Ferner tauchte A. KULKA (1943) den Uterus normaler Meerschweinchen in ein Bad, welches Antiserum vom Kaninchen enthielt; wurde das Bad nach 1 bis 5 Minuten gewechselt, so wirkte der Zusatz von Antigen kontraktionserregend, was als Beweis betrachtet wurde, daß Antikörper vom Gewebe fixiert worden war.

Die Angaben über die für die „Bindung" des Antikörpers an Gewebe erforderliche Zeit schwanken also innerhalb sehr weiter Grenzen, wodurch ihre Zuverlässigkeit an und für sich schon in Frage gestellt wird, ganz abgesehen davon, daß in der Mehrzahl der Experimente nicht das Verhalten des Versuchstieres, sondern nur der Schultz-Dalesche Uterustest als Indikator der passiven Präparierung verwendet wurde.

d) *Unterdrückung der Latenzperiode der passiven Anaphylaxie durch extreme Versuchsbedingungen.*

H. R. DEAN, R. WILLIAMSON und G. L. TAYLOR (1936) zeigten, daß die passive Versuchsanordnung beim Meerschweinchen auch dann positive Resultate liefert, wenn man das Antigen unmittelbar nach der Injektion des Immunserums (Antipferdeserum vom Kaninchen) intravenös einspritzt. Aber die genannten Autoren verwendeten Antigen und Antiserum in weit größeren Dosen, als dies sonst üblich ist, und die durch Hyperimmunisierung von Kaninchen gewonnenen Antisera hatten nicht nur einen sehr hohen Titer, sondern waren zum Teil, wie Kontrollversuche ergaben, primär toxisch, so daß sie Meerschweinchen in der zur Präparierung verwendeten Dosis (2 ccm intravenös) unter den Zeichen eines akuten Schocks zu töten vermochten. Übrigens bestätigten auch DEAN und seine Mitarbeiter die von so vielen Autoren festgestellte Tatsache, daß die Einschaltung eines Intervalles zwischen den Injektionen von Antiserum und Antigen die Intensität des anaphylaktischen Syndroms erheblich verstärkt. Von den 32 Meerschweinchen, denen sie ihr Antiserum intravenös injiziert hatten, reagierten alle ohne Ausnahme mit akut letalem Schock, wenn das Antigen 24 Stunden später eingespritzt wurde, während von den 70 Tieren, bei denen die Injektionen von Antiserum und Antigen unmittelbar aufeinanderfolgten, 32 überlebten.

e) *Die inverse (umgekehrte) Anaphylaxie.*

So wie man das Latenzstadium der passiven Anaphylaxie auf ein Minimum einzuschränken und schließlich auf Null zu reduzieren suchte, hat man — von der gleichen Absicht geleitet, die Lehre von der Zellständigkeit der anaphylaktischen Antigen-Antikörper-Reaktion zu Fall zu bringen — die Möglichkeit geprüft, ob sich die Reihenfolge der Injektion von Antikörper und Antigen nicht umkehren läßt. Diese als *inverse (umgekehrte) Anaphylaxie* bezeichnete Versuchsanordnung gab zunächst bei Kaninchen [v. Pirquet und B. Schick (1905), E. L. Opie (1924), E. L. Opie und J. Furth (1926)] und an weißen Mäusen [O. Schiemann und H. Meyer (1926)], schließlich auch an Meerschweinchen [C. E. Kellett (1935), H. Zinsser und J. F. Enders (1936)] positive Resultate. *Aber bei dieser inversen Anaphylaxie gab es ebenso wie bei der typischen Form des passiv anaphylaktischen Experimentes ein Latenzstadium.* E. L. Opie und J. Furth (1926) stellten fest, daß nach der intravenösen Injektion des Antigens eine Latenzperiode von 4 bis 7 Stunden verstreichen muß, bevor die Auslösung des Schocks durch eine gleichfalls intravenöse Injektion des Immunserums möglich ist. Dadurch schien zwar die Annahme, daß die Zellständigkeit des Antikörpers eine notwendige Bedingung aller anaphylaktischen Reaktionen sei, auf entscheidende Art widerlegt, aber daß das Latenzstadium auch bei der inversen Anaphylaxie auftrat, war eine unbequeme Überraschung. Man suchte sich damit in derselben Art abzufinden wie bei der typischen passiven Versuchsanordnung, indem man das Intervall durch extreme Bedingungen so weit als möglich abzukürzen trachtete.

C. E. Kellett (1935) konnte bei Meerschweinchen anaphylaxieähnliche Symptome hervorrufen, wenn er zuerst Pferdeserum und nach 45 Minuten Antipferdeserum von Kaninchen injizierte. Positive Resultate waren indes nur zu erzielen, wenn die Dosis Antipferdeserum mindestens zehnmal so groß war als im gewöhnlichen passiv anaphylaktischen Versuch. H. Zinsser und J. F. Enders (1936) vermochten das Intervall zwischen den Injektionen von Pferdeserum und Antipferdeserum noch weiter — bis auf 1 bis 10 Minuten — zu reduzieren, benötigten dazu jedoch gleichfalls hochwertige Antisera und kamen überdies zu dem Schluß, daß nur Meerschweinchen aus gewissen Zuchten reagierten, wenn man die Injektion des Antiserums so rasch auf die Injektion des Antigens folgen ließ. Zinsser und Enders hielten es daher für wahrscheinlich, daß für das Fehlen des Latenzstadiums eine erbliche Anlage maßgebend sei, in welcher Annahme sie dadurch bestärkt wurden, daß Meerschweinchen der gleichen Herkunft auch im typischen passiv anaphylaktischen Experiment schon nach einem Intervall von wenigen Minuten auf die Erfolgsinjektion reagieren können. Das Problem des Latenzstadiums war hiedurch nicht erledigt, sondern auf das Nebengeleise von Ausnahmefällen verschoben, welche die allgemein gültige Regel nicht aus der Welt schaffen konnten und — eben weil sie Ausnahmen waren — selbst einer Erklärung bedurften.

f) Die invers passiv induzierte Serumkrankheit (E. A. Voss).

Das Verständnis für die Tatsache, daß sowohl die typische wie die inverse Anaphylaxie durch ein Latenzstadium ausgezeichnet ist, wurde durch ein eigenartiges Experiment von E. A. Voss (1937, 1938) erschlossen.

Wenn man einem Menschen Pferdeserum subkutan und 8 Stunden bis einige Tage später das Serum eines Rekonvaleszenten nach Serumkrankheit intravenös einspritzt, treten sofort lokalisierte oder im Falle eines längeren (mehr als viertägigen) Intervalles generalisierte Erscheinungen auf, welche immer von der Injektionsstelle des Pferdeserums ausgehen und den Symptomen der Serumkrankheit gleichen. Diese Beobachtungen von E. A. Voss [s. auch Voss und E. Hundt (1938)] wurden von S. Karelitz und S. S. Stempien (1942) u. a. bestätigt. Voss war nicht im Zweifel, daß es sich um ein Analogon der passiv inversen Anaphylaxie handle, und R. Doerr (1946a, b) wies insbesondere darauf hin, daß eine vollkommene Übereinstimmung mit den Versuchsergebnissen von Opie und Furth besteht, welche normalen Kaninchen Pferdeserum subkutan und 4 Stunden später Antipferdeserum von Kaninchen intravenös injizierten und auf diese Weise lokale Anaphylaxie an der Injektionsstelle des Pferdeserums oder Schock erzielten. Diese Übereinstimmung erstreckte sich auch auf die Tatsache, daß die intravenöse Injektion des Antipferdeserums erst nach einer gewissen Latenz (im Falle der Versuche von Voss 8 Stunden nach der Subkutaninjektion des Pferdeserums) wirksam wurde. Da aber die Reaktionen stets auf die Stellen beschränkt waren, an welchen das als Antigen funktionierende Pferdeserum im Unterhautzellgewebe deponiert worden war, oder im Falle generalisierter Symptome von diesen Depotstellen ausgingen, muß man zugeben, daß das Antigen an diesen Stellen festgehalten wurde, und zwar durch Bindung an die Gewebe. Dieser Schluß wird ja auch in anderen Fällen ohne Bedenken gezogen. Wenn man z. B. die Haut eines normalen Individuums passiv durch ein Serum präpariert, welches die spezifischen Reagine eines allergischen Menschen enthält, bleibt die betroffene Hautstelle mehrere Tage bis Wochen gegen die Injektion des korrespondierenden Allergens empfindlich, und da diese Empfindlichkeit auf die präparierte Hautstelle beschränkt ist, zweifelt man nicht, daß die Reagine vom Gewebe der Haut gebunden werden. Genau so verhalten sich die Dinge bei der von Voss festgestellten invers passiven Serumkrankheit, nur mit dem Unterschied, daß hier nicht ein Antikörper (Reagin) im Gewebe festgehalten wird, sondern die im Pferdeserum enthaltenen Antigene. Fragt man sich nun, welcher gemeinsamen Eigenschaft der Antigene und Antikörper das Verharren in einem bestimmten Gewebsbezirk zur Last zu legen ist, so ist die nächstliegende und vorderhand auch die einzige Antwort, daß es sich in beiden Fällen um Proteine von höherem

Molekulargewicht handelt. Alle typischen Anaphylaktogene sind Eiweißkörper [R. DOERR (1928a, S. 807)] und die Antikörper sind, zumindest in der Form, wie sie im Blutplasma immunisierter Tiere auftreten, modifizierte Globuline.

Die Immunglobuline unterscheiden sich von den normalen Globulinen des Blutplasmas durch ihre spezifische Affinität zu den Antigenen, denen sie ihre Entstehung verdanken; aber diese Affinität zu einem bestimmten Antigen kann es natürlich nicht sein, welche ihre Verankerung an normale Gewebe vermittelt. Denn es werden Immunglobuline mit den verschiedensten Spezifitäten und, wie die Experimente von OPIE und FURTH und insbesondere von VOSS beweisen, auch normale Serumproteine am Orte ihrer Deponierung fixiert. Welche Eigenschaft der Proteine für ihre Fixierung in Geweben maßgebend ist, läßt sich zur Zeit nicht beantworten. Aus der Existenz der Inkompatibilitäten, d. h. der Tatsache, daß sich von bestimmten Tierarten gewonnene Antisera zum Teile als unfähig erweisen, andere Tierspezies passiv zu präparieren (s. S. 62), scheint hervorzugehen, daß die Artspezifität der Immunglobuline eine Rolle spielt, aber nicht in dem Sinne, daß jede Artverschiedenheit der γ-Globuline der Spender und Empfänger der Antisera die passive Präparierung unmöglich macht, da es ja in diesem Falle überhaupt keine heterologe passive Anaphylaxie gäbe. Es wurde schon an anderer Stelle (s. S. 61) bemerkt, daß die Präparierung von Meerschweinchen mit Antiserum vom Kaninchen die besten Resultate gibt und nur kleine Dosen Antiserum erfordert.

Fast alle in den vorstehenden Erörterungen erwähnten Versuche wurden mit Pferdeserum als Antigen ausgeführt. Es wäre, vom rein theoretischen Standpunkt betrachtet, zweckmäßig, alle Experimente über das Latenzstadium bei der typischen und bei der inversen Anaphylaxie mit gereinigten Immunglobulinen und chemisch reinen Antigenen erneut aufzunehmen. Sera enthalten nicht nur mehrere Antigene von verschiedener Spezifität, sondern im konzentrierten Zustande auch größere, aus Albumin, Globulin und Lipoiden bestehende Komplexe mit einem Teilchengewicht von zirka 1000000 [K. O. PEDERSEN (1945)], welche mit zunehmender Verdünnung in ihre Bestandteile dissoziieren. Es sind zweifellos keine besonders exakten Versuchsbedingungen, wenn man gerade Serum als Antigen wählt.

Die inverse Anaphylaxie zwingt dazu, den früher üblichen Begriff der ,,Sensibilisierung“ (aktive Erzeugung oder passive Zufuhr von Antikörper) ganz aufzugeben. Wie dies R. DOERR (1928b, S. 570) auseinandersetzt, wäre nunmehr ein Tier als ,,sensibilisiert“ zu bezeichnen, in dessen Organismus eine der beiden Reaktionskomponenten in genügender Menge und, wie einschränkend betont werden muß, in geeignetem Zustande vorhanden ist; die Notwendigkeit dieser Einschränkung ergibt sich erstens aus der Existenz unmöglicher Kombinationen bei der heterolog passiven Versuchsanordnung (s. S. 62) und zweitens aus der Latenzperiode der typischen und der inversen passiven Anaphylaxie. „Desensibilisiert“ wäre ein Tier, wenn die vorhandene Reaktionskomponente durch ihren immunologischen Antagonisten abgesättigt und die auf ihr beruhende anaphylaktische Reaktivität auf diese Weise beseitigt wird. Für die invers passive Anaphylaxie konnten OPIE und FURTH (1926) an Kaninchen und O. SCHIEMANN und H. MEYER (1926) an weißen Mäusen, welche einen invers passiven anaphylaktischen Schock überstanden hatten, nachweisen, daß eine zweite intravenöse Injektion großer (sonst letaler) Dosen Antiserum keine Reaktion auslöst. Die „Sensibilisierung“ kann also nicht darauf beruhen, daß der „anaphylaktische“ Antikörper die besondere Fähigkeit hat, die Gewebe „überempfindlich“ zu machen, da die vorangehende Einverleibung des Antigens (unter Ausschluß der Antikörperbildung im Organismus) denselben Effekt hat wie die vorausgehende Zufuhr des Antikörpers. Antigen und Antikörper wirken daher lediglich durch ihre Anwesenheit bzw. durch ihre Reaktionsfähigkeit mit der zweiten, von außen zugeführten Komponente. Gegen die Reaktion selbst sind die Gewebe des „sensibilisierten“ Tieres ebenso empfindlich wie die des normalen (s. S. 7), ein Schluß, den auch E. OPIE (1924) aus seinen Versuchen über die invers passive Anaphylaxie des Kaninchens gezogen hatte.

Nach den anschaulichen Schilderungen von E. A. VOSS (1938/39) sowie von VOSS und O. HUNDT (1938) kann man drei Phasen der invers passiven Serumkrankheit unterscheiden: 1. Das Latenzstadium; 2. den Zeitraum, innerhalb dessen die intravenöse Injektion des Rekonvaleszententserums nach Serumkrankheit nur lokalisierte, auf die Depotstelle des Pferdeserums beschränkte Erscheinungen hervorruft, und 3. die Phase, in welcher der genannte Eingriff generalisierte, aber von der Depotstelle des Antigens ausgehende Symptome auslöst. Es ist anzunehmen, daß diesen Stadien irgendwelche Veränderungen des subkutan deponierten Serumantigens entsprechen, und es wäre einfach gewesen, diesen Veränderungen durch Untersuchung von Probeexzisionen nachzugehen, vermutlich auch aufschlußreicher als die unzeitgemäßen und schließlich doch ergebnislosen Diskussionen, ob der im Serum von Rekonvaleszenten nach Serumkrankheit vorhandene Antikörper ein „Präzipitin“, ein „Reagin“ oder ein „Antikörper sui generis ist“ [s. KARELITZ und A. GLORIG (1943); vgl. hiezu die Kritik von R. DOERR (1946a, b)].

Die Umstellung in der Reihenfolge der Reaktionskomponenten (die Inversion) gibt nicht nur im passiv anaphylaktischen Versuch und bei der Serumkrankheit positive Resultate, sondern auch bei der *Prausnitz-Küstnerschen Reaktion*, die in ihrer ursprünglichen Form als eine passive lokale Sensibilisierung der normalen Haut des Menschen aufgefaßt werden konnte. Injiziert man nämlich zuerst das Allergen (Pferdeserum,

Eiereiweiß, Ascaridenantigen) an einer bestimmten Stelle der Haut intrakutan und in einem gewissen zeitlichen Abstand in dieselbe Hautstelle das Antiserum [E. A. Voss und O. Hundt (1938), G. P. Wright und S. J. Hopkins (1941)], so erhält man ebenfalls eine spezifische positive Reaktion. Auch hier muß ein Intervall zwischen den intrakutanen Injektionen der beiden Reaktionskomponenten eingehalten werden. Nach Wright und Hopkins genügt eine halbe Stunde, um ein positives Ergebnis zu erzielen; aber die Reaktionen sind weit intensiver, wenn man mehrere Stunden mit der Injektion des Antiserums zuwartet, und wie bei der invers passiven Serumkrankheit ist zur Zeit nicht einmal eine Vermutung möglich, worauf diese Intensivierung beruhen könnte, wenn man die Latenz bloß mit der Verankerung des Antigens an die Gewebe erklären wollte. Immerhin ist bei allen inversen Versuchsanordnungen die Zeit, welche für die Fixierung des Antigens an die Gewebe erforderlich ist, noch immer die wahrscheinlichste Erklärung des Latenzstadiums; nur versteht man eben nicht, warum die Intensität der pathologischen Auswirkungen mit der Dauer des Latenzstadiums zunimmt.

Zusammenfassend sei als Abschluß der Ausführungen über das Latenzstadium der passiven Anaphylaxie betont, daß alle Autoren, welche über ausgedehnte eigene Erfahrungen verfügen, in dem Punkte übereinstimmen, daß die Konzentration des Antikörpers im strömenden Blut für das Vorhandensein und den Grad der anaphylaktischen Reaktivität nicht maßgebend ist. Das war ja auch der Ausgangspunkt für die Theorie, daß es noch eine andere Zustandsform des Antikörpers, die Verankerung an die Schockorgane, geben müsse. Aber die Versuche, den Antikörper daselbst nicht durch die geänderte Reaktion auf Antigenkontakt, sondern in Substanz nachzuweisen, verliefen resultatlos. Wohl gab K. Matsumoto (1927) an, daß man in den Organen von mit Pferdeserum aktiv präparierten Meerschweinchen (Milz, Leber, Niere) hochwertige Präzipitine zu einer Zeit nachweisen kann, wenn diese Antikörper aus der Zirkulation bereits verschwunden sind, und daß der anaphylaktische Zustand gerade in dieser Periode seinen Höhepunkt erreicht. Aber diese Versuchsergebnisse müßten wohl erst nachgeprüft werden. Die Organe, in welchen Matsumoto das Präzipitin nach seinem Verschwinden aus der Blutbahn festgestellt haben will, gehören jedenfalls nicht zu den „Schockorganen“ des Meerschweinchens.

Vielleicht hängen diese Mißerfolge mit unserem unvollkommenen Wissen über die Natur der Antikörper zusammen. Kellaway und Cowell (1927) bestimmten im Serum von aktiv mit Pferdeserum präparierten Meerschweinchen den Titer des Präzipitins sowie des anaphylaktischen Antikörpers und injizierten sodann 3 ccm normalen Meerschweinchenserums, also arteigenen Serums intravenös. 15 Minuten nach der Injektion sank der Antikörpergehalt des Serums beträchtlich ab, blieb etwa 20 Stunden auf dem niedrigen Niveau und stieg erst dann allmählich an, so daß die ursprüngliche Höhe nach 48 Stunden noch nicht völlig erreicht war. Der „zellständige“ Antikörper (bestimmt durch die Reaktivität der glatten Uterusmuskeln gegen Antigenkontakt) nahm langsam ab, erreichte das Minimum nach 1 bis 2 Stunden und war schon in 4 Stunden in der ursprünglichen Reaktionsstärke wieder vorhanden. Das Verhalten der intakten Meerschweinchen gegen intravenöse Injektionen von Pferdeserum entsprach den Schwankungen des „zellständigen“, nicht aber jenen des humoralen Antikörpers, worin man ein Argument für die zelluläre Theorie der Anaphylaxie erblicken wollte. Abgesehen davon, daß dieser Schluß nicht richtig zu sein braucht, erfaßt er die experimentelle Beobachtung nur in ganz oberflächlicher Art. Daß die Wirksamkeit eines Antikörpers, mag man ihn in vitro (durch die Präzipitation), durch den passiv anaphylaktischen Versuch, durch eine Erfolgsinjektion beim intakten Tier oder durch die Schultz-Dalesche Versuchsanordnung nachzuweisen versuchen, nach einer Injektion arteigenen Serums für einige Stunden verschwindet, *um dann wieder ungeschwächt aufzutauchen*, ist wohl als ein wichtigeres Problem zu bewerten als die Frage nach dem Sitze der anaphylaktischen Reaktion. Leider ist die Beobachtung von KELLAWAY und COWELL wie so viele andere wichtige Versuchsergebnisse, nicht weiter verfolgt worden, und man muß nun warten, bis sich ein Autor zufällig ihrer erinnert und es der Mühe für wert hält, den zerrissenen Faden wieder anzuknüpfen.

4. Die Dauer des passiv anaphylaktischen Zustandes.

Passiv einverleibte Antikörper (Immunglobuline) können nur abgebaut, aber nicht durch Neuproduktion ersetzt werden. Wie jede passiv induzierte Immunität hat daher auch die passive Anaphylaxie eine zeitlich begrenzte Dauer, und im Zweifelsfalle wird gerade diese Eigenschaft benutzt, um darüber zu entscheiden, ob ein bestehender anaphylaktischer Zustand auf aktivem Wege (als Folge eines Antigenreizes) entstanden sein kann oder auf die passive Zufuhr von anderwärts produzierten Antikörper zurückgeführt werden muß.

Aus der Geschwindigkeit, mit welcher schwerer N aus dem Antikörperprotein verschwindet und durch normalen N ersetzt wird, berechneten R. SCHÖNHEIMER, S. RATNER, D. RITTENBERG und M. HEIDELBERGER (1942b) die Lebensdauer eines Antikörpermoleküls auf 4 Wochen. Dieser Durchschnittswert gilt aber nur für den arteigenen, aktiv produzierten Antikörper des Kaninchens. Der passiv anaphylaktische Zustand des Meerschweinchens kann, wenn er durch homologes (arteigenes) Immunserum hervorgerufen wird, länger dauern, insbesondere, wenn es sich um Antikörper handelt, welche aus der Zirkulation der Muttertiere durch diaplazentare Passage auf den Fetus übergehen. Für diese kongenitale passive Anaphylaxie hat R. OTTO (1907) eine Dauer von 44 Tagen ermittelt. RR. RATNER, JACKSON und H. GRUEHL (1927) sowie M. B. COHEN und B. H. WOODRUFF (1937) fanden, daß auch dieser Termin überschritten werden kann, indem sie bei Nachkommen anaphylaktischer Weibchen noch nach 78 Tagen, in Ausnahmefällen sogar noch nach 4 Monaten die anaphylaktische Reaktivität feststellten. Die lange Dauer der kongenitalen passiven Anaphylaxie ist bisher nicht erklärt worden. Sie könnte mit einem verminderten Umsatz der γ-Globuline beim neugeborenen Meerschweinchen oder vielleicht mit Veränderungen der mütterlichen Immunglobuline beim Durchtritt durch die Plazenta zusammenhängen. Artfremder anaphylaktischer Antikörper wird jedenfalls weit rascher abgebaut. Meerschweinchen, welche infolge der Präparierung mit heterologen Immunsera vom Kaninchen passiv anaphylaktisch werden, reagieren auf die intravenöse Erfolgsinjektion mit Antigen nur bis zum 6. Tage mit unverminderter Intensität; dann nimmt die Stärke der Reaktion schnell ab und sinkt bis zum 14. Tage auf Null [R. WEIL (1913), A. COCA und KOSAKAI (1920)]. In diesem Falle ist es nicht der Abbau der Immunglobuline im *normalen* Eiweißstoffwechsel, welcher den Schwund des passiv anaphylaktischen Zustandes verursacht, sondern das Bestreben des Organismus, sich artfremder Proteine binnen eines mit dem Termin in der Antikörperproduktion zusammenfallenden Zeitraumes zu entledigen.

5. Die Probe (Erfolgsinjektion des Antigens).

Da man im passiv anaphylaktischen Versuch die Tiere durch Einverleibung einer bestimmten Quantität Immunserum präpariert, scheint die Annahme a priori gerechtfertigt, daß die Menge des Antigens, durch welche man ein maximales Resultat (beim Meerschweinchen den akut letalen Schock) erzielen will, zum Quantum des präparierenden Immunserums in Beziehung stehen dürfte. Sucht man diese Beziehung ziffernmäßig festzustellen, so hat man zu berücksichtigen: 1. daß die Wirksamkeit der intravenösen Erfolgsinjektion nicht nur von der Menge des Immunserums und des Antigens abhängt, sondern auch von der Latenzperiode, d. h. von der Zeit, welche man nach der Zufuhr des Immunserums verstreichen läßt, sowie von der Art der Zufuhr des Immunserums. Diese Schwierigkeit läßt sich beim Meerschweinchen ausschalten, wenn man das Optimum der Latenzzeit für das zur passiven Präparierung verwendete Immunserum in sorgfältigen Vorversuchen genau ermittelt; 2. daß die passive Präparierbarkeit auch bei gleich schweren Tieren derselben Spezies innerhalb gewisser Grenzen schwankt. Präpariert man mehrere Serien von Meerschweinchen mit steigenden Dosen desselben

Antiserums derart, daß die Tiere jeder Serie die gleiche Dosis erhalten, so erzielt man bei der intravenösen Probe zunächst nur einen bescheidenen Prozentsatz positiver Resultate, der aber mit steigender Antiserumdosis von Serie zu Serie wächst, bis schließlich 100 % positiver Einzelversuche erreicht werden. Zwischen der Antiserummenge, welche gerade noch ausnahmsweise passiv zu präparieren vermag, und der sicher präparierenden Minimaldosis besteht also ein Intervall, das von M. Walzer und E. F. Grove (1925) als "border zone" bezeichnet wurde.

Anders ausgedrückt heißt das, daß die passive Präparierbarkeit von Faktoren beeinflußt wird, welche von Tier zu Tier bzw. von einem Versuch zum anderen aus unbekannten Gründen variabel sind. Besteht daher in der oben beschriebenen Titrierung eines passiv präparierenden Immunserums jede Serie nur aus wenigen, z. B. aus drei oder vier Tieren, so kann der hundertprozentige Erfolg leicht vorgetäuscht werden, und man hat sehr unangenehme Überraschungen zu gewärtigen, wenn man den als „sicher präparierende" Dosis eines passiv präparierenden Immunserums ermittelten Wert zur Grundlage wichtiger Untersuchungen macht. Anderseits kann man die Serien auch nicht beliebig groß machen, und es kann sich ereignen, daß von 20 gleichartig präparierten Meerschweinchen 19 mit letalem Schock reagieren, während eines durch Erfolgsinjektion nicht oder nur in mäßigem Grade geschädigt wird. Wie in anderen analogen Fällen hat man auch hier zum Ausweg den „*Dosis minima letalis 50*" gegriffen, d. h. den Wert als quantitatives Kriterium gewählt, welcher mindestens die Hälfte der Tiere so präpariert, daß sie auf die Erfolgsinjektion mit akut letalem Schock antworten. Auch in diesem Falle muß indes die Verläßlichkeit der Dosis minima letalis 50 durch eine hinreichende Zahl von Kontrollen statistisch gesichert sein.

Unter solchen Voraussetzungen stellte R. Doerr [zit. bei R. Doerr, 1929b, S. 663] einen Versuch an, durch den ermittelt werden sollte, wie sich die minimale Schockdosis des Antigens mit steigender Menge des präparierenden Immunserums ändert. Es wurden vier Serien von Meerschweinchen mit je 0,1, 0,2, 0,4 und 0,8 ccm Antimenschenserum vom Kaninchen behandelt und für jede Serie die akut tötende Menge Menschenserum bestimmt. Es ergab sich

für	0,1	ccm	Antiserum	als	Dos.	min.	let.	des	Antigens	0,1 ccm
,,	0,2	,,	,,	,,	,,	,,	,,	,,	,,	0,02 ,,
,,	0,4	,,	,,	,,	,,	,,	,,	,,	,,	0,02 ,,
,,	0,8	,,	,,	,,	,,	,,	,,	,,	,,	0,006 ,,

Im allgemeinen ging also mit der Zunahme der Dosis des Immunserums eine Abnahme der tödlichen Antigendosis einher, eine Beobachtung, die auch von anderen Autoren [J. L. Burckhardt (1910), Armit (1910), O. Thomsen (1917), A. Coca und Kosakai (1920) u. a.] mitgeteilt wurde.

Es trat in diesen Resultaten eine gewisse „Ähnlichkeit“ mit der Immunpräzipitation in vitro zutage, bei welcher bekanntlich die Menge des Antigens sehr stark vermindert werden kann, während schon eine mäßige Reduktion des Antiserums (Präzipitins) das Zustandekommen einer sichtbaren Flockung verhindert. Diese Analogie zeigte sich in anderer Form auch in der von M. WALZER und E. F. GROVE (1925) bestätigten Angabe A. COCA und M. KOSAKAI (1920), daß die schockauslösende Antigendosis für präparierte und partiell desensibilisierte Meerschweinchen wesentlich, z. B. hundertmal größer ist als für gleichartig präparierte, aber nicht partiell desensibilisierte Meerschweinchen. Nimmt man an, daß die Menge des im Organismus vorhandenen reaktionsfähigen Antikörpers durch die partielle Desensibilisierung verringert wird, so würde auch hier die schockauslösende Dosis Antigen mit dem Abnehmen des Antikörpers wachsen.

Es ist nun sehr wichtig, daß sich dieses Verhalten nach den Untersuchungen von COCA und KOSAKAI (1920), WALZER und GROVE (1925), R. DOERR (1933) u. a. in doppelter Form in vitro bestätigen läßt. Man kann nämlich am Uterushorn eines passiv präparierten Meerschweinchens drei (wahrscheinlich auch noch mehr) Kontraktionen nacheinander auslösen, wenn man dem Wasserbade in der Schultz-Daleschen Versuchsanordnung Antigen in steigenden Mengen zusetzt. Die Kontraktionen nehmen bemerkenswerterweise an Intensität zu, und die Zeit, welche zwischen dem Antigenzusatz und dem Beginn der Muskelkontraktion verstreicht, nimmt deutlich, z. B. von 2 Minuten auf 20 Sekunden, ab (siehe Abb. 5 und Abb. 6). Anderseits kann man diese Vorgänge an einem immunologischen Kolloidmodell reproduzieren, indem man zu einer bestimmten Menge eines präzipitierenden Antiserums steigende Quanten Antigen zusetzt. Besonders eindrucksvoll werden diese Vitroversuche, wenn man sie nebeneinander unter gleichen quantitativen Bedingungen ausführt. Es zeigt sich dann, daß mit jeder erneuten Präzipitinbildung eine Muskelkontraktion korrespondiert, und daß das Ausbleiben der Kontraktion mit dem Fehlen einer Niederschlagsbildung zusammenfällt. Um diese etwas komplizierten Verhältnisse verständlicher zu machen, sei folgendes von R. DOERR (1933) mitgeteilte Experiment ausführlich wiedergegeben.

6. Vergleich zwischen der Fraktionierung der passiv induzierten anaphylaktischen Reaktionsfähigkeit und der Fraktionierung der Präzipitinwirkung, angestellt am gleichen Antiserum. [R. Doerr (1933)].

Ein weibliches Meerschweinchen wurde durch 2 ccm Antipferdeserum vom Kaninchen passiv präpariert und ein Uterushorn dieses Tieres im Schultz-Daleschen Versuch auf seine Reaktionsfähigkeit gegen den

Zusatz steigender Dosen Pferdeserum zum Wasserbade (Volum 60 ccm) geprüft. Nach Einwirkung jeder Dosis wurde die Flüssigkeit des Wasserbades gegen das gleiche Volum neutraler (antigenfreier) Flüssigkeit ausgetauscht. Auf der andern Seite wurden zu 2 ccm desselben Antipferdeserums steigende Dosen Pferdeserum in je 0,1 ccm Flüssigkeitsvolum hinzugefügt. Trat eine Flockung ein, so wurde der Niederschlag abzentrifugiert und nur die überstehende Flüssigkeit für die folgende Reaktion verwendet. Die Intensität der Muskelkontraktionen und die (schätzungsweise bestimmte) Masse der Präzipitate sind in der Tabelle durch Pluszeichen markiert.

Antigenzusatz	Kontraktion des Uterushornes	Präzipitat
0,0001 ccm Pferdeserum	—	—
0,0005 „ „	—	—
0,001 „ „	+ (s. Abb. 5)	+
0,01 „ „	++	++
0,1 „ „	+++ (s. Abb. 6)	+++
0,1 „ „	—	—

In der fünften und sechsten Horizontalreihe der Tabelle kommt auch zum Ausdruck, daß ein wiederholter Zusatz der gleichen Antigenmenge weder im Versuch am Uterushorn noch bei der Präzipitation wirksam war.

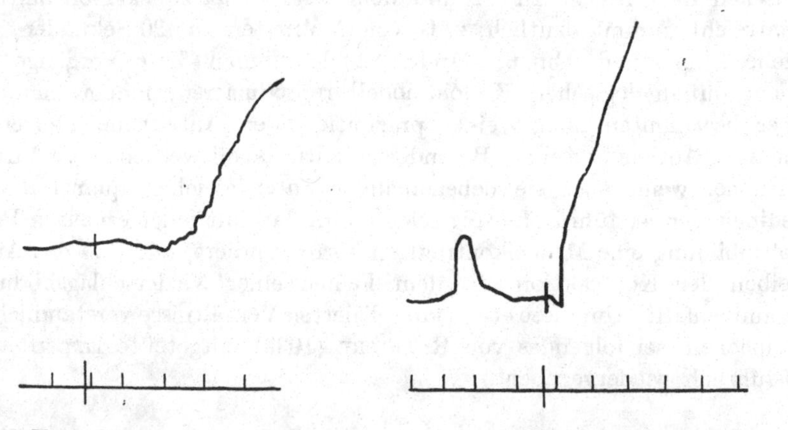

Abb. 5. Kontraktion nach Einwirkung von 0,001 ccm Pferdeserum, Zeitschreibung in Minuten.

Abb. 6. Die dritte Kontraktion auf Einwirkung von 0,1 ccm Pferdeserum. Zeitschreibung in Sekunden. Die Latenz beträgt nur mehr 20 Sekunden.

Der in der Tabelle aufscheinende Parallelismus zwischen den Reaktionen des Uterushornes und der Entstehung von Präzipitaten ist eigentlich nicht verständlich. Wenn man ein Meerschweinchen durch 2 ccm Antiserum passiv präpariert, kann man doch nicht annehmen, daß in einem

Uterushorn die ganze Menge Antikörper vorhanden ist, welche in den 2 ccm Antiserum enthalten war. Die Verwendung von 2 ccm Antiserum zur fraktionierten Präzipitation war daher nicht gerechtfertigt, konnte aber durch eine bessere Wahl nicht ersetzt werden, da man ja nicht angeben kann, welches Quantum Antikörper in einem Uterushorn fixiert sein könnte und noch weniger, in welchem Zustande sich der Antikörper daselbst befindet. Will man mit Rücksicht auf diese Einwände den experimentellen Tatbestand vorsichtig formulieren, so könnte man nur behaupten, *daß die passiv induzierte anaphylaktische Reaktivität in der Weise fraktioniert abgesättigt wird, als wenn der passiv präparierende Antikörper ein Präzipitin wäre.* Das würde darauf hinauslaufen, daß die anaphylaktische Reaktion, wie sich E. FRIEDBERGER in einer seiner ersten Publikationen ausdrückte, eine „Präzipitation in vivo" sei.

Später beschäftigten sich A. E. KABAT und seine Mitarbeiter mit dem optimalen Verhältnis zwischen Antikörper und Antigen im passiv anaphylaktischen Versuch am Meerschweinchen. Die von KABAT und H. LANDOW (1942) aufgestellte Behauptung, daß das Optimum in Versuchen mit Antipneumokokkenserum III und dem zugehörigen Polysaccharid erreicht wurde, wenn das Antigen in starkem Überschuß injiziert wurde, fand bei vielen Autoren [R. DOERR (1946a, b), W C. BOYD (1947) Beachtung. Im Präzipitintest verhindert bekanntlich ein starker Antigenüberschuß die Entstehung eines Niederschlages und man konnte sich daher vorstellen, daß die anaphylaktischen Symptome durch ein in Lösung bleibendes Produkt und nicht durch ein unlöslich gewordenes Präzipitat verursacht bzw. ausgelöst werden. Aber die Bedeutung eines Antigenüberschusses wurde einige Jahre später von E. A. KABAT, G. S. COFFIN und D. J. SMITH (1947) widerrufen bzw. dahin eingeschränkt, daß sie nur für das geprüfte Antigen-Antikörper-System und auch bei diesem nur für kleinere Quanten Antikörper gültig ist, eine Formulierung, welche mit den Versuchen früherer Autoren in Widerspruch stand und das Verhältnis von Antikörper und Antigen im passiv anaphylaktischen Experiment unverständlich machte. Der Widerspruch, daß kleine Mengen Antikörper einen Antigenüberschuß, große Dosen ein Überwiegen des Antikörpers erfordere, um maximale Reaktionen zu erzielen, wurde einfach registriert, aber nicht erklärt; jedenfalls kann die Niederschlagsbildung im Präzipitintest durch Antikörperüberschuß nicht verhindert werden.

In der zitierten Arbeit von KABAT, COFFIN und SMITH wurden von den früheren Methoden abweichende Verfahren angewendet, indem erstens Antikörper und Antigen nicht durch die Volumina von Antiserum und Antigenlösung, sondern gravimetrisch durch den Gehalt an N gemessen und zweitens die für 50 % der Meerschweinchen tödliche Antigendosis als optimaler Grenzwert eingesetzt wurde. Drei verschiedene Antigen-

Antikörper-Systeme bildeten das Objekt der Untersuchungen: Ovalbumin-Antiovalbumin, Antiserum gegen Pneumococcus III und das homologe (für diesen Typus spezifische) sowie das heterologe Polysaccharid des Typus VIII, Tabakmosaikantiserum und Tabakmosaikvirus. Von den tatsächlichen Ergebnissen seien hier angeführt: 1. Im Ovalbuminsystem wird die Dos. letalis 50 (vgl. S. 78) durch die Steigerung des (als N bestimmten) Antikörpers von 0,03 auf 0,15 mg kaum beeinflußt; erst eine weitere Erhöhung des Antikörpers, entsprechend 0,75 mg, hatte eine fünffache Zunahme der letalen Antigendosis zur Folge; 2. das Tabakmosaikvirussystem wich vom Ovalbuminsystem insoferne ab, als weit größere Antigenmengen für einen letalen Schock erforderlich waren, obwohl 0,03 mg Antikörper-N für die Präparierung genügten. Es wurde dies mit dem hohen Molekulargewicht des Virus (33 Millionen gegen 40000 beim Ovalbumin) in Zusammenhang gebracht, welches bewirkt, daß gleiche Gewichtsmengen Antigen weniger Moleküle enthalten, was auch daraus hervorgehe, daß das Verhältnis von Antikörper-N zu Antigen-N beim Punkt einer maximalen Präzipitation im Ovalbuminsystem zwanzigmal größer ist als im System Tabakmosaikvirus plus zugehörigem Antikörper. 3. Präpariert man Meerschweinchen mit dem Antipneumokokkenserum III, so erfordert die Auslösung eines letalen Schocks geringere Mengen des homologen Polysaccharides III als des heterologen Polysaccharides des Typus VIII. Nun ist es durch quantitative Präzipitinstudien [M. Heidelberger, Kabat und Shrivastava (1937), M. Heidelberger, Kabat und M. Mayer (1942)] erwiesen, daß sich an der heterologen Reaktion weniger Gruppen des Antikörpermoleküls beteiligen, als an der homologen. Nimmt man daher an, daß eine tödlich verlaufende anaphylaktische Reaktion ein bestimmtes Minimum von Antikörper-Antigen-Bindungen erfordere, so wird ein bestimmtes Gewicht heterologen Antikörpers eine schwächere Reaktion geben als das gleich große Gewicht homologen Antikörpers.

Aus diesen Daten geht hervor, daß auch Kabat und seine Mitarbeiter quantitative Beziehungen zwischen passiver Anaphylaxie und Immunpräzipitation feststellen konnten, die allerdings weniger überzeugend sind als die fraktionierten Absättigungen eines und desselben Immunserums im passiv präparierten Organ und im Präzipitinversuch (s. S. 79f.). Die Gewißheit, daß die anaphylaktische Reaktion eine „Präzipitation in vivo“ ist, besteht aber nicht. Hinsichtlich der von Kabat und seinen Mitarbeitern angewendeten Methode der Messung von Antikörper und Antigen durch Bestimmung des Stickstoffgehaltes wäre zu bemerken, daß sie trotz scheinbarer Exaktheit in gewissen Fällen ungeeignet sein kann. So hatte es sich nach den Ausführungen der zitierten Autoren gezeigt, daß die Angabe des N-Gehaltes des Tabakmosaikvirus eine Eigenschaft unberücksichtigt läßt, welche für das Zustandekommen immunologischer Reaktionen wesentlich ist, nämlich die Teilchengröße der Antigenelemente.

Da an dieser Stelle nur die anaphylaktischen Versuchsanordnungen und die Schlüsse erörtert werden, welche sich aus ihnen *unmittelbar* ergeben, müssen die Hypothesen über den Mechanismus der anaphylaktischen Reaktionen, welche ein Eingehen auf abliegende biologische und toxikologische Probleme erfordern, in einem besonderen Abschnitt zusammenfassend dargestellt werden (s. Anaphylaxie, zweiter Teil).

C. Die lokale Anaphylaxie.

1. Die Entdeckung des Phänomens.

M. ARTHUS teilte 1903 die Tatsache mit, daß Kaninchen auf wiederholte subkutane Injektionen größerer Dosen konzentrierten Pferdeserums (1 bis 5 ccm), welche in Intervallen von 5 bis 7 Tagen vorgenommen werden, derart reagieren, daß die ersten drei Einspritzungen innerhalb weniger Stunden resorbiert werden, ohne daß eine stärkere lokale Veränderung nachweisbar wird; nach der vierten Injektion bilden sich Infiltrate, welche 2 Tage lang persistieren, nach der fünften bis siebenten Injektion kommt es zur örtlichen Nekrose bzw. zur Hautgangrän und zur Sequestration des abgestorbenen Hautbezirkes. Man kann in Anlehnung an das Modell des aktiv anaphylaktischen Experimentes die ersten Injektionen, welche reaktionslos ablaufen, als *präparierende* und jene, welche örtliche Entzündungen leichteren oder schweren Grades hervorrufen, als *Erfolgsinjektionen* [W. GERLACH (1923)] bezeichnen.

Wie im aktiv anaphylaktischen Versuch verfolgen die präparierenden Injektionen den Zweck, die Antikörperproduktion in Gang zu setzen. Sie müssen daher nicht subkutan, sondern können, wie bereits ARTHUS feststellte, ebensogut intraperitoneal oder intravenös vorgenommen werden. Was die subkutanen Erfolgsinjektionen anlangt, ist die Wahl der Injektionsstelle für die Intensität der ausgelösten Reaktionen bestimmend. In der Bauchhaut des Kaninchens treten die schwersten Veränderungen (ausgedehnte Nekrosen) auf, in der Rückenhaut verläuft der Prozeß ceteris paribus etwas schwächer und am Ohre beobachtet man fast nie Nekrosen, sondern nur Ödeme, die sich wieder zurückbilden [M. ARTHUS, W. GERLACH (1923), E. L. OPIE (1924)].

2. Die Benennung des Phänomens.

Die beschriebene Beobachtung wurde und wird in der Literatur meist als „*Arthussches Phänomen*" bezeichnet. Schon aus der ersten Mitteilung wie auch aus späteren zusammenfassenden Darstellungen [M. ARTHUS (1921)] geht jedoch klar hervor, daß ARTHUS selbst als das Wesen des nach ihm benannten Phänomens die Wirkungen wiederholter Pferdeseruminjektionen auf das Kaninchen, d. h. die Entdeckung der Serumanaphylaxie betrachtete. Der Auslösbarkeit lokaler Hautreaktionen durch subkutane Erfolgsinjektionen maß ARTHUS, obzwar diese Beobachtung ebenfalls neu war, keine besondere Bedeutung bei. ARTHUS vertrat ja die Ansicht (s. S. 6), daß das Pferdeserum für das spezifisch vorbehandelte Kaninchen toxisch sei, und von diesem Standpunkt mußte es ihm als einem Physiologen von Fach ganz natürlich erscheinen, daß man „je nach der Art der Einverleibung lokale oder allgemeine, akute oder chronische Symptome“ hervorzurufen vermag; für ARTHUS lag einfach die Abhängigkeit einer Giftwirkung von der Art der Giftzufuhr vor [R. DOERR (1936)].

Ganz analoge, zum Teil ebenso intensive, zum Teil schwächere Lokalreaktionen der Haut nach Injektionen artfremder Sera, insbesondere Pferdeserum hat man auch bei spezifisch vorbehandelten Tieren anderer Art festgestellt, so bei Ziegen, bei Meerschweinchen (M. NICOLLE (1907), J. H. LEWIS (1908)] und beim Menschen [CL. v. PIRQUET und SCHICK (1905), W. P. LUCAS und F. P. GAY (1909), E. MAKAI (1922), C. HEGLER (1923), W. GERLACH (1923)]. Bei schwer kranken Patienten können wiederholte subkutane Injektionen von Pferdeserum (Heilserum) außerordentlich schwere und ausgedehnte nekrotisierende Reaktionen hervorrufen [W. E. GATEWOOD und C. W. BALDRIDGE (1927), I. H. TUMPEER, A. MATHESON und D. C. STRAUS (1931), J. L. KOHN, E. J. MCCABE und J. BREM; Abbildungen u. a. bei BR. RATNER (1943, S. 487f.)], wobei es nicht immer klar ist, ob es sich bloß um lokale anaphylaktische Prozesse handelt oder ob andere Ursachen (Infektionen) mitwirken; jedenfalls ist bei Patienten mit schlechtem Allgemeinzustand Vorsicht geboten, wenn nicht durch wiederholte subkutane Injektionen der vom Pferde gewonnenen Immunsera mehr geschadet als genützt werden soll.

W. GERLACH (1923) erzielte auch an Hunden und Ratten positive Hautreaktionen, befindet sich aber mit diesen Angaben in Widerspruch zu W. T. LONGCOPE (1922) und zu E. L. OPIE (1924), welche bei Ratten bzw. Hunden nur völlig negative Resultate bekamen. Allerdings hat GERLACH den Erfolg seiner Versuche nicht nur auf Grund des makroskopischen Befundes, sondern unter Zuhilfenahme der histologischen Untersuchung beurteilt. Jedenfalls sind die Hautreaktionen bei Ratten und Hunden nicht intensiv und Nekrosen werden, wie GERLACH betont, überhaupt nicht beobachtet.

3. Das Arthussche Phänomen als aktiv anaphylaktischer Versuch mit örtlich wirkender Erfolgsinjektion. — Varianten.

Lokale anaphylaktische Reaktionen können nicht nur durch subkutane Injektionen, sondern auch durch andere Arten der Einverleibung des Antigens, sofern sie eine örtliche Auswirkung der Antigen-Antikörper-

Reaktion sichern und nicht den direkten Übertritt des Antigens in die Blutzirkulation gestatten, hervorgerufen werden. Zunächst kann man die subkutane durch eine intrakutane Erfolgsinjektion ersetzen, was den Vorteil hat, daß man den Ablauf des pathologischen Vorganges besser verfolgen kann; auch entwickeln sich Nekrosen leichter nach intrakutanen Erfolgsinjektionen. Lokale anaphylaktische Reaktionen wurden ferner erzeugt durch Injektionen des Antigens in die Submucosa des Magens, in Organparenchyme (Niere, Leber, Hoden, Lunge, Gehirn), in abgebundene Blutgefäße [E. L. OPIE (1936), P. R. CANNON, T. E. WALCSH und C. E. MARSHALL (1941) u. a.], durch Einträufelung von Antigen in die Pericardialhöhle [B. C. SEEGAL (1935)], durch Injektion in das Peritoneum, in die Pleura, in Gelenke, in den Augapfel usw. Über die einschlägige Literatur bis zum Jahre 1932 gibt eine Zusammenstellung von D. SEEGAL, B. C. SEEGAL und E. L. JOST Auskunft.

4. Die Abhängigkeit der Reaktionsstärke vom Ort der lokalen Reaktion.

In diesen mannigfach variierten Versuchen trat wieder die schon von ARTHUS festgestellte Erscheinung zutage, daß die Intensität der Reaktion unter sonst völlig gleichen Bedingungen durch die besondere Beschaffenheit des Gewebes bestimmt wird, in welchem sich die pathogene Antigen-Antikörper-Reaktion abspielt (vgl. S. 83). Die lokale Hautreaktion beim Hunde wird z. B. von allen Autoren als sehr schwach und geringfügig bezeichnet und wurde von E. L. OPIE (1924) sogar gänzlich vermißt, die Reaktion nach Injektion in die Submucosa des Magens ist dagegen sehr intensiv [P. F. SHAPIRO und A. C. IVY (1926)]; beim Kaninchen kehren sich diese Beziehungen um, die Magenreaktion ist schwächer als beim Hunde und die Empfindlichkeit der Haut dominiert beim Kaninchen derart, daß nach Erfolgsinjektionen in die Hoden die Haut über dem Hoden nekrotisch wird, während der Hode selbst fast keine Veränderung erkennen läßt (SHAPIRO und IVY). Durch Antigeninjektionen in die Dünndarmwand des Kaninchens vermochte H. SCHOLER (1933) überhaupt keine lokale Veränderung zu erzielen, obzwar die Haut der zum Versuch verwendeten Kaninchen, wie Kontrollen ergaben, mit einem typischen Arthusschen Phänomen reagierte.

Besonders hervorzuheben ist, daß man auch durch Erfolgsinjektionen in die Substanz des Gehirnes lokale pathologische Reaktionen auszulösen vermag, wie aus den Versuchen von L. M. DAVIDOFF, D. SEEGAL und B. C. Seegal (1932) und von DAVIDOFF und N. KOPELOFF (1931) an Kaninchen und Hunden hervorgeht. N. KOPELOFF, L. M. DAVIDOFF und L. M. KOPELOFF (1936) konnten sogar an mit Hühnereiereiweiß präparierten Rhesusaffen durch intracerebrale Erfolgsinjektion lokale Reaktionen in Form von hämorrhagischen, im Zentrum meist nekrotischen Herden erzeugen, deren Vorhandensein sich auch klinisch in nervösen Ausfallserscheinungen (Lähmungen der kontralateralen Körperhälfte) manifestierte.

Die Ursachen, warum verschiedene Gewebe der gleichen Tierart und identische Gewebe verschiedener Spezies auf den Ablauf einer lokalen Antigen-Antikörper-Reaktion mit so stark differierender pathologischer Auswirkung antworten, sind nicht sicher bekannt. Man weiß zwar, daß die in vitro gezüchteten Gewebezellen spezifisch vorbehandelter Tiere durch den Zusatz von Antigen nicht geschädigt werden [J. D. ARONSON (1933)] und daß die Antigeninjektion in die gefäßarme Cornea keine Wirkung hat [A. R. RICH und R. H. FOLLIS (1940)]; auch sprechen die histologischen Befunde starker Lokalreaktionen dafür, daß die pathologischen Effekte (Ödeme, Thrombosen, Nekrosen) auf primäre Gefäßschädigungen zurückzuführen sind (s. S. 88). Es ist aber nicht möglich, alle nachgewiesenen, zwischen zwei Extremen schwankenden Intensitätsabstufungen der pathologischen Auswirkung generell auf die Verschiedenheiten der Vaskularisation zu beziehen. Infolgedessen läßt sich der Charakter der lokalen Anaphylaxie nicht voraussagen, sondern nur experimentell ermitteln.

5. Lokale Anaphylaxie bei passiv präparierten Tieren.

Injiziert man normalen Kaninchen antikörperhaltiges Immunserum in hinreichender Menge intraperitoneal oder intravenös, so werden sie nach Ablauf einer gewissen Zeit befähigt, auf Antigeninjektionen mit lokalen anaphylaktischen Reaktionen zu antworten [M. NICOLLE (1907), E. L. OPIE (1924)]; beim Kaninchen müssen nach einer intravenösen Injektion des Antiserums 48 Stunden verstreichen, bevor man durch subkutane Antigeninjektionen an geeigneten Hautstellen einen maximalen Effekt (Nekrose) erzielen kann [OPIE (1924)]. Wie E. L. OPIE und J. FURTH (1926) zeigten, läßt sich die Versuchsanordnung umkehren (s. S. 72). Injiziert man nämlich normalen Kaninchen Pferdeserum subkutan und 4 bis 7 Stunden später Antipferdeserum intravenös, so reagiert die Depotstelle des Pferdeserums; es kann aber auch auf diese Weise ein Schock, d. h. eine Allgemeinreaktion hervorgerufen werden, was nur so erklärt werden kann, daß hinreichende Mengen Antigen (Pferdeserum) von der Depotstelle aus resorbiert wurden und bereits im Blute kreisen, wenn das Antiserum nachinjiziert wird.

Schickt man die intravenöse Injektion des Antiserums voraus, so wird — im Rahmen des besonderen Einflusses der Gewebe — jede Körperstelle instand gesetzt, auf eine Antigeninjektion zu reagieren; es handelt sich einfach um einen passiv anaphylaktischen Versuch, der sich nur durch die besondere Art der Zufuhr des Antigens vom Typus passiv anaphylaktischer Experimente unterscheidet.

Schließlich kann man auch so vorgehen, daß man in Anlehnung an den Prausnitz-Küstnerschen Versuch nur eine bestimmte Hautstelle durch intrakutane Injektion von Antiserum spezifisch präpariert und kurze Zeit nachher das Antigen entweder an der gleichen Stelle intrakutan oder auch intravenös einspritzt. Für die lokale Präparierung reichen, wenn nur Reaktionen von minimaler Intensität hervorgerufen werden sollen, schon 0,15 mg Antikörpereiweiß aus [E. A. Kabat (1947)].

6. Charakter der als lokale Anaphylaxie bezeichneten Reaktionen.

Morphologisch stellt sich die anaphylaktische Lokalreaktion als eine Entzündung dar, welche sich durch kein pathognomonisches, nur dieser Art von Gewebsreaktionen zukommendes Bild auszeichnet [M. Arthus und Breton (1903), W. Gerlach (1923), E. L. Opie (1924)]; zeitlich ist sie durch den schnellen Ablauf und außerdem auch durch die Intensität, welche sie erreichen kann, gekennzeichnet. Bei der mikroskopischen Untersuchung der paradigmatischen lokalen Anaphylaxie der Subkutis des Kaninchens kann man nach W. Gerlach eine zentrale Partie des Reaktionsherdes und eine dieselbe umgürtende Randzone unterscheiden. Im Zentrum sieht man ein *Ödem* und eine rasch fortschreitende (schon innerhalb einer Stunde entwickelte) *Verquellung des Bindegewebes*, welche durch Kapillarkompression zur lokalen Ischämie führt. In späteren Stadien kommt es zu Blutungen und zur Nekrose, die Gerlach als sekundäre Auswirkungen auffaßt, die durch die primären Veränderungen an wichtigen Elementen des Bindegewebes bedingt sind. Der das Zentrum umschließende Gürtel ist von massenhaften, polymorphkernigen, neutrophilen Leukozyten durchsetzt, welche sich namentlich um die Gefäße zu mächtigen Mänteln gruppieren, die Gefäßwände selbst infiltrieren und um so größere Neigung zum Absterben bekunden, je näher sie dem Reaktionszentrum liegen. Die Gefäße sind in dieser Zone zum Teile von hyalinen Thromben erfüllt und durch Stauung erweitert, die Bindegewebsfasern durch Ödeme, Fibrinablagerungen und Blutextravasate auseinandergedrängt. Ausführliche Beschreibungen und Diskussionen der Befunde vom pathologisch-physiologischen Standpunkt aus findet man bei Opie und W. Gerlach, Abbildungen histologischer Präparate bei W. Gerlach und R. Doerr (1929a), dem die Gerlachschen Originale zur Verfügung standen.

Es besteht ein auffälliger Gegensatz zwischen der „allgemeinen“ und der „lokalen“ Anaphylaxie. Löst man bei einem vorbehandelten Versuchstier durch eine intravenöse Erfolgsinjektion eine Allgemeinreaktion aus, so ist diese durch ihren sofortigen Beginn und ihren raschen

Ablauf charakterisiert sowie durch den Umstand, daß, falls die Tiere überleben, keine Folgeerscheinungen zurückbleiben. Die lokale Anaphylaxie erreicht dagegen erst nach längerer Zeit den Höhepunkt ihrer Entwicklung, und die Rückbildung erfordert, selbst wenn die Reaktionen nicht besonders intensiv sind (bloße Ödeme), Stunden; wenn es zu Blutungen und Nekrosen kommt, ist eine restitutio ad integrum naturgemäß ausgeschlossen. Der Zweifel, ob die Bezeichnung „lokale Anaphylaxie" überhaupt gerechtfertigt sei, war daher, sofern man sich an die äußere Form des Krankheitsgeschehens hielt, verständlich. Die Differenz der pathologischen Phänomene ist aber höchstwahrscheinlich nur auf die Unterschiede der Versuchsbedingungen zurückzuführen. Injiziert man einem spezifisch vorbehandelten Versuchstier das Antigen intravenös, so verteilt es sich rasch im ganzen Organismus und reagiert in starker Verdünnung mit dem vorhandenen Antikörper, wodurch ein Reiz auf die Schockorgane der betreffenden Tierspezies ausgeübt und das Antigen rasch neutralisiert wird. Injiziert man dagegen das Antigen subkutan, so bleibt es an der Injektionsstelle deponiert und kann mit größeren Quanten zirkulierender Antikörper in Beziehung treten. Schockorgan sind in diesem Falle die präkapillaren Arteriolen, welche mit einem Arteriospasmus reagieren, nur beansprucht es eben längere Zeit, bevor die Schädigung der Gefäße in einer örtlichen „Entzündung" ihren Ausdruck findet. Zuerst hat wohl A. FRÖHLICH (1914) diese Auffassung begründet, indem er zeigte, daß die Blutzirkulation im Mesenterium eines sensibilisierten Frosches aufhört, wenn man auf die seröse Membran einen Tropfen Antigenlösung einwirken läßt. Die betroffene Stelle wird zunächst anämisch, umgibt sich mit einer Zone ausgiebiger Leukocytenemigration und zeigt schließlich die Charaktere einer allgemeinen Entzündung. Von den vielen Versuchen, welche zur Aufklärung des Mechanismus der lokalen Anaphylaxie unternommen wurden, seien an dieser Stelle nur noch die Experimente von A. R. RICH und R. H. FOLLIS (1940) angeführt.

RICH und FOLLIS präparierten Kaninchen mit artfremdem Serum und ließen auf die Cornea einer Seite eine reizende Substanz einwirken, was zur Folge hatte, daß diese Cornea vom Rande her durch das Hereinwachsen von Gefäßschlingen partiell vaskularisiert wurde. War dieser Zustand nach 8 bis 10 Tagen erreicht, so wurde in geringer Entfernung von den Kapillarschlingen das Antigen (das artfremde Serum) in die Cornea injiziert. Es trat eine lokale Reaktion auf, während die gleiche Operation an dem anderen Auge, dessen Cornea nicht vaskularisiert war, wirkungslos blieb. Desgleichen gab eine Kontrollinjektion des artfremden Serums in die künstlich vaskularisierte Cornea eines nicht vorbehandelten Kaninchens — ein negatives Resultat. Aus diesen Angaben kann man nur schließen, daß das Gewebe der Cornea auf Antigen-Antikörper-Reaktionen, welche in demselben ablaufen, nicht reagiert, solange es nicht vaskularisiert ist, d. h. daß die einwachsenden Gefäßschlingen die pathologische Reaktionsfähigkeit besitzen, welche dem Cornealgewebe mangelt. Dagegen wäre es unzulässig, das Versuchsergebnis in die Aussage zu kleiden, daß die Reaktivität der Cornea nicht auf einer Sensibilisierung des Cornealgewebes, sondern auf einer Sensibilisierung der Kapillaren beruht [BR. RATNER (1943, S. 658)]. Hat doch E. L. OPIE (1924) am Schluß seiner Arbeiten über die lokale Anaphylaxie des Kaninchens erklärt, daß die Annahme einer gesteigerten Gewebsempfindlichkeit überflüssig sei. Der Gegensatz zwischen der gefäßlosen und der künstlich vaskularisierten Cornea gehört vielmehr in die Gruppe der Erscheinungen, welche lehren, daß die Intensität der lokalen anaphylaktischen Reaktionen vom Ort der Reaktion abhängig ist (s. S. 85) und ist nur dadurch ausgezeichnet, daß man durch die künstliche Vaskularisierung Gewebselemente in die Cornea einführt, welche auf die Antigen-Antikörper-Reaktion krankhaft zu reagieren vermögen, nämlich die Blutkapillaren. Derzeit ist diese Auffassung der Versuche von RICH und FOLLIS jedenfalls am besten motiviert; sie nötigt nicht, auf längst erledigte Begriffe zurückzugreifen oder neue Hypothesen zu Hilfe zu rufen.

Unter diesen Hilfshypothesen hat auch die Vorstellung eine Rolle gespielt, daß die lokalen anaphylaktischen Reaktionen den Zweck haben, das Antigen örtlich abzusättigen, um das Eindringen desselben in die Blutbahn und damit eine weit gefährlichere Allgemeinreaktion, den Schock, zu verhindern. Da es sich aber um zwei Zufallsereignisse bzw. vom Experimentator willkürlich hervorgerufene Reaktionsarten handelt, ist die teleologische Verkettung unberechtigt. Wie R. DOERR (1936, S. 645) ausführt, müßte man den Sachverhalt so formulieren, daß bei einer bestehenden anaphylaktischen Reaktionsbereitschaft die subkutane Injektion weniger gefährlich ist als die intravenöse. Die tödliche Minimaldosis Histaminchlorhydrat beträgt für Meerschweinchen von 380 g Körpergewicht zirka 0,1 mg intravenös und 4 bis 5 mg subkutan; wenn man einem Meerschweinchen dieser Größe 0,5 mg subkutan einspritzt und der letale Schock, welcher nach intravenöser Injektion dieser Dosis unfehlbar eintreten würde, ausbleibt, wird man ja auch nicht behaupten, daß die subkutane Injektion den Schock „verhindert" hat. Dieses einfache Beispiel lehrt in nicht mißzuverstehender Weise, wie falsch es war, aus einer durch eine besondere Einverleibungsart bedingten Reaktionsform eine zweckmäßige Abwehrreaktion gegen eine durch eine andere Art der Einverleibung des Antigens hervorgerufene und durch einen anderen Mechanismus ausgezeichnete Reaktion zu machen. Es ist auffallend, daß keinem Autor dieser logische Fehler bewußt wurde. Man war vielmehr bestrebt, die falsche Prämisse in verschiedener Richtung auszubauen. Es hat heute keinen Sinn, auf diese

Abspaltungen genauer einzugehen. Erwähnt sei nur, da sie auch in der neuesten Literatur noch immer Beachtung findet. Die Idee von R. RÖSSLE (1932, 1936), daß die lokalen anaphylaktischen Reaktionen als hyperergische Entzündungen zu betrachten seien, d. h. daß sie pathologische Mehrleistungen (Pathergien) der betroffenen Gewebe darstellen, gehört dieser Richtung an. Zu dieser Auffassung kam R. RÖSSLE, indem er die maximalen Grade der lokalen Anaphylaxie, die man unter besonderen Bedingungen beim Kaninchen beobachten kann, als Untersuchungsobjekt wählte und die erhobenen Befunde zu Schlüssen verwertete, denen er allgemeine Gültigkeit zuerkannte. Auch dieses Vorgehen war unbegründet, da die Stärke der entzündlichen anaphylaktischen Reaktionen bei einem und demselben Versuchstier je nach dem Orte, an dem man sie auslöst, alle Abstufungen zwischen einem Maximum und einem Nullwert zeigen kann. Da schließlich keine physiologischen Beweise vorliegen, daß die physiologischen Funktionen entzündeter Gewebe im Vergleich zur Norm gesteigert sind, handelt es sich bei R. RÖSSLE um phantasievolle Interpretationen histologischer Befunde von Extremfällen lokaler anaphylaktischer Reaktionen [vgl. die ausführliche Kritik von R. DOERR (1936)]. Was speziell den Ausdruck „Hyperergie“ betrifft, beruht er auf der irrigen, auch von E. L. OPIE (1924) abgelehnten Vorstellung, daß die Gewebe gegen das Antigen sensibilisiert, d. h. empfindlicher sind als im normalen Zustande. Die Gewebe reagieren aber beim spezifisch vorbehandelten Tier nicht auf das Antigen, sondern auf die Reaktion des Antigens mit dem Antikörper, und diese Reaktion ist nicht hyperergisch, sondern „normergisch“, „genau so wie etwa eine Verbrennung oder eine Histaminvergiftung“ [R. DOERR (1936, S. 626)]. Das dies richtig ist, geht daraus hervor, daß man lokale anaphylaktische Entzündungen beim normalen Tier erzielen kann, wenn man zuerst das Antigen und dann das antikörperhaltige Serum injiziert (inverse lokale Anaphylaxie) oder wenn man gewaschene Präzipitate einspritzt.

D. Organausschaltungen und Organeinschaltungen[1].

Um zu ermitteln, ob ein bestimmtes Organ für das Zustandekommen der anaphylaktischen Allgemeinerscheinungen (Schockphänomene) notwendig ist, kann man in verschiedener Weise vorgehen.

1. In gewissen Fällen läßt sich das Organ einfach exstirpieren. Die Exstirpation wird erst kurz vor der Probe (Erfolgsinjektion) vorgenommen, auch wenn das Tier die Entfernung des Organs längere Zeit überleben würde. Exstirpiert man nämlich das Organ schon vor der „Sensibilisie-

[1] Dieses Kapitel lehnt sich enge an die Darstellung von R. DOERR (1929b, S. 686 bis 687) an, da (zumindest grundsätzliche) Änderungen in der neueren Literatur nicht zu verzeichnen sind.

rung“ oder in zu kleinem Intervall nach derselben, so muß man mit der Möglichkeit rechnen, daß der Eingriff die Antikörperproduktion bzw. die Entwicklung des anaphylaktischen Zustandes verhindert oder hemmt und das negative Resultat der Probe hätte dann einen anderen Grund. Splenektomierte Hunde lassen sich z.B. nach H. MAUTHNER (1917) nicht aktiv präparieren: entfernt man aber die Milz bei einem schon aktiv präparierten Hund, so reagiert er auf eine intravenöse Antigeninjektion ebenso intensiv wie ein nicht entmilzter.

2. Man kann die Organe im Körper belassen, aber aus der Zirkulation ausschalten. Diese Methode wird bei der Leber aktiv präparierter Hunde angewendet, indem man eine Ecksche Fistel anlegt, durch welche das Blut der Pfortader mit Umgehung der Leber direkt in die Vena cava inf. geleitet wird. Die Technik der Eckschen Fisteloperation wurde von DALE und LAIDLAW (1918) verbessert.

Die Ausschaltung aus der Zirkulation aktiv präparierter Versuchstiere läßt sich auch in der Weise bewerkstelligen, daß man durch die Gefäßbahnen eines in situ belassenen Organs, dessen Mitwirkung an der anaphylaktischen Schockreaktion geprüft werden soll, das Blut eines normalen Tieres derselben Art mit Hilfe geeigneter, durch paraffinierte Schläuche hergestellter Anastomosen leitet. So versorgten R. M. PEARCE und B. EISENBREY (1910) den Schädel präparierter Hunde durch das Blut normaler Hunde und stellten fest, daß die Erfolgsinjektion des Antigens eine typische Blutdrucksenkung hervorrief, obwohl das Antigen nicht in das Gehirn gelangen konnte.

3. Schließlich kann man die Organe „sensibilisierter“ Tiere in den Kreislauf normaler Tiere derselben Art einschalten. MANWARING, HOSEPIAN, O'NEILL und MOY (1925) verbanden die Pfortader und die untere Hohlvene eines aktiv präparierten Hundes mit der Carotis bzw. der Jugularvene eines normalen, so daß das Blut des normalen Hundes durch den in der Carotis herrschenden Druck durch die Leber des präparierten Hundes durchgetrieben wurde. Die Arteria hepatica und die Vena cava sup. wurden sodann beim präparierten Hunde abgebunden. Injiziert man nun dem normalen Hunde Antigen intravenös, so können:

a) Veränderungen an der Leber des präparierten Hundes auftreten. Die Versuchsanordnung würde dann keinen besonderen Vorteil gegenüber der Perfusion der isolierten oder in situ belassenen Leber bieten.

b) Es können außerdem Funktionsstörungen im Organismus des normalen Hundes in Erscheinung treten, die dann daraufhin zu prüfen sind, ob sie einfache Rückwirkungen der Reaktion der eingeschalteten Leber des präparierten Hundes sind, oder ob sie ohne Annahme hypothetischer Zwischenglieder (z. B. besonderer, von der Leber im Schock sezernierter, an das durchfließende Blut abgegebener Gifte) nicht erklärt werden können.

Solche Einschaltungen eines einem präparierten Versuchstiere angehörigen Organes in den Kreislauf eines normalen lassen sich somit zur Beantwortung von Fragen heranziehen, über welche das anaphylaktische Experiment in seiner gewöhnlichen Form (am intakten Tier oder am isolierten Organ ausgeführt) keinen direkten Aufschluß gibt. MANWARING hat das Prinzip der „Organtransplantation", wie er es nannte, in besonders großem Umfange angewendet und mannigfach variiert, namentlich auch in dem Sinne, daß er normale Organe in den Kreislauf präparierter Tiere einschaltete und prüfte, ob sie sich an den anaphylaktischen Reaktionen der präparierten Tiere beteiligen. So ließ sich z. B. das Colon descendens oder die Harnblase normaler Hunde in die Zirkulation präparierter Hunde einpflanzen, wobei wieder zur Herstellung der Gefäßkoppelungen paraffinierte Gummischläuche dienten [MANWARING (1925)]. In dieselbe Kategorie gehört auch das Experiment am abgetrennten, in den Kreislauf eines lebenden Hundes transplantierten Hundekopfes; der isolierte Kopf kann von einem normalen oder von einem spezifisch vorbehandelten Hund stammen, und der blutspendende lebende Hund kann seinerseits ein normaler oder spezifisch präparierter Hund sein, woraus sich drei Kombinationen ergeben, deren Prüfung durch Injektion von Antigen in den Kreislauf des lebenden Hundes eine besondere Fragestellung bedeutet [HEYMANS und DALSACE (1927)].

Das Kapitel der anaphylaktischen Versuchsanordnungen abschließend, soll hier noch eine experimentelle Arbeit aus jüngster Zeit erwähnt werden, deren Ergebnis ebenfalls als Ausdruck eines anaphylaktischen Prozesses aufgefaßt wurde. Sie ging von der Beobachtung aus, daß Kaninchen auf die intravenöse Injektion einer einzigen großen Dosis von Rinderserum oder von gereinigtem γ-Globulin aus Rinderserum mit pathologischen Erscheinungen reagieren, welche ein bis zwei Wochen nach der Injektion auftreten, und zwar mit einer transitorischen Glomerulo-Nephritis und herdförmigen Läsionen in der Leber, im Herzmuskel und den Gelenken [C. V. Z. HAWN und C. A. JANEWAY (1947)]. Diese Veränderungen wurden von LOUIS SCHWAB und Mitarbeitern (1950) als Folgen einer Reaktion zwischen dem auf oder in Zellen fixierten Antigen und dem durch dasselbe erzeugten Antikörper aufgefaßt, wofür folgende Feststellungen maßgebend waren:

1. Die Veränderungen traten zur Zeit der Antikörperbildung auf;

2. sie waren von einem tiefen Absinken des Komplementes im Blute begleitet, welches drei bis fünf Tage anhielt;

3. verhindert man die Antikörperbildung durch Röntgenbestrahlung oder durch intravenöse Injektionen von Nitrogen-Senfgas [Methyl-bis (β-chloroaethyl)amin oder tris (β-chloroaethyl)amin], so bleiben die Veränderungen in der Regel aus, während sie bei Kontrollen nahezu regelmäßig festzustellen sind.

Die Begründung ist nicht in allen drei Punkten überzeugend, besonders nicht bei dem an dritter Stelle genannten Argument. Selbst wenn das der Fall wäre, hätte man nicht das Recht, von anaphylaktischen Reaktionen zu sprechen, besonders nicht mit Berufung auf das Absinken des Komplementes. Das Komplement ist bei den anaphylaktischen Reaktionen nicht maßgebend beteiligt und es geht nicht an, diese außer Zweifel gestellte Tatsache wegdiskutieren zu wollen.

III. Die Vererbbarkeit des anaphylaktischen Zustandes.

1906 berichteten M. J. ROSENAU und J. F. ANDERSON, daß trächtige weibliche Meerschweinchen, denen man Gemenge aus Diphtherietoxin und antitoxischen Pferdeserum oder normales Pferdeserum injiziert hatte, 2 bis 3 Monate später Junge werfen können, welche gegen Pferdeserum anaphylaktisch sind. Verwendet man zur Vorbehandlung der Muttertiere Toxin-Antitoxin-Gemische, so erwiesen sich die Nachkommen sowohl als resistent gegen das Diphtherietoxin als auch als anaphylaktisch gegen das Pferdeserum [J. F. ANDERSON (1906a, b)], eine Beobachtung, die sich zweifellos am einfachsten erklären ließ, wenn man als gemeinsame Ursache der doppelseitig veränderten Reaktivität der Jungen einen diaplazentaren Übergang der im Blute der Mutter kreisenden Immunproteine in die fetale Zirkulation annahm, also eine passive Immunisierung der Frucht in utero. Diese Auffassung konnte sich zu der Zeit, von welcher hier die Rede ist, auf drei Tatsachen stützen: 1. Die Muttertiere geraten durch Behandlung mit Toxin-Antitoxin-Gemischen in denselben Zustand, den man bei ihren Jungen feststellen kann, sie werden immun gegen Diphtherietoxin und anaphylaktisch gegen Pferdeserum (Phänomen von THEOBALD SMITH). 2. Der Vorgang läßt sich in seine beiden Komponenten zerlegen, indem man die Muttertiere einerseits nur mit Diphtherietoxin, anderseits nur mit normalem Pferdeserum behandelt; sie werden dann Junge werfen, welche nur gegen Diphtherietoxin immun [E. WERNICKE (1895), THEOBALD SMITH (1905)] oder nur gegen Normalpferdeserum anaphylaktisch sind [ROSENAU und ANDERSON (1906)]. 3. Der passive Charakter des bei den Jungtieren in Erscheinung tretenden anaphylaktischen Zustandes konnte aus seiner relativ kurzen Dauer erschlossen werden. Das Meerschweinchen gehört aus unbekannten Gründen zu denjenigen Versuchstieren, bei welchen die aktiv induzierte Anaphylaxie — wenn gewisse Antigene, z. B. Pferdeserum, benützt werden — außerordentlich beständig ist, und sogar noch 1 bis 2 Jahre nach der Injektion einer einzigen kleinen Antigendosis nachgewiesen werden kann, während die passive Anaphylaxie, auch wenn sie, wie im vorliegenden Fall, durch homologen Antikörper bedingt ist, rasch abklingt und nach 30 Tagen, seltener noch nach 60 bis 70 Tagen, völlig geschwunden ist [R. OTTO (1907), A. COCA und KOSAKAI (1920) u. a.].

Allerdings stimmen die Angaben über die Zeit, während welcher die von anaphylaktischen Weibchen geworfenen Jungen anaphylaktisch bleiben, nicht völlig überein. R. OTTO (1907) fand, daß die Jungen am 44. Tage nach der Geburt auf die Injektion von Pferdeserum typisch reagieren, daß aber nach 72 bis 73 Tagen nur noch angedeutete oder gänzlich negative Resultate erhalten werden. OTTO verwendete jedoch zur Feststellung des anaphylaktischen Zustandes die wenig empfindliche Methode der intraperitonealen Erfolgsinjektion des antigenen Pferdeserums, so daß es schon aus diesem Grunde verständlich ist, daß spätere Autoren, welche sich der intravenösen oder intrakardialen Probe bedienten, längere Termine feststellen konnten: SCAFFIDI (1913) 51 Tage, RATNER, JACKSON und GRUEHL 2½, ausnahmsweise sogar 4 Monate, L. NATTAN-LARRIER, P. LÉPINE und RICHARD (1928) 70 bis 80 Tage. Doch sind die Differenzen eigentlich recht unbedeutend, da sämtliche Termine vom Tage des Absetzens der Jungen berechnet wurden, so daß die Zeit vom Eindringen des passiv sensibilisierenden Antikörpers in die fetale Zirkulation bis zur Ausstoßung der Frucht aus dem Uterus unberücksichtigt blieb.

Soll aber die Auffassung richtig sein, daß der anaphylaktische Zustand der Jungtiere auf dem diaplazentaren Übertritt von Antikörper aus dem Blute der Mutter in den fetalen Kreislauf beruht, so müßte der Nachweis geliefert werden, daß nach einer einmaligen aktiven Präparierung des Muttertieres durch eine subkutane Antigeninjektion nur solange anaphylaktische Junge geboren werden können als Antikörper im mütterlichen Blut vorhanden ist. Diese Schlußfolgerung läßt sich aber experimentell nicht verifizieren. Im Blute von Meerschweinchen, welche durch eine einzige Subkutaninjektion einer kleinen Dosis Pferdeserum aktiv präpariert wurden, läßt sich der Antikörper nach den Untersuchungen von R. WEIL (1913) sowie von C. H. KELLAWAY und J. S. COWELL (1923) längstens bis zum 63. Tage nachweisen; damit er in den Kreislauf des Fetus übertreten kann, müßte sich diese Periode mit der Tragzeit überschneiden, die beim Meerschweinchen 60 bis 70 Tage dauert, und es wäre daher zu erwarten, daß nur jene Jungtiere anaphylaktisch sind, welche längstens 133 Tage nach dem Zeitpunkt zur Welt kommen, in welchem die aktiv präparierende Subkutaninjektion beim Muttertiere ausgeführt wurde. Das ist nun nicht der Fall. RATNER, JACKSON und GRUEHL (1929, 1931) konstatierten in ihren Versuchen zwischen der Präparierung der Mutter und dem Wurf anaphylaktischer Jungen gelegentlich Intervalle von 187, NATTAN-LARRIER, LÉPINE und RICHARD, welche die Muttertiere vor dem Beginn der Schwangerschaft, d. h. vor der Deckung durch ein Männchen, präparierten, solche von 216 bis 226 Tagen und selbst diese Zwischenzeiten sind nicht als maximal zu betrachten. Das Intervall zwischen der Präparierung der Mutter und dem Gebären anaphylaktischer Jungen entspricht also nicht der Zeit, während welcher Antikörper im Blute der Mutter vorhanden bzw. nachweisbar ist, *sondern der Dauer der aktiven Anaphylaxie des Meerschweinchens* [R. DOERR und S. SEIDENBERG (1931)].

Da, wie schon erwähnt, die Tragzeit des Meerschweinchens nur 60 bis 70 Tage währt und die Weibchen alsbald nach einem Partus wieder befruchtet werden können, steht mit den bisher angeführten Tatsachen die Beobachtung in äußerer Übereinstimmung, daß ein weibliches Meerschweinchen, welches durch eine einzige Subkutaninjektion von Pferdeserum aktiv präpariert wurde, *mehrmals* anaphylaktische Junge absetzen kann. Dies konnte von RATNER, JACKSON und GRUEHL, von NATTAN-LARRIER und LÉPINE sowie von R. DOERR und SEIDENBERG festgestellt werden; die amerikanischen Autoren erzielten in einem derartigen Versuch vier Würfe von einem Muttertier und die Jungen des vierten Wurfes reagierten auf die Probe mit Pferdeserum ebenso stark wie jene des ersten, obwohl der vierte Wurf 464 Tage nach der Präparierung des Muttertieres stattfand. Hier wird der Widerspruch besonders auffallend, daß der mütterliche Organismus solange Zeit hindurch Antikörper oder, wie wir jetzt sagen sollten, Immunglobulin an die in ihm wachsenden Feten abgibt, daß dieses Immunglobulin diaplazentar in den Fetus gelangen soll und daß es gleichwohl in seinem Vehikel, im mütterlichen Blutplasma nicht nachzuweisen ist. Es soll hier nicht der Versuch gemacht werden, Erklärungsmöglichkeiten dieses Widerspruches zu diskutieren, zumal es sich nur um unbewiesene Hypothesen handeln könnte. Für den Verfasser besteht jedoch kein Zweifel, daß eine gesicherte Lösung an das noch immer nicht erreichte Ziel heranführen müßte, über die Natur und den Mechanismus der Wirkungsweise der Antikörper eine befriedigende Auskunft geben zu können [vgl. hiezu R. DOERR (1947, S. 42f.)]. Ich kann aber doch nicht der Versuchung widerstehen, hier nochmals auf die Experimente von KELLAWAY und COWELL (1922) hinzuweisen, welche durch eine intravenöse Injektion von 3 ccm normalen Meerschweinchenserums den Antikörper aus dem Blute eines mit Pferdeserum aktiv präparierten Meerschweinchens zu einem großen Teil zum Verschwinden brachten; nach 20 Stunden stieg der Antikörper spontan auf das frühere Niveau an. Die Frage, die ich 1929 [DOERR (1929b, S. 715)] aufwarf: „Was soll man sich unter einem ‚Antikörper' vorstellen, der durch eine intravenöse Injektion von arteigenem Serum temporär verschwindet und spontan wiedererscheint?" ist bis heute nicht beantwortet und die Versuche sind nicht wieder aufgegriffen worden.

Das Problem, daß ein durch eine subkutane Antigeninjektion aktiv präpariertes weibliches Meerschweinchen passiv anaphylaktische Junge gebären kann, solange es sich im Stadium der aktiven Anaphylaxie befindet, obwohl sich in seinem Blute kein Antikörper nachweisen läßt, kann ungezwungen in zwei Teile zerlegt werden. Der erste betrifft die Frage, warum das Muttertier nach dem einmaligen, anscheinend so geringfügigen Antigenreiz so lange im Zustand der aktiven Anaphylaxie, der als Beweis für die Persistenz des spezifischen Antikörpers betrachtet werden muß, verharrt, die zweite Frage erheischt Auskunft, warum sich dieser persistierende Antikörper nur durch die anaphylaktische Reaktivität des Muttertieres und nicht durch die Untersuchung seines Blutes feststellen läßt. Auf der gut bewiesenen Lehre vom zellularen Ursprung der Antikörper fußend, hat R. DOERR (1929b) die Persistenz dieser Wirkstoffe auf die dem Physiologen wie dem Pathologen vertraute Erscheinung zurückgeführt, daß die Reizfolge, im vorliegenden Falle die Antikörperproduktion, den Reiz, die Einwirkung des Antigens auf die antikörperproduzierenden Zellen, überdauern, daß sie autonom werden kann. Da die Antikörper, sofern sie im Blute zirkulieren, nach dem herrschenden Stande der Forschung als Globuline aufzufassen sind, welche ebenso wie alle anderen Eiweißkörper im Stoffwechsel abgebaut werden, kann die Persistenz nur zustande kommen, wenn die autonom gewordene Erzeugung von Immunglobulin den kontinuierlichen Abbau überwiegt. Der Aufbau der Immunglobuline aus den Aminosäuren des Nahrungseiweißes wurde nun durch R. SCHÖNHEIMER, S. RATNER, D. RITTENBERG und M. HEIDELBERGER (1942a) und der kontinuierliche Abbau der im Blute zirkulierenden Antikörper durch dieselben Autoren (1942b) experimentell bewiesen, so daß die lebenslängliche Persistenz von viruliziden Antikörpern gegen Masern oder Gelbfieber nach dem Überstehen dieser Infektionen als Resultante der autonom gewordenen Produktion von Immunglobulin und dem partiellem Abbau desselben im Eiweißstoffwechsel durchaus verständlich erscheint. Es erscheint rational, dieses Schema auch auf die Persistenz der aktiven Anaphylaxie des Meerschweinchens anzuwenden, für die es von R. DOERR (1929b) zuerst aufgestellt wurde; nur fehlt hier die freie (humorale) Phase des Antikörpers, die uns als notwendig imponiert, um die passive Präparierung der Feten in utero zu vermitteln. Die Lösung dieses Rätsels könnte, wie bereits betont, auch unsere Vorstellungen von der Natur und den Zustandsformen der Antikörper beeinflussen.

Der anaphylaktische Zustand ist eine „erworbene Eigenschaft" und sollte daher nach den herrschenden Lehrsätzen der Genetik nicht vererbbar sein. Damit stimmt überein, daß man durch die Paarung aktiv anaphylaktischer männlicher Meerschweinchen mit normalen Weibchen keine anaphylaktischen Nachkommen erzielt, wie dies von R. OTTO (1907) sowie von RATNER, JACKSON und GRUEHL (1927) in besonderen Versuchen festgestellt wurde. Es wurde aber immer nur *eine* derartige

Paarung geprüft und das negative Ergebnis als selbstverständlich hingenommen; die Jungen aktiv anaphylaktischer Weibchen erwiesen sich ja als passiv, d. h. durch diaplazentaren Übertritt von mütterlichem Antikörper sensibilisiert und nichts deutete auf eine germinative Übertragung durch die Geschlechtszellen hin, wie sie im Falle anaphylaktischer Deszendenten männlicher Tiere notwendig gewesen wäre.

Knapp vor dem Ausbruch des ersten Weltkrieges nahm ein Zoologe, wie dem Verfasser bekannt ist, Versuche in Angriff, welche die Vererbbarkeit des anaphylaktischen Zustandes herbeiführen wollten. Männliche und weibliche Meerschweinchen wurden kurz nach der Geburt durch eine Subkutaninjektion einer kleinen Dosis normalen Pferdeserums aktiv präpariert, die aus ihren Paarungen hervorgehenden Jungen in gleicher Weise behandelt usw., in der Erwartung, daß man schließlich Nachkommen erhalten würde, welche gegen Pferdeserum anaphylaktisch sein würden, ohne diese Eigenschaft anders als durch echte germinative Vererbung erworben haben zu können. Der Zoologe kannte natürlich die Mißerfolge aller früheren derartigen Experimente, welche den Lamarkismus auf eine experimentelle Basis zu stellen versuchten, wendete aber ein, daß es sich bei der aktiven Präparierung eines Meerschweinchens um einen Eingriff besonderer Art handle, welcher den Organismus während der ganzen Periode der Fruchtbarkeit umstimmt, und zwar in einer so intimen, mit dem Stoffwechsel verwobenen Beziehung wie dies bei der Antikörperproduktion anzunehmen ist. Der Versuch war auf eine Dauer von mehreren Jahren berechnet, die finanziellen Mittel vorhanden; soll man bedauern, daß der erste Weltkrieg das Projekt für immer von der Bildfläche verschwinden ließ?

Injiziert man einem trächtigen Meerschweinchen 2 bis 6 Tage vor dem Wurf Pferdeserum oder ein anderes Antigen, so können sich die Jungen als anaphylaktisch erweisen, obwohl das Muttertier zur Zeit der Ausstoßung der Früchte noch nicht aktiv präpariert sein konnte und sein Blut noch antikörperfrei sein mußte. Die erste derartige Angabe rührt von Scaffidi (1913) her, spätere Angaben von Ratner, Jackson und Gruehl (1927), Ratner und Gruehl (1931), Nattan-Larrier und Richard (1929), A. Cionini (1927), R. Doerr und S. Seidenberg (1931). Schon Scaffidi nahm an, daß es sich unter diesen Bedingungen um eine aktive Präparierung der Feten durch diaplazentaren Übertritt von Antigen aus dem Blute der Mutter in die Zirkulation des Fetus handeln müsse, eine Annahme, welche in der Folge durch folgende Argumente bekräftigt wurde:

1. Derartige Jungtiere reagieren auf die Probe mit Antigen nicht unmittelbar oder wenige Tage nach ihrer Geburt, sondern erst nach Ablauf einer für die Entwicklung einer aktiven Anaphylaxie notwendigen längeren Inkubationsperiode.

2. Sie bleiben länger anaphylaktisch, als wenn sie homolog passiv präpariert worden wären.

3. Die Zeit zwischen der Präparierung der Mutter und dem Partus war in einigen Versuchen so kurz (24 bis 72 Stunden), daß die Produktion von Antikörper im mütterlichen Organismus mit Sicherheit ausgeschlossen werden konnte.

4. Im Serum der Jungtiere konnte 20 bis 25 Tage nach der Geburt anaphylaktischer Antikörper durch den homolog passiven Übertragungsversuch nachgewiesen werden (A. CIONINI).

5. Wenn ein Muttertier aktiv anaphylaktische weibliche Jungen zur Welt bringt, können diese, wenn sie heranwachsen und befruchtet werden, passiv anaphylaktische Nachkommen haben, so daß also vom Muttertier zwei aufeinanderfolgende anaphylaktische Generationen abstammen, von denen die erste aktiv, die zweite passiv anaphylaktisch ist; mit der zweiten Generation muß die Kette abreißen. B. RATNER und H. L. GRUEHL (1931) konnten einen derartigen Fall beobachten, der aufs neue beweist, daß es, soweit eben kurzfristige Experimente diese Aussage sichern, nur eine kongenitale, aber keine erbliche Anaphylaxie gibt.

Aus den Berichten der verschiedenen Autoren, welche sich mit der kongenitalen Anaphylaxie des Meerschweinchens beschäftigt haben[1], geht klar hervor, daß es mit großer Regelmäßigkeit gelingt, von aktiv präparierten Weibchen passiv anaphylaktische Junge zu erhalten [RATNER, JACKSON und GRUEHL (1927, S. 301)], während es nur selten[2] möglich war, aktiv anaphylaktische Nachkommen zu erzielen, auch wenn man sich an die Vorschrift hielt, das Antigen (Pferdeserum) dem Muttertier kurz vor dem Partus zu injizieren, um eine passive Präparierung der Feten in utero schon durch die zeitlichen Versuchsbedingungen sicher auszuschließen. Nimmt man an, daß die passive Präparierung in utero auf dem diaplazentaren Übertritt von Antikörper, die aktive auf der

[1] Außer den bereits im Text genannten seien angeführt: P. A. LEWIS (1908), F. SCHENCK (1910), BELIN (1910), A. MORI (1910), H. G. WELLS (1911) und F. P. GAY und E. E. SOUTHARD (1907).

[2] SCAFFIDI konnte nur über ein einziges Experiment berichten, NATTAN-LARRIER und RICHARD bezeichnen positive Resultate geradezu als Ausnahmen, RATNER, JACKSON und GRUEHL untersuchten 69 Würfe, 42 mit komplett negativem Ergebnis, bei 14 Würfen konnte eine passive Sensibilisierung nicht ausgeschlossen werden und nur bei 14 war eine aktive Sensibilisierung mit mehr oder minder großer Bestimmtheit anzunehmen. R. DOERR und SEIDENBERG kamen auf Grund einer Nachprüfung zu dem Schluß, „daß die passive Sensibilisierung der Feten im Uterus einen gesetzmäßigen Vorgang darstellt, daß dagegen die Erzielung aktiv anaphylaktischer Nachkommen als ein exceptionelles und zufälliges Ereignis bezeichnet werden muß, zufällig deshalb, weil es sich nicht durch bestimmte Versuchsbedingungen reproduzieren läßt“.

auf gleichem Wege erfolgenden Passage von Antigen aus der mütterlichen in die fetale Zirkulation beruht, so wird man vor einen Widerspruch gestellt. Die Antikörper sind γ-Globuline oder mit diesen untrennbar verbunden, soweit sie im Plasma der mütterlichen Meerschweinchen zirkulieren, und in dem zur Präparierung der Muttertiere benützten Pferdeserum sind die antigen wirkenden Komponenten ebenfalls Plasmaproteine, die mit dominanter Aktivität ausgestatteten Normalglobuline. Für die diaplazentare Passage bestehen somit für Antikörper und Antigen gleiche Chancen, sofern man nur die physikalischen Verhältnisse, vor allem die Molekulargröße ins Auge fast; in biologischer Hinsicht ist jedoch eine wichtige Differenz zu konstatieren, indem die für die passive Präparierung des Fetus in Betracht kommenden Antikörper arteigene Globuline sind, Pferdeserum, welches die aktive Präparierung bewirken müßte, hingegen als Gemisch artfremder Proteine zu betrachten ist.

Um die Frage nach der Existenz bzw. der Seltenheit der kongenitalen Anaphylaxie zu entscheiden, hat man zunächst Antigen (Pferdeserum) trächtigen Muttertieren injiziert und dasselbe in entsprechendem Zeitabstand in den Feten nachzuweisen gesucht.

Nattan-Larrier und Richard [C. v. Soc. Biol. Paris, *101*, 531 (1929)] spritzten trächtigen Meerschweinchen zwischen dem 35. und 50. Tage der Tragzeit Pferdeserum ein, zum Teil intrakardial (2 ccm), zum Teil subkutan (8 bis 10 ccm, verteilt auf 2 durch ein 2- bis 3tägiges Intervall getrennte Dosen). 10 Minuten, 24, 48 oder 72 Stunden später wurden die Weibchen getötet, die Früchte aus dem eröffneten Uterus herausgenommen und das Blutserum derselben auf seinen Gehalt an Pferdeserumeiweiß geprüft. Der Nachweiß des heterologen Proteins gelang nicht mit der Präzipitinreaktion, sondern nur mit Hilfe der Komplementbindungsmethode und auch mit dieser nur dann, wenn 0,1 ccm Fetalserum als Antigen verwendet wurde, 10^4- bis 10^5fach mehr, als für den Nachweis im Blut der Mutter erforderlich waren. 10 Minuten nach der Injektion der Mutter war im fetalen Blut noch kein Pferdeserumprotein vorhanden; erst nach 24 Stunden oder später lieferten die serologischen Reaktionen positive Ergebnisse. Nattan-Larrier und Richard zogen aus diesen Versuchen den Schluß, daß normales Pferdeserum die Meerschweinchenplazenta nur schwer, langsam und in minimalen Mengen passiert. Überdies machen die genannten Autoren darauf aufmerksam, daß die Zeit, während welcher der Übertritt des Pferdeserums in den Kreislauf des Fetus stattfinden könnte, auch dadurch begrenzt ist, daß das heterologe Eiweiß, wie das schon früher bekannt und erneut festgestellt wurde, innerhalb von 7 bis 10 Tagen aus der mütterlichen Zirkulation verschwindet. — Doerr und Seidenberg (1931) injizierten hochträchtigen Weibchen 1 bis 5 ccm Pferdeserum subkutan und entfernten die Feten nach 48 bis 72 Stunden operativ aus dem Uterus;

mit dem Blutserum der Feten wurden normale Meerschweinchen vorbehandelt und nach einer Inkubation von 30 bis 47 Tagen der Probe (0,4 Pferdeserum intravenös) unterworfen. In einem einzigen Versuch war das Resultat positiv.

Wird das Zustandekommen einer aktiven kongenitalen Anaphylaxie durch die relative Undurchlässigkeit der Meerschweinchenplazenta für hochmolekulare artfremde Eiweißantigene sowie durch die Zeitverhältnisse im Laboratoriumsexperiment außerordentlich erschwert, so wirkt sich im gleichen Sinne der Umstand aus, daß selbst hochaktive Antigene auf den Fetus nicht so sicher präparierend wirken wie auf Meerschweinchen, welche schon einige Wochen des extrauterinen Lebens hinter sich haben. Versuche von RATNER, JACKSON und GRUEHL, NATTAN-LARRIER und RICHARD, R. DOERR und S. SEIDENBERG ergaben zwar, daß sich neugeborene Meerschweinchen, deren Verhalten wohl das gleiche ist wie jenes der Feten wenige Tage vor der Ausstoßung, schon durch kleine Dosen Pferdeserum aktiv präparieren lassen, daß aber Unregelmäßigkeiten, d. h. Versager, öfter zu verzeichnen sind, nach RATNER, JACKSON und GRUEHL auch dann, wenn man die Präparierungsdosis auf 0,1 ccm Pferdeserum erhöht.

Die Regelmäßigkeit, mit welcher aktiv präparierte Muttertiere passiv anaphylaktische Junge gebären, ließe sich, wie bereits angedeutet, dadurch erklären, daß arteigene Immunglobuline die Plazenta leicht passieren. Daß diese Immunglobuline im Organismus der Mutter vorhanden sein müssen, steht außer Zweifel, da sich sonst die lebenslängliche Persistenz der anaphylaktischen Reaktivität ebensowenig verstehen ließe wie die Fähigkeit, passiv anaphylaktische Nachkommen zu zeugen. Nur lassen sich diese Immunglobuline im strömenden Blute des Muttertieres nicht nachweisen, so daß eine Aussage über den Mechanismus der passiven Präparierung der Feten in utero derzeit unmöglich ist. Daß aber der Zustand der abgesetzten Jungtiere — im Gegensatz zu einigen von A. CIONINI geäußerten Einwänden — tatsächlich in jeder Beziehung die Eigenschaften der passiven Anaphylaxie zeigt, geht, abgesehen von den bereits angeführten Kriterien, noch aus einer anderen Beobachtung hervor.

Aktiv sensibilisierte Meerschweinchen sind, an der akut letalen Antigendosis gemessen, im Durchschnitte weniger empfindlich als passiv präparierte, und es ist insbesonders bekannt, daß aktiv präparierte Meerschweinchen auf die subkutane Injektion des Antigens nur höchst selten mit typischem, innerhalb weniger Minuten letal verlaufendem Schock reagieren [J. H. LEWIS (1921)]. Nun konnten R. DOERR und S. SEIDENBERG (1930) feststellen, daß bei hereditär anaphylaktischen Meerschweinchen 0,0008 ccm Pferdeserum intravenös genügen, um den akut letalen Schock auszulösen, und daß solche Tiere auch auf subkutane Injektionen relativ kleiner Dosen Pferdeserum (0,2 bis 0,5 ccm) mit akutem, tödlich verlaufendem Schock antworten, wobei die Symptome nicht unmittelbar nach der Subkutaninjektion, sondern nach einer Latenz von 15 bis 25 Minuten einsetzen und daher als Wirkungen minimaler, vom subkutanen Zellgewebe aus resorbierter Serummengen und nicht als Folgen zufälliger Injektionen in die Gefäße aufzufassen sind.

Für die Phänomene der kongenitalen Anaphylaxie des Meerschweinchens ist nicht nur die Persistenz des anaphylaktischen Zustandes aktiv präparierter Muttertiere maßgebend, sondern, worauf A. KUTTNER und B. RATNER (1923) nachdrücklich hingewiesen haben, der Bau der Plazenta. O. GROSSER hat auf Grund histologischer Untersuchungen vier Plazentartypen unterschieden: 1. Die Plazenta epithelio-chorialis (Pferd, Rind, Ziege); 2. die Pl. syndesmochorialis (Schaf, Reh); 3. die Pl. endotheliochorialis (Carnivoren) und die Pl. haemo-chorialis (Nager, Insektenfresser, Affen, Menschen). In dieser Reihe nimmt die Zahl der mütterlichen Scheidewände, welche die Blutzirkulation der Mutter von der des Fetus scheiden, ab, bis schließlich in der vierten Gruppe das Epithel der Chorionzotten unmittelbar vom Blute der Mutter umspült wird. Es lag daher nahe, eine Zunahme der Durchlässigkeit anzunehmen, welche bei der Pl. haemo-chorialis ein Maximum erreicht. Das trifft auch tatsächlich zu, wie aus zahlreichen Arbeiten [Liter. bei R. DOERR (1941)] hervorgeht, von welchen die Untersuchungen von L. SCHNEIDER und J. SZATMÁRY (1938 bis 1940) besonders wichtig sind, weil sie durch vergleichende Experimente an Versuchstieren aller vier Plazentartypen zu zeigen vermochten, daß in der Gruppe IV (Pl. haemochorialis) arteigene (im Körper der Mutter entstandene) Immunglobuline weder durch das Kolostrum noch durch die Milch, sondern nur durch die Plazenta ins fetale Serum gelangen können. Arteigene, im mütterlichen Organismus entstandene Antikörper sind es aber gerade, welche für die passive Präparierung des Fetus in utero beim Meerschweinchen in Betracht kommen.

Diesen beiden Faktoren ist es zuzuschreiben, daß Versuche über kongenitale Anaphylaxie an anderen Tierarten, soweit der Verfasser orientiert ist, nicht angestellt wurden. Die Plazenta des Menschen gehört zwar demselben Typus wie die des Meerschweinchens an; doch wird begreiflicherweise das Interesse der Medizin nicht durch die Möglichkeit in Anspruch genommen, daß eine in der Gravidität befindliche Frau durch eine Heilseruminjektion anaphylaktisch werden und Kinder zur Welt bringen könnte, welche in der ersten Zeit nach der Geburt auf Injektionen von Pferdeserum mit pathologischen Erscheinungen reagieren würden. Das Interesse der Medizin der Gegenwart wird durch die Erythroblastosis absorbiert, die zwar ebenfalls eine pathogene Antigen-Antikörper-Reaktion ist und durch die Permeabilität der Plazenta für arteigene Antikörper vermittelt wird, die sich aber von der Anaphylaxie durch die Art ihrer Entstehung, durch den Angriffspunkt des Prozesses und durch ihre Symptomatologie grundlegend unterscheidet. Die Bedeutung des experimentellen Studiums der kongenitalen Anaphylaxie ist aber trotz dieser Beschränkung auf ein spezielles Objekt nicht zu unterschätzen, weil sie uns an das Problem der Natur der Antikörper von biologischer Seite heranführt. Es ist zu bedauern, daß die kongenitale Anaphylaxie des Meerschweinchens, nachdem sie eine Zeitlang als immunologisches Thema im Kurs war, wieder beiseite gelegt wurde, obzwar die mit ihr verbundenen Probleme nur angeschnitten, aber nicht gelöst und nicht einmal die offen zutage liegenden Varianten der fundamentalen Versuchsanordnungen durchgeführt wurden.

So verfielen erst 1940 D. H. Campbell und P. A. Nicoll darauf, den Werdegang der anaphylaktischen Reaktivität des Fetus in utero zu prüfen, und zwar durch die Reaktionen auf den Kontakt mit dem Antigen, mit welchem das Muttertier nach Ablauf von 5 bis 6 Wochen der Tragzeit, also offenbar im Stadium vorgeschrittener Gravidität, präpariert worden war (0,1 mg Ovalbumin subkutan). Die fetalen Uteri gaben — abgesehen von einer zweifelhaften Reaktion — durchwegs negative Resultate, vermutlich weil die Uterusmuskulatur noch zu schwach entwickelt war, während der Darm auch auf niedrige Antigenkonzentrationen mit einer kräftigen Konzentration antwortete. Da die Proben nur bei einer einzigen Konstellation — aktive Präparierung der Mutter etwa in der Hälfte der Tragzeit — angestellt wurden, läßt sich mit diesen Angaben nicht viel anfangen.

Über den Mechanismus der Sensibilisierung des Fetus äußern sich Campbell und Nicoll nicht bestimmt, halten aber eine aktive Präparierung in Anbetracht des Umstandes, daß der anaphylaktische Zustand der neugeborenen Tiere mehrere Monate dauern kann, für wahrscheinlicher. Schon früher hatte A. Cionini (1927) ähnliche Zweifel geäußert, aber nicht wegen der langen Dauer des anaphylaktischen Zustandes der Jungen aktiv präparierter Meerschweinchen, sondern hauptsächlich deshalb, weil sich der anaphylaktische Zustand von den neugeborenen Tieren — wenigstens in den ersten Tagen nach ihrer Geburt — passiv auf normale Meerschweinchen übertragen ließ, und zwar mit vollem Erfolg. Die Versuche wurden durchwegs mit Nachkommen von Muttertieren ausgeführt, die *während der Schwangerschaft* mit Hühnereiereiweiß aktiv präpariert worden waren. Cionini meinte, es müsse sich bei solchen Jungtieren um ein Phänomen handeln, das entweder einen intermediären Zustand zwischen aktiver und passiver Anaphylaxie darstelle, oder um ein eigenartiges, von den beiden Zuständen total verschiedenes Novum. Dem ist jedoch entgegenzuhalten, daß die Begriffe „aktive“ und „passive Anaphylaxie“ Versuchsanordnungen entsprechen, welche vom Experimentator willkürlich in zwei Akte gegliedert werden, von welchen nicht nur der zweite (die Auslösung der Symptome), sondern in der Regel auch der erste (die aktive oder passive Präparierung) einmalige Eingriffe sind. Der Fetus in utero ist aber, speziell wenn die Präparierung der Mutter während der Gravidität erfolgt, wiederholten oder kontinuierlichen passiven und vermutlich auch aktiven Präparierungen ausgesetzt, so daß tatsächlich unerwartete Effekte zustande kommen können. Bemerkenswert ist, daß die passive Übertragung von den neugeborenen auf normale Meerschweinchen besonders in den ersten Tagen nach der Geburt glückte, was an Vorgänge intra partum (Eröffnung von Gefäßbahnen bei der Lösung der Plazenta) denken läßt.

Bemerkenswert und sorgfältiger Nachprüfung wert ist die Angabe von CIONINI, daß sich trächtige Meerschweinchen in der letzten Phase der Tragzeit in der Regel weder homolog noch heterolog passiv präparieren lassen; in der vorausgehenden Zeit der Gravidität läßt sich dagegen der Schock auslösen und schon in kürzester Zeit nach dem Absetzen des Wurfes kehrte die anaphylaktische Reaktivität in voller Stärke zurück. Dieses Verschwinden des anaphylaktischen Zustandes und seine Wiederkehr erinnert durchaus an Wirkungen, welche C. H. KELLAWAY und J. S. COWELL (1922) durch intravenöse Injektion von arteigenem Serum bei aktiv präparierten Meerschweinchen erzielten, und gehören in dasselbe Kapitel der Problematik der Antikörper (vgl. S. 95).

IV. Symptomatologie und pathologische Anatomie der anaphylaktischen Reaktionen.

1. Meerschweinchen.

a) Der akute Schock.

Injiziert man in ein Gefäß eines aktiv präparierten Meerschweinchens das zur Präparierung verwendete Antigen, so wird im strömenden Blut eine Antigenkonzentration hergestellt und durch den Kreislauf in kurzer Zeit in alle vaskularisierten Organe eingeleitet. Schon die äußere Besichtigung des Tieres lehrt, daß die Folgen des Kontaktes der verschiedenen Gewebe, genauer ausgedrückt die Passage des antigenhaltigen Blutes durch ihre Gefäße in einer Kontraktion der glatten Muskeln, die im Gewebe vorhanden sind, bestehen müssen. Die Haare in der Nackengegend sträuben sich (arrectores pilorum), Harn und Faeces werden infolge der ausgelösten Zusammenziehungen der Darm- und Blasenmuskulatur entleert, und es stellen sich Zeichen einer plötzlichen, offensichtlich durch Verlegung der oberen Luftwege bedingten Atemnot ein; die Tiere husten, krümmen den Rücken und strecken den Kopf in die

Höhe, worauf sich alsbald asphyktische Krämpfe einstellen, die so heftig sind, daß das ganze Tier in die Höhe geschleudert wird. Die asphyktischen Konvulsionen können in mehreren, an Intensität zunehmenden Paroxysmen verlaufen, bis das Tier schließlich auf der Seite liegen bleibt und nach mehreren, ganz flachen Atembewegungen verendet, an welchen sich nicht mehr der Thorax, sondern nur noch die Muskeln um die Nüstern beteiligen. Sistieren die Paroxysmen, bevor der Erstickungstod erfolgen konnte, so erholt sich das Tier meist auffallend rasch, setzt sich auf und nimmt Nahrung zu sich; andernfalls verenden die Meerschweinchen in der Regel 3 bis 6 Minuten nach der intravenösen, intracarotalen oder intracardialen Erfolgsinjektion.

Daß dieser akute Schocktod nichts anderes sein kann als eine Erstikkung, ergibt der Augenschein. Näheren Aufschluß liefert der Obduktionsbefund. Man findet nämlich bei der Öffnung der verendeten Meerschweinchen keine andere Veränderung, welcher man den Exitus zur Last legen könnte, als eine Starre der geblähten Lungen, welche nach Eröffnung des Thorax nicht kollabieren, sondern das Herz überlagern und durch ihre weißliche Farbe auffallen. Im gefärbten Schnittpräparat erscheinen die Alveolen enorm dilatiert, die Kapillaren blutleer, die Schleimhaut der kleineren Bronchien ist in Längsfalten gelegt, welche gegen das Lumen stark vorspringen und dasselbe beträchtlich verengen. J. Auer und P. A. Lewis (1909, 1910) führten diese Befunde auf eine tetanische Kontraktion der Muskeln der feineren Bronchien zurück, die beim Meerschweinchen im Vergleich zu anderen Tierspezies sehr stark entwickelt sind [Schultz und Jordan (1911)].

Den Vorgang des Bronchialverschlusses hat man sich nach dem makro- und mikroskopischen Befund der im akuten Schock verendeten Meerschweinchen so vorzustellen, daß es infolge der Verengung des Bronchiallumens durch die Kontraktion der glatten Muskeln zur Bildung von Längsfalten der Schleimhaut kommt, welche sich unter Vermittelung des Sekretes bis zur Berührung nähern; auf diese Weise kommt eine Art Ventilverschluß zustande, der anfänglich noch Luft in die Alveolen eintreten läßt, weil die infolge des Lufthungers forcierten Inspirationsbewegungen den Widerstand zu überwinden vermögen; die kraftlose Exspiration kann dann diese gewaltsam aspirierten Luftmengen nicht mehr austreiben und so entwickelt sich das akute Emphysem, das Starrwerden der Lungen im geblähten Zustand. Daß dieses Emphysem nicht mit einem Ruck entsteht, sondern daß die Lunge förmlich aufgepumpt wird, bis ein Maximum erreicht ist, welches jede Ventilation unmöglich macht, kann man sehr gut sehen, wenn man durch die Gefäße der isolierten Lunge eines anaphylaktischen Meerschweinchens antigenhaltiges Blut durchleitet, während die Lunge künstlich geatmet wird (vgl. S. 45). Daß ein plötzlich einsetzendes Ödem die Wirksamkeit des durch den

Bronchospasmus bedingten Ventilverschlusses verstärkt, wie H. T. KARSNER (1928) annahm, ist möglich, obwohl sich der Verfasser in sehr zahlreichen Versuchen nie vom Vorhandensein einer ödematösen Schwellung des Lungenparenchyms oder der Bronchialschleimhaut zu überzeugen vermochte. Der Standpunkt, den seinerzeit P. SCHMIDT (1924) vertrat, daß es überhaupt nicht zu einer Kontraktion der glatten Bronchialmuskeln kommt, sondern daß lediglich ein akutes Ödem der Bronchialschleimhaut für den Ventilverschluß und seine Folgen verantwortlich zu machen sei, hat sich dagegen als unhaltbar erwiesen.

Der ,,akute Schocktod" des Meerschweinchens erfolgt demnach durch eine rein mechanische Erstickung. Man kann die Frage aufwerfen, ob der Ausdruck ,,Schock" auf einen derartigen Vorgang paßt und ob es korrekt ist, die Lunge als ,,Schockorgan des Meerschweinchens" zu bezeichnen, sofern man nicht bloß den rapiden Ablauf des pathologischen Geschehens charakterisieren und das Organ, in welchem sich die zum Tode führende Reaktion abspielt, bezeichnen will, ohne auf den Mechanismus derselben Rücksicht zu nehmen.

Außer der typischen Lungenblähung findet man bei Tieren, welche binnen wenigen Minuten der bronchospastischen Erstickung erliegen, sei es intra vitam, sei es post mortem, nur wenige Zeichen pathologischer Vorgänge, die sich größtenteils als sekundäre Folgen der Erstickung auffassen lassen wie die Zyanose, das dunkle, ungerinnbare Blut im Herzen und in den großen Gefäßen sowie als anatomische Residuen der intensiven Krämpfe schollige Zerklüftungen und wachsartige Degeneration quergestreifter Muskeln [R. BENEKE und STEINSCHNEIDER (1912), v. WORZIKOWSKY-KUNDRATITZ (1913)]. Störungen der Herztätigkeit konnten im Schock (auch elektrokardiographisch) festgestellt werden [J. AUER und P. A. LEWIS (1910), H. KÖNIGSFELD und OPPENHEJMER (1922), HÖFER und KOHLRAUSCH (1922), L. H. CRIEP (1931)]. Daß sich zuweilen ein kurz dauernder Anstieg der Körpertemperatur konstatieren läßt, kann ebenfalls auf eine erhöhte Wärmeproduktion durch die krampfhaften Kontraktionen der Atemmuskulatur bezogen werden. Der Komplementgehalt des Blutserums sinkt, eine Veränderung, die man in früherer Zeit mit der Entstehung eines anaphylaktischen Giftes in Zusammenhang gebracht hat, die aber wohl als eine unwesentliche, durch die Ambozeptornatur des Antikörpers bedingte Begleiterscheinung aufzufassen ist; die Mitwirkung von Komplement ist jedenfalls für die anaphylaktische Kontraktion der glatten Muskeln präparierter Meerschweinchen wie das Experiment am isolierten Organ (Uterushorn) zeigt, nicht erforderlich [s. hiezu R. DOERR (1929b, S. 718)].

L. B. WINTER (1945) hatte sich in besonderen Versuchen überzeugt, daß man bei hochgradig anaphylaktischen Meerschweinchen durch extrem kleine Antigendosen leichter bzw. häufiger einen akut tödlichen

Schock auslösen kann, wenn man das Antigen nicht direkt in den großen Kreislauf bringt, sondern in die Pfortader injiziert. WINTER fand ferner, daß weit mehr Meerschweinchen dem akuten Schock erliegen, wenn man die Präparierung durch 90 Tage fortsetzt, als wenn man die Tiere bloß kurze Zeit (wenige Wochen) mit Antigen behandelt. WINTER (s. S. 52) schließt daraus, daß die Leberzellen „sensibilisiert" werden, d. h. daß sie die Substanz produzieren, welche den als akute Vergiftung aufgefaßten Schock verursachen, und zwar in mit der Dauer der Präparierung steigender Menge und wachsender Tendenz, aus den Leberzellen auszutreten. Wie die überwiegende Zahl der Autoren der Gegenwart steht also auch WINTER auf dem Boden der Hypothese, daß die anaphylaktischen Symptome Auswirkung eines aus den Geweben stammenden Giftes sind. Während C. A. DRAGSTEDT (1941), H. O. SCHILD (1937) u. a. annehmen, daß sehr viele und verschiedene Gewebe dieses Gift unter dem Einfluß einer Antigen-Antikörper-Reaktion freigeben können, und daß das Gift ein dem normalen Zellstoffwechsel angehöriger Stoff ist, der in den Zellen schon in gebundenem Zustand vorhanden ist, hält es WINTER für wahrscheinlicher, daß die Giftbildung in einem Organ, in der Leber, zentralisiert ist, und daß das Gift während und infolge der „Sensibilisierung" entsteht — eine der vielen Varianten der Grundidee eines anaphylaktischen Giftes, und zwar die unwahrscheinlichste. Denn daß die Leber für das Zustandekommen der zum Tode führenden bronchospastischen Lungenstarre nicht maßgebend ist, lehrt das Experiment an der isolierten, von Blut durchströmten und künstlich geatmeten Lunge anaphylaktischer Meerschweinchen, und daß das anaphylaktische Gift — falls es de facto vorhanden ist — nicht erst in den Körperzellen entsteht und sich daselbst vermehrt, beweist der passiv anaphylaktische Versuch.

b) Der protrahierte Schock.

Im akuten Schock des Meerschweinchens verhindert der rasch eintretende Erstickungstod die Entwicklung anderer pathogener Auswirkungen der Antigen-Antikörper-Reaktion, welche langsamer ablaufen und einen nachweisbaren Grad erst nach längerer Zeit erreichen. Um diese Spätfolgen in Erscheinung treten zu lassen, müßte man offenbar den Bronchospasmus ausschalten. Es hat sich herausgestellt, daß dies in erster Linie dadurch möglich ist, daß man die auslösende Antigenkonzentration im großen Kreislauf nicht plötzlich in maximalem Grade herstellt, sondern mehr allmählich, was sich am einfachsten dadurch erzielen läßt, daß man die Erfolgsinjektion nicht intravenös (intracardial, intracarotal), sondern intraperitoneal oder subkutan vornimmt. Es kommt dann zu einem protrahierten Schock, der 12 Minuten bis 2 oder mehr Stunden anhalten kann und mit Exitus oder Erholung endigt.

Zuweilen kann sich der protrahierte Schock an einen akuten als zweite Reaktionsphase anschließen, und bei Meerschweinchen, die man nach kurzer Inkubation mit sehr kleinen Antigendosen injiziert, kann der protrahierte Schock auch nach intravenöser Injektion als selbständige Reaktionsform auftreten [R. WILLIAMSON (1936b)].

Im protrahierten Schock sind die Atemstörungen, welche den akuten Schock charakterisieren, höchstens durch eine mehr oder minder ausgeprägte Dyspnoe angedeutet. Im Vordergrund steht eine starke Depression, welche alle Abstufungen von leichter Somnolenz bis zum schweren Koma zeigen kann. Die Tiere sträuben den Pelz, schließen die oft stark tränenden Augen, taumeln, als wenn sie schlaftrunken wären, fallen um und bleiben auf einer Seite liegen; die Cornealreflexe sind jedoch erhalten, heftige Hautreize werden mit Abwehrbewegungen beantwortet. Die Erholung macht oft den Eindruck des Erwachens aus einem tiefen Schlaf, indem das Tier die Lider öffnet, sich mit einem Ruck aufrichtet und dargebotene Nahrung wieder aufnimmt. Dieselbe rasche und vollständige Erholung kann man oft genug auch beim akuten Schock beobachten, und es bestehen überhaupt bei beiden Reaktionsformen zahlreiche gemeinsame Symptome (der Juckreiz, welcher die Tiere zu heftigem Kratzen der Schnauze und der Ohren mit den Vorderpfoten zwingt, das Entleeren von Faeces und Urin, die Herabsetzung der Blutgerinnbarkeit, die Komplementverarmung im Serum usw.), welche darauf hinweisen, daß identische Vorgänge dem anscheinend so außerordentlich verschiedenen Krankheitsgeschehen zugrunde liegen. Im Syndrom des protrahierten Schocks sind auch, wie man aus der vorstehenden Aufzählung entnehmen kann, Reaktionen verschiedener glatter Muskeln vertreten, nur sind sie nicht so intensiv wie die Kontraktionen der Bronchialmuskeln, welche die Erstickung verursachen, sondern nähern sich den Bewegungen, welche glatte Muskeln im physiologischen Betrieb des Organismus ausführen. Es sei daran erinnert, daß man solche abgedämpfte Kontraktionen glatter Muskeln auch in vitro reproduzieren kann, wenn man im Schultz-Daleschen Versuch das isolierte Uterushorn anaphylaktischer Meerschweinchen mit kleinen Antigenkonzentrationen in Kontakt bringt (s. S. 80 und Abb. 5) oder wenn man nach dem Vorgehen von KENDALL und VARNEY (1927) das auslösende Antigen nicht auf die äußere peritoneale Fläche des isolierten Dünndarmes anaphylaktischer Meerschweinchen, sondern auf die Schleimhaut einwirken läßt. Den Reaktionen glatter Muskeln ist auch der *Arteriospasmus* zuzurechnen, der so stark ist, daß man von dem im Schock befindlichen Meerschweinchen durch Abkappen der Ohrmuscheln, ja selbst durch Durchschneidung der Arteriae femorales keine größeren Blutmengen gewinnen kann; dieser Arteriospasmus läßt sich auch am isolierten „Gefäßpräparat“ demonstrieren, wenn man zur Perfusionsflüssigkeit Antigen zusetzt [E. FRIEDBERGER und S. SEIDENBERG (1927), P. INTROZZI (1928)]. Die Kontraktion der Arterien muß eine Erhöhung des Blutdruckes zur Folge haben, die auch von mehreren Autoren [M. ARTHUS (1921), M. LOEWIT (1912), J. AUER und P. A. LEWIS (1910) u. a.] direkt nachgewiesen wurde.

Die eben erwähnte Blutdrucksteigerung ist aber von relativ kurzer Dauer und wird von einem starken Absinken des Blutdruckes abgelöst, welches von einem Absinken der Körpertemperatur, dem „*anaphylaktischen Temperatursturz*" begleitet wird. Hält der protrahierte Schock längere Zeit an, so kann die Körperwärme des Tieres um mehrere Celsiusgrade abnehmen, um 2 bis 4, ja 7 bis 9, in extremen Fällen um 11 bis 13^0 C, so daß sich die Tiere kalt anfühlen.

Der Sektionsbefund der im protrahierten Schock verendenden Meerschweinchen ist nicht aufschlußreich. Die Lungenblähung fehlt natürlich, dagegen findet man in der Lunge von Meerschweinchen, welche erst nach langwährendem Schock verenden, Ödem und Hämorrhagien. Die Leber ist nach R. WEIL (1917) kongestioniert, und von K. HAJOS und L. NEMETH (1925) sowie von MARTIN und CROIZAT (1927 a, b) wurden histologische Veränderungen der Leberzellen beschrieben.

Weder die Symptome noch die post mortem feststellbaren Veränderungen gestatten eine sichere Aussage über den Mechanismus des protrahierten Schocks des Meerschweinchens. Am wahrscheinlichsten ist wohl die Annahme, daß sich die pathologischen Vorgänge der Hauptsache nach in der Leber abspielen. Dafür spricht zunächst die auffallende Ähnlichkeit der Erscheinungen mit dem anaphylaktischen Schock des Hundes, für welchen die Rolle der Leber als „Schockorgan" durch experimentelle Beweise hinreichend gesichert werden konnte. Zweitens ist die Ungerinnbarkeit des Blutes wohl durch die Abgabe von Heparin von Seite der Leber zu erklären und die von WEIL festgestellte Kongestionierung der Leber spricht ebenfalls für eine wesentliche Beteiligung des Organs; schließlich könnte man diesen Argumenten die allerdings nicht ganz überzeugenden Versuchsergebnisse von L. B. WINTER[1] (s. S. 106) hinzuzählen. An schwere anatomische Veränderungen kann man nicht denken, wenn man gesehen hat, wie der protrahierte Schock unvermittelt in anscheinend völliges Wohlbefinden übergehen kann, und anderseits läßt sich die Tatsache nicht bestreiten, daß Meerschweinchen im protrahierten Schock nach längerer oder kürzerer Dauer verenden. Am letalen Schock könnte auch das Erlahmen des Herzens beteiligt sein,

[1] So hat F. H. FALLS (1918) berichtet, daß man größere Dosen Pferdeserum benötigt, um den Schock durch intraportale Erfolgsinjektion auszulösen, als wenn man in die Halsvenen injiziert. WINTER scheint die Publikation von FALLS nicht gekannt zu haben.

wofür das Auftreten von Ödemen sprechen würde. Abgesehen von den auf S. 105 zitierten Autoren, welche in vivo Störungen der Herzaktion konstatieren konnten, haben H. B. WILCOX und C. E. COWLES (1938) gezeigt, daß das isolierte Herz von aktiv präparierten Meerschweinchen auf die Durchströmung mit Locke-Lösung, welcher man geringe Antigenmengen zugesetzt hat, mit bestimmten Erscheinungen (Beschleunigung der Schlagfolge, Änderung des Schlagvolums, Herabsetzung der Durchströmung der Coronargefäße und Veränderungen des Elektrokardiogramms) reagiert.

Ein eigenes, außerordentlich umfangreiches Kapitel bildet der von H. PFEIFFER so genannte „anaphylaktische Temperatursturz" [H. PFEIFFER (1909)]. Von PFEIFFER selbst als Maß der Intensität protrahierter anaphylaktischer Reaktionen empfohlen, wurde der Temperatursturz Objekt physiologischer Untersuchungen, welcher außer vorauszusehenden Ergebnissen (Herabsetzung des respiratorischen Stoffwechsels, Reduktion des N-Umsatzes) nichts ergaben, was das Interesse weiterer, insbesondere medizinischer Kreise beanspruchen konnte. Das änderte sich mit einem Schlage, als E. FRIEDBERGER und MITA (1911) feststellen konnten, daß man durch sukzessive Reduktion der auslösenden Antigendosis schließlich an eine Grenze kommt, jenseits welcher Schock und Temperatursturz ausbleiben, daß aber eine weitere Erniedrigung der Antigendosis eine Umkehrung der Wirkung zur Folge hat, nämlich eine Steigerung der Körperwärme, jedoch nicht nur bei spezifisch vorbehandelten, sondern, wie dies FRIEDBERGER und MITA ausdrücklich betonten, auch bei normalen Meerschweinchen, nur daß in diesem Falle höhere Dosen erforderlich sind, um gleiche Effekte zu erzielen. E. FRIEDBERGER (1910, 1911, 1913) unterschied auf Grund seiner Untersuchungen 1. eine Minimaldosis für den Temperatursturz, 2. eine obere Konstanzgrenze, gleich jener Antigenmenge, welche den Temperatursturz nicht mehr auszulösen vermag, 3. eine pyrogene (fiebererzeugende) Dosis und 4. eine untere Konstanzgrenze, unterhalb welcher der pyrogene Reiz zu schwach ist, um Fieber zu erzeugen. Die bei FRIEDBERGER ungewöhnlich stark entwickelte Tendenz, experimentellen Ergebnissen einen möglichst großen Geltungsbereich zuzuordnen, führte ihn zu der Behauptung, daß man in den Infektionskrankheiten „mildere Formen der Anaphylaxie" zu sehen habe, worin ihn Versuche bestärkten, in welchen es gelang, durch Injektionen von artfremdem Serum beim Meerschweinchen verschiedene, bei Infektionskrankheiten vorkommende Fiebertypen zu erzeugen [vgl. hiezu R. DOERR (1914, S. 306 bis 315) sowie L. KREHL (1913)]. Dieser Erfolg wurde, grob methodologisch betrachtet, durch eine Abweichung vom Schema der anaphylaktischen Grundversuche erreicht, welche aus zwei Akten, der aktiven oder passiven Präparierung und der Erfolgsinjektion bestanden. An die Stelle dieses Schemas traten in den ,,anaphylaktischen Fieberversuchen" fraktionierte Injektionen von Eiweißantigenen, die in kurzen Zeitintervallen vorgenommen wurden, so daß sich aktive Präparierung (Antikörperbildung) und Minimalreaktionen, die eben im Fieber zum Ausdruck kamen, überschneiden mußten; daß es bei hinreichend langer Fortsetzung der Prozedur auch zu einer Desensibilisierung kommen konnte, war vorauszusehen. Zwei Momente sind bei der Beurteilung derartiger Experimente festzuhalten: 1. Man erzeugt nicht Infektionen, sondern ein nicht einmal bei allen Infektionen (unkomplizierte Aktinomykose) vorhandenes Symptom. 2. Dieses Symptom kann in seinen verschiedenen Verlaufsformen durch Stoffe hervorgerufen werden, welche nicht proteiden Charakter haben, nicht antigen und zum Teil auch chemisch nicht reaktionsfähig wird; als bekannte Beispiele seien die pyrogenen Wirkungen intravenöser Injektionen von hochdispersen Paraffinemulsionen genannt und die Erhöhungen der Temperatur, die man durch Injektionen von art-, ja körpereigenem, frisch defibriniertem Blut [J. Moldovan, H. Freund (1920)] erzielt.

Daß diese Kriterien nicht immer im vollen Umfang beachtet werden, geht aus einer Publikation von H. Millberger, V. v. Brand, K. Gehrmann und L. Tauscher hervor. Auf Grund einer von H. Millberger (1947) entwickelten ,,Affinitätstheorie des Infektionsgeschehens" hielten es die Verfasser für möglich, ,,mit *jedem Antigen* ein typisches, zyklisches Infektionskrankheitsbild zu erzeugen — *auch mit totem* —, wenn man das Antigen nicht wie bei den Anaphylaxieversuchen in ,unnatürlichen' Dosierungen und Intervallen zuführt, sondern für einen *ununterbrochenen* parenteralen Zustrom *kleiner* Mengen des Antigens — entsprechend den Verhältnissen beim natürlichen Infektionsgeschehen — Sorge trägt". Um diese theoretische Annahme experimentell zu verifizieren, wurden zehn Meerschweinchen 38 Tage lang alle drei Stunden subkutan mit 0,1 ccm Normalpferdeserum (mit 0,5 % Phenolzusatz) injiziert und vorher jedesmal die Körpertemperatur bestimmt. Wie aus der von den Verfassern reproduzierten Temperaturkurve (l. c. S. 169) ersichtlich ist, schwankten die bei den Einzelmessungen ermittelten Werte für die Körperwärme ununterbrochen und so erheblich, daß die Autoren, um zu einer überzeugenden ,,Temperaturkurve" zu gelangen, die arithmetischen Mittel aus je acht Tagesmessungen berechneten und in das Schema eintrugen, ein statistisch nicht gerechtfertigtes Verfahren, wenn die Mittelwerte nur aus wenigen, stark differierenden Einzelwerten errechnet werden; die Verfasser finden aber, daß nach den Regeln der Fehlerrechnung die von ihnen gefundenen Mittelwerte soweit statistisch gesichert waren, ,,daß der bei den S-Tieren" (scil. bei den mit Pferdeserum behandelten Meerschweinchen) beobachtete Temperaturanstieg ,,außerhalb des Zufallbereiches liegt". Von Zeit zu Zeit wurde der anaphylaktische

Zustand der Versuchstiere und der Gehalt ihres Blutes an „anaphylaktischem“ Antikörper geprüft; am 19. Tage nach dem Beginn der Injektionen des Pferdeserums ergaben die Proben noch positive Resultate, um die „Zeit des abklingenden Fiebers“ wurden sie negativ, d. h. die Tiere waren desensibilisiert („antianaphylaktisch“). Als Ergebnis dieser Versuche wird angegeben, „daß es durch wochenlang fortgesetzte, dreistündliche, subkutane Verabreichung von 0,1 ccm Pferdeserum gelungen sei, die Antigenintervention im Makroorganismus bei der natürlichen Infektionskrankheit nachzuahmen und das typische Symptombild einer zyklischen Infektionskrankheit zu erzeugen“. De facto wurde aber nichts anderes erreicht als eine Fieberbewegung, welcher anscheinend die Desensibilisierung der Versuchstiere ein Ende setzte. Daß die von den Verfassern gewählten Versuchsbedingungen notwendig waren, um dieses Ergebnis zu erzielen, wurde nicht geprüft. Jedes Meerschweinchen erhielt 38 Tage hindurch je acht Injektionen zu 0,1 ccm Pferdeserum, im ganzen also zirka 70 ccm Pferdeserum, ein Vorgehen, welches geeignet ist, das Zustandekommen der anaphylaktischen Reaktivität zu verzögern oder zu vereiteln; in der Tat waren die in Kurve 2 (S. 171) ausgewiesenen Proben auf das Bestehen einer aktiven Anaphylaxie oder auf das Vorhandensein von übertragbarem Antikörper auch in der günstigen Zeit nur schwach positiv. Über das Schicksal des in solchen Massen injizierten Pferdeserums erhält man keine Auskunft. Daß man unter diesen Umständen die von MILLBERGER und seinen Mitarbeitern angewendete Methode als eine gelungene und aufschlußreiche Nachahmung des „ununterbrochenen Zustromes von Antigen im natürlichen Infektionsgeschehen“ betrachten soll, ist vorläufig eine Zumutung, der wohl nur wenige Autoren Gefolgschaft leisten werden. Immerhin hatte es sich, wenn auch nicht zum ersten Male, gezeigt, daß das Werden und Vergehen der anaphylaktischen Reaktivität durch oft wiederholte Antigenzufuhr in ganz anderer Weise beeinflußt werden kann als durch die üblichen zweizeitigen Versuchsanordnungen, was vielleicht zum Verständnis mancher, bisher nicht hinreichend aufgeklärter Beobachtungen beitragen kann (vgl. den Abschnitt über die Vererbbarkeit des anaphylaktischen Zustandes).

2. Hunde.

Hunde werden nach einer intravenösen Erfolgsinjektion unruhig, erbrechen wiederholt und kopiös und entleeren Harn und Kot; daran schließt sich ein typisches Depressionsstadium, die Tiere erkranken und taumeln, knicken infolge von Muskelschwäche in den Hinterbeinen ein, fallen schließlich um und verharren in tiefer Somnolenz oder Koma bei erhaltenen Haut- und Cornealreflexen. Die Erholung erinnert an das Erwachen aus einer Narkose. Die Atmung kann entweder ungestört oder stark dyspnoisch sein. Ein Gegenstück zum akut letalen Schock des Meerschweinchens wird nicht beobachtet. Durch intensive Präparierung und Erhöhung der Dosen für die Erfolgsinjektion[1] läßt sich nicht mehr erreichen, als daß der Exitus in einem höheren Prozentsatz der Versuche und nach kürzerer Dauer des Schocks (30 Minuten) eintritt.

Die Sektion der im Schock verendeten Hunde ergibt als wesentlichste Veränderung eine starke, durch kongestive Hyperämie bedingte Schwellung und bläulichrote Verfärbung der Leber, welche in rasch verlaufenden Fällen bis zu 60 % des Gesamtblutes enthalten kann. Dazu gesellt sich, falls der Schock längere Zeit gedauert hat, eine kongestive Hyperämie des Darmtraktes, der sowohl an der serösen Außenfläche wie auf der Schleimhaut Hämorrhagien zeigt und zuweilen von blutigem Inhalt erfüllt ist [„Enteritis anaphylactica" nach SCHITTENHELM und W. WEICHARDT (1911)]. Auch in den Lungen konnten Hyperämie und Blutungen festgestellt werden. Mikroskopische Untersuchungen des Lebergewebes zeigten zum Teil nur leichte degenerative Veränderungen der Leberzellen (trübe Schwellung bis fettige Degeneration), bei schwerem Schock aber auch Nekrosen, namentlich im Zentrum der Acini [R. WEIL (1917), R. H. JAFFÉ und E. PŘIBRAM (1915), R. H. DEAN und R. A. WEBB (1924)].

Die experimentelle Analyse des Schocks wies ein jähes und beträchtliches *Absinken des Blutdruckes* nach, welcher in der Arteria femoralis in kurzer Zeit von 120 bis 150 auf 40 bis 80 mm Hg absinken kann [L. RICHET (1911), P. NOLF (1910), W. H. MANWARING (1911), R. M. PEARCE und A. B. EISENBREY (1910), A. BIEDL und KRAUS (1909, 1911) u. a.].

---

[1] Das will nicht heißen, daß man die Intensität des Schocks *bloß durch Steigerung der schockauslösenden Antigendosis* beliebig steigern kann. C. A. DRAGSTEDT (1943) veröffentlichte eine Statistik über 240 Versuche an Hunden, welche in gleicher Art aktiv gegen Pferdeserum präpariert worden waren (5 ccm intravenös und 5 ccm subkutan am gleichen Tage). Nach 16 Tagen Inkubation wurden alle Hunde in die Vena femoralis reinjiziert und die Stärke der anaphylaktischen Reaktion nach dem Ausmaß der Blutdrucksenkung in der Carotis, zum Teil auch darnach geschätzt, ob und in welcher Zeit sich die Hunde erholten bzw. verendeten. Die Menge des zur Auslösung der Reaktion verwendeten Pferdeserums wurde im Bereiche von 0,13 bis 2,0 ccm pro kg Körpergewicht in zahlreichen Abstufungen variiert und es zeigte sich, daß zwischen 0,2 und 2,0 ccm Pferdeserum pro kg Hund sämtliche Dosen alle Varianten der Schockintensität zu erzeugen vermochten, ja daß sich sogar der letale Ausgang binnen 30 Minuten in dem genannten Bereich mit annähernd gleicher Häufigkeit ereignete. Die Hunde hatten jedoch verschiedene Größe und gehörten verschiedenen Rassen an; die Berechnung der Schockdosis Pferdeserum auf das Kilogramm Körpergewicht der Hunde gestattet daher kein klares und vollständiges Urteil über den Einfluß der schockauslösenden Antigendosis (vgl. hierzu S. 37).

Nachdem eine Störung der Herzaktion als Ursache des Drucksturzes ausgeschlossen werden konnte [A. BIEDL und R. KRAUS, R. M. PEARCE und A. B. EISENBREY, G. C. ROBINSON und J. AUER (1913)] und eine Verengerung der Lungengefäße, d. h. ein verminderter Zufluß zum linken Ventrikel durch C. K. DRINKER und J. BRONFENBRENNER (1924) aus der Reihe der möglichen Kombinationen ebenfalls gestrichen worden war, erübrigte als aussichtsreicher Weg, das Verhalten der Leber verantwortlich zu machen. In der Tat konnte die Drucksenkung verhindert werden, wenn die Leber exstirpiert oder durch Umleitung des Pfortaderblutes aus der Zirkulation ausgeschaltet wurde [W. H. MANWARING (1911), C. VOEGTLIN und BERNHEIM (1911), J. P. SIMONDS (1925), J. P. SIMONDS und W. W. BRANDES (1927a, b)], und nun lag es nahe, die oft enorme Anschoppung der Leber, d. h. die Zurückhaltung großer Blutmassen in diesem Organ und die dadurch bedingte schlechte Speisung des rechten Ventrikels als den zentralen Prozeß zu betrachten, um den sich die übrigen Schockphänomene gruppieren. Es mußte indes, sollte der Leber die ihr zugedachte Rolle de facto zufallen, auch gezeigt werden, daß sich nicht nur Blut in der Leber anhäuft, sondern daß der Abfluß aus der Leber im Schock in erheblichem Ausmaße gedrosselt ist, und dieser Nachweis gelang H. MAUTHNER und E. P. PICK (1915, 1922), SIMONDS und BRANDES, MANWARING und seinen Mitarbeitern, indem sie die isolierte Leber anaphylaktischer Hunde künstlich durchströmten und zur Perfusionsflüssigkeit Antigen zusetzten, worauf sich der Abfluß aus den Lebervenèn sofort und erheblich reduzierte. Klemmt man übrigens bei einem normalen Hund die Lebervenen ab, so schwillt die Leber, was selbstverständlich ist, gleichfalls an, es sinkt auch der Druck im großen Kreislauf [SIMONDS und BRANDES, MANWARING und seine Mitarbeiter].

Welcher Mechanismus bewirkt aber in der Leber die Überfüllung der Blutgefäße und die Drosselung des Abflusses aus den Lebervenen? Wie eben angedeutet, sind dies zwei voneinander verschiedene Fragen, welche hypothetisch in einen entgegengesetzten konditionalen Zusammenhang gebracht werden können. Man kann entweder annehmen, daß der Abfluß primär gehindert und die Blutanschoppung sekundär dadurch bedingt wird (Theorie der aktiven „Lebersperre"), oder daß die Blutstauung durch eine allgemeine Erweiterung der Lebergefäße verursacht wird und daß diese Verbreiterung des Strombettes zu einer Verminderung der Stromgeschwindigkeit und infolgedessen zu einer Reduktion des Abflusses aus den Lebervenen führen muß.

Die Theorie der aktiven Sperre wurde in erster Linie von H. MAUTHNER und E. P. PICK (1915, 1922, 1929), dann auch von J. P. SIMONDS (1925), J. P. SIMONDS und RAMSON (1923) vertreten und nimmt an, daß im anaphylaktischen Schock des Hundes glatte Muskeln zur Kontraktion gebracht werden, welche an den intrahepatischen Verzweigungen der

Lebervenen als mächtige Muskelwülste von AREY und SIMONDS (1920) nachgewiesen werden konnten. Diese Gebilde sind bisher nur beim Hunde in so starker Ausprägung gefunden worden, und zwar nur an den Lebervenen, während sie an den Ramifikationen der Pfortader, welche an den begleitenden Gallenwegen leicht als solche zu erkennen sind, stets vermißt wurden. Auch an den Lebervenen des Hundes sind, wie H. MAUTHNER (1923, S. 254) unter Berufung auf Untersuchungen von R. H. JAFFÉ ausdrücklich betont, diese Muskelwülste nur dann als solche deutlich zu sehen, wenn man die Hunde entblutet oder durch Anlegung einer Eckschen Fistel die Leber total aus der Zirkulation ausschaltet. Die Kontraktion dieser ringförmig angeordneten Muskeln soll nun beim präparierten Hunde durch bloßen Antigenkontakt ausgelöst werden, so daß der Schock des Hundes dem akut letalen Schock des Meerschweinchens hinsichtlich des Schockgewebes vollkommen gleichgestellt wird, nur daß es eben nicht die Ringmuskeln der Bronchien, sondern die Ringmuskeln der Lebervenen sind, welche das pathologische Geschehen beherrschen, und zwar nach der Auffassung von MAUTHNER und E. P. PICK zur Gänze beherrschen. Denn es werden nicht nur alle anderen Veränderungen innerhalb der Leber (Erweiterung der Kapillaren, Ödem), sondern auch extrahepatische Erscheinungen, wie die kongestive Hyperämie der übrigen Bauchorgane oder die 1911 von M. CALVARY festgestellte Steigerung des Lymphabflusses aus dem Ductus thoracicus als sekundäre Auswirkungen des Rückstaues des Blutes infolge der muskulären Lebersperre gedeutet. Bei dem von CALVARY beschriebenen vermehrten Abfluß der Lymphe aus dem Ductus thoracicus (die Steigerung kann das fünfeinhalbfache der Norm betragen) war diese Interpretation dadurch berechtigt, daß die gleiche Erscheinung auch dann auftritt, wenn man den Blutabfluß aus der Leber bei normalen Hunden rein mechanisch hemmt [W. F. PETERSON, R. H. JAFFÉ, S. A. LEVINSON und T. P. HUGHES (1923), J. P. SIMONDS und W. W. BRANDES (1927)].

Im Gegensatz hiezu beziehen H. H. DALE und LAIDLAW (1919) sowie MANWARING die Vorgänge in der Leber auf eine primäre Reizung des Endothels der Blutkapillaren, welche eine aktive Erweiterung der Kapillaren und infolge einer Erhöhung der Permeabilität auch die Entstehung von Ödem in den perivaskulären Räumen bewirkt. Bewiesen ist weder diese Ansicht, welche das Endothel der Lebergefäße als Angriffspunkt der anaphylaktischen Antigen-Antikörper-Reaktion betrachtet, noch die Drosselung der Lebervenen durch Kontraktion ihrer glatten Ringmuskeln. Was man durch das Experiment an der isolierten Leber des präparierten Hundes feststellen kann, ist eben nur die der Lungenblähung des Meerschweinchens entsprechende Anschwellung der Leber und der verminderte Abfluß aus den Lebervenen. Die experimentellen Methoden, durch welche wir den Bronchospasmus beim akut letalen Schock des

Meerschweinchens nachzuweisen vermögen [R. WILLIAMSON[1] (1936a)], lassen sich auf den hypothetischen Venenspasmus im anaphylaktischen Schock des Hundes nicht anwenden, und schließlich *sehen* wir ja auch beim Meerschweinchen nicht die Kontraktion der Bronchialmuskulatur, sondern nur die Bronchostenose und beziehen diese auf eine Muskelkontraktion, weil wir wissen, daß sich im Schock des Meerschweinchens auch andere glatte Muskeln zusammenziehen, und daß isolierte Organe dieser Tierspezies, wenn sie von präparierten Exemplaren stammen, auf Antigenkontakt in vitro mit einer brüsken Kontraktion der glatten-Muskeln reagieren, welche sie enthalten (isoliertes Uterushorn, Dünndarm). Wie steht es nun in dieser Beziehung mit den glatten Muskeln des Hundes? W. H. MANWARING, V. M. HOSEPIAN, J. R. ENRIGHT und D. F. PORTER (1925) konstatierten, daß sich beim Hunde während der ersten zwei Minuten eines typischen anaphylaktischen Schocks der Uterus, die Harnblase und die Darmschlingen, besonders das Colon und das Rectum, energisch kontrahieren; diese Reaktionen bleiben aus, wenn die Leber ausgeschaltet wird, und da nachgewiesen wurde, daß isolierte Organe anaphylaktischer Hunde durch bloßen Antigenkontakt ebenfalls nicht gereizt werden [MANWARING, R. C. CHILCOTE und V. M. HOSEPIAN (1923)], schlossen MANWARING und seine Mitarbeiter, daß die Kontraktionen, die man am intakten anaphylaktischen Hund beobachtet, durch ein chemisches Produkt (das hepatische Anaphylatoxin) verursacht werden, welches in der Leber explosiv produziert oder in Freiheit gesetzt wird und in seiner Wirkungsweise dem Histamin nahesteht. Diese Experimente und die aus ihnen gezogenen Folgerungen sind jedoch an sich kein Grund, die Theorie der muskulären Lebervenensperre zu verwerfen; denn es wäre nicht einzusehen, warum das „Leber-

---

[1] Die Methode von R. WILLIAMSON (1936a) besteht darin, daß man beim Meerschweinchen gerade unterhalb des Larynx eine kleine Inzision in die Haut macht und die Nadel einer Injektionsspritze in das Lumen der Trachea einführt. Sodann wird an die Nadel eine mit Lipiodol gefüllte Spritze angesetzt, das Röntgenlicht eingeschaltet und die Injektion des Lipiodols langsam vor dem Röntgenschirm ausgeführt, so daß die verschiedenen Stadien der Füllung der Bronchien und Alveolen photographiert werden können. Bei einem normalen Meerschweinchen füllen sich die Hauptbronchien, sodann der ganze Bronchialbaum und schließlich auch die Alveolen mit dem für X-Strahlen undurchlässigen Lipiodol. Ist hingegen das Meerschweinchen gerade im akuten Schock verendet oder wird die Injektion während des Schocks ausgeführt, so füllen sich fast nur die Hauptbronchien und eine Verstärkung des Injektionsdruckes hat bloß zur Folge, daß das Lipiodol im Ösophagus einen Ausweg sucht und denselben anfüllt. Die Anwendung der Methode am lebenden Meerschweinchen erfordert eine Narkose mit Urethan. An den prächtigen Aufnahmen welche die zitierte Puplikation enthält, sieht man natürlich nur die Bronchostenose, aber nicht den Spasmus der Bronchialmuskulatur (s. oben).

anaphylatoxin“ nicht auch in statu et in loco nascendi, d. h. auf die glatte Muskulatur der Lebervenen kontraktionserregend wirken sollte.

Daß die Leber für das Zustandekommen der anaphylaktischen Symptome des Hundes notwendig ist, schien aus den bereits erwähnten Versuchen von MANWARING, HOSEPIAN, ENRIGHT und PORTER (1925) hervorzugehen, denen zufolge die Ausschaltung der Leber aus der Zirkulation nicht nur die Drucksenkung, sondern auch die Kontraktionen des Uterus, der Blase und des Dickdarmes unterdrückt. MANWARING wollte aber auch zeigen, daß sie als Schockorgan hinreicht, d. h. daß ihre Mitwirkung genügt, um das ganze anaphylaktische Syndrom auch im normalen Hund zu erzeugen. Zu diesem Zwecke kuppelten MANWARING, HOSEPIAN, O'NEILL und MOY (1925) die Zirkulation eines normalen und eines sensibilisierten Hundes derart, daß das Blut des normalen die Leber des sensibilisierten Tieres passieren mußte; wurde nunmehr dem normalen Hund Antigen intravenös injiziert, so reagierte dieser mit Blutdrucksenkung und mit Kontraktionen der Blasen- und Darmmuskulatur sowie mit dem Verlust der Blutgerinnbarkeit. Allein dieser durch eine sensibilisierte Fremdleber vermittelte Schock war, wie MANWARING selbst hervorhebt, nicht so intensiv wie der Schock in der gewöhnlichen aktiv anaphylaktischen Versuchsanordnung. L. A. SOLARI (1927), der die Experimente mit der in den normalen Kreislauf eingeschalteten Leber eines sensibilisierten Hundes nachprüfte, fand, daß die Zuleitung des Blutes aus der sensibilisierten Leber allerdings eine Anschwellung der Leber des normalen Hundes und einen Abfall des Blutdruckes bewirkte, daß aber dann der Blutdruck des normalen Hundes wieder anstieg und sich auf einem gewissen Niveau stabilisierte; wurde nun dem normalen Hund Antigen intravenös injiziert, so reagierte er in der Hälfte der Versuche gar nicht, in den übrigen Fällen kam es nur zu einem langsamen und allmählichen Abfall des Blutdruckes. SOLARI will daher dem aus der Leber stammenden blutdrucksenkenden Stoff wenn überhaupt, so nur eine untergeordnete Bedeutung zuschreiben. Auf der anderen Seite wurde von E. T. WATERS, J. MARKOWITZ und L. B. JACQUES (1938) berichtet, daß hochgradig sensibilisierte Hunde auch nach Ausschaltung der Leber typisch anaphylaktisch reagieren können. Ferner wäre hier der Experimente des leider zu früh verstorbenen Forschers R. WEIL (1917) zu gedenken, denen zufolge selbst große Mengen Blut, welche aus der Carotis von hochgradig anaphylaktischen und im Schock verendenden Hunden entnommen werden, normalen Hunden intravenös injiziert werden können, ohne daß sich irgendwelche Zeichen einer krankhaften Störung einstellen. Diese Ergebnisse veranlaßten R. WEIL zu der Aussage, daß das Blut von Hunden im Culminationspunkt des anaphylaktischen Schocks keine toxischen Substanzen enthält, was später von MANWARING,

Hosepian, O'Neill und Moy (1925) bestätigt wurde, soweit es sich um Blut handelte, welches 2 bis 5 Minuten nach dem Beginne des Schocks aus der Carotis entnommen wurde. In der oben zitierten Arbeit geben aber Manwaring und seine Mitarbeiter an, daß man durch Injektion von Antigen in die Mesenterialvene eines aktiv präparierten Hundes und Sammeln des im Schock aus den Lebervenen austretenden Blutes ein Material erhält, durch welches man, wenn es einem normalen Hund transfundiert wird, alle charakteristischen Symptome der Anaphylaxie des Hundes reproduzieren kann, worin offenbar ein Widerspruch zu der Unwirksamkeit des Carotidenblutes im Schock aufscheint.

Im zweiten Teil dieser Monographie wird sich Gelegenheit bieten, auf diese Differenzen von Versuchsresultaten und ihren Interpretationen ausführlicher zurückzukommen. Hier sei hervorgehoben, daß W. H. Manwaring von seinen ersten Publikationen angefangen [s. W. H. Manwaring (1910)] bis in die spätere Zeit seiner komplizierten und mannigfach variierten Versuche daran festgehalten hat, daß das aus der Leber stammende Anaphylatoxin nicht der einzige am anaphylaktischen Schock des Hundes beteiligte Faktor sein kann. Aber seine Meinung war nicht imstande, das durch ihn selbst in Schwingung versetzte Pendel wissenschaftlicher Lehre vor dem Ausschlagen in die Extremlage zu bewahren. Schon im Jahre 1936 kamen C. A. Dragstedt und F. B. Mead zu der Überzeugung, daß für die Blutdrucksenkung und den Tod von Hunden im anaphylaktischen Schock das Histamin zur Gänze verantwortlich zu machen sei und daß daher die Histaminvergiftung als der wichtigste und alles beherrschende Teilprozeß der anaphylaktischen Reaktion zu gelten habe. C. F. Code (1939) ist zunächst in der Verfolgung dieser totalitären Richtung noch einen Schritt weitergegangen, indem er erstens feststellte, daß das Histamin im Blute des anaphylaktisch reagierenden Hundes in 3 bis 10 Minuten das Maximum der Konzentration erreicht, daß also die Produktion oder Liberierung des Giftes in der Leber schockartig vor sich geht, zweitens daß der rapide Sturz des Blutdruckes mit der Anhäufung von Histamin im Blute zusammenfällt und daß das Wiederansteigen des Druckes bei dem sich erholenden Hund erst eintritt, wenn das Histamin aus dem Blute verschwunden ist, und drittens, daß zwischen der Intensität des Schocks und der nachweisbaren Histaminkonzentration im Blut ein quantitativer Parallelismus besteht.

Quantitative Histaminbestimmungen im Blute gehören zu den schwierigen Aufgaben, schon aus dem Grunde, weil man zwischen dem frei im Plasma gelösten und dem in Zellen (Leukocyten) enthaltenen und in diesem Zustande physiologisch unwirksamen Histamin zu unterscheiden hat, dann aber auch, weil außer dem eigentlichen Histamin (β-Imidazolyläthylamin) auch ähnlich gebaute Substanzen mit analoger

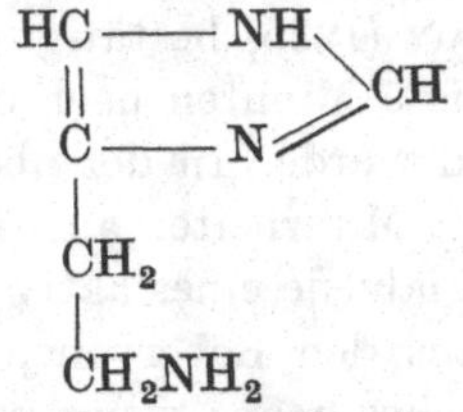

```
HC —— NH
||        \
||         CH
||        //
C ——— N
|
CH₂
|
CH₂NH₂
```

β-Imidazolyläthylamin.

Wirkung zu berücksichtigen sind, die man unter dem Namen der H-Substanzen nach dem Vorschlage von THOMAS LEWIS (1927) zusammenzufassen pflegt. Sind aber die von C. F. CODE ermittelten Werte für den Histamingehalt des Blutes im Schock des Hundes und namentlich auch anderer Tierspezies richtig, so wären sie geeignet, Zweifel an der Gültigkeit der Histaminhypothese zu erwecken. Es handelt sich ja nicht darum, ob im Schock des Hundes die Histaminkonzentration im Blute zunimmt, sondern ob diese Zunahme so beträchtlich ist, um den Schock als eine Allgemeinvergiftung durch Histamin auffassen zu dürfen. DRAGSTEDT und MEAD haben diese Frage bejaht, CODE, der exaktere Methoden der Histaminbestimmung verwendete, hat sie verneint. CODE fand in einem schweren anaphylaktischen Schock eines Hundes zur günstigsten Zeit nicht mehr als 1 γ Histamin pro Kubikzentimeter Blut und stellte fest, daß normale Hunde die Injektion großer Mengen Blut von diesem Histamingehalt vertragen und daß geradezu enorme Quantitäten erforderlich wären, um das andauernde und beträchtliche Absinken des Blutdruckes zu bewirken, das den Schock des Hundes vor allem auszeichnet. Wichtiger noch als diese differente Ansicht über das Verhältnis der Schocksymptome des Hundes zur pharmakodynamischen Auswirkung der im Blute feststellbaren Zunahme des Histamins sind die Befunde, welche im Schockblute anderer Tierspezies erhoben wurden. Im anaphylaktischen Schock von Pferden und von Kälbern [C. F. CODE und H. R. HESTER (1939)] sowie von Kaninchen [B. ROSE (1941)] sinkt der Histamingehalt, und mit diesen Feststellungen war trotz aller Rückzugsgefechte der Plan, das Gesamtproblem der Anaphylaxie auf eine Autointoxikation durch Histamin zu reduzieren, als gescheitert zu betrachten. Von vornherein war ja dieser Plan mit der Notwendigkeit belastet, den Zusammenhang zwischen der auslösenden Antigen-Antikörper-Reaktion und dem Freiwerden von Histamin aus den Schockgeweben zu erklären, da eine andere Quelle, etwa das reinjizierte (schockauslösende) Antigen entgegen früheren Vorstellungen nicht mehr in Betracht kam. Die bisher aufgestellten Hypothesen, welche diesem Postulat genügen sollten, vermochten nicht zu befriedigen.

Das Festhalten an dem Gedanken, daß anaphylaktische Erscheinungen nichts anderes sein können als „Vergiftungen" und der unbefriedigende

Stand einer umfassenden Histamintheorie führten dann auf den vom erkenntniskritischen Standpunkt charakteristischen Ausweg, einem anderen im Körper entstehenden und toxisch wirkenden Agens, dem Acetylcholin eine Hauptrolle in der Pathogenese der anaphylaktischen Symptome zuzuschreiben und das Histamin auf den zweiten Platz zu verweisen. In vitro wirkt Acetylcholin auf den glatten Muskel und ruft eine energische Kontraktion hervor, intravenös injiziert löst es in größeren Mengen einen Schock aus, da eine genügend rasche enzymatische Neutralisierung durch Cholesterinase nicht möglich ist; in der Art der Wirkung und in den Angriffspunkten besteht also eine äußere Ähnlichkeit mit der Wirkung des Histamins einerseits und mit den anaphylaktischen Reaktionen anderseits, wodurch der Hypothesenbildung die Wege geebnet wurden. Das Acetylcholin soll von den Schockgeweben direkt infolge der Antigen-Antikörper-Reaktion ohne Mitwirkung der Nerven abgegeben werden und sobald es im Überschuß von den Zellen frei wird, den anaphylaktischen Schock bewirken. Auch hier bleibt es unklar, warum eine Antigen-Antikörper-Reaktion Acetylcholin in Freiheit setzt, und wie im Falle der Histamintheorie wird auch von den Anhängern der Acetylcholinhypothese diese Frage nicht befriedigend beantwortet.

Einer der Vertreter dieser neuen Richtung, D. Danielopolu, konstatiert in der Einleitung einer 1946 bei Masson erschienenen Broschüre „Phylaxie-Paraphylaxie et Maladie spécifique“: „Nous pouvons affirmer que pendant 40 ans nous avons vecu sur une erreur dans le mécanisme de l'anaphylaxie.“ Um diesen bedauerlichen Zustand ein Ende zu machen, stellt Danielopolu eine Theorie auf, die er immerhin als „Conception personelle“ bewertet: Jedes in den Organismus eingeführte Antigen entfaltet zwei Wirkungen, eine unspezifische, allen Antigenen gemeinsame, welche darin besteht, in den Zellen Acetylcholin frei zu machen, und eine spezifische, die von Antigen zu Antigen verschieden ist und zur Entstehung von Antikörper führt. Die Antikörper können sich nur in enger Verbindung mit Acetylcholin bilden und diese Komplexe bleiben in den Zellen: nur der Überschuß passiert in das Blut. In dem Maße, als Antikörper produziert werden, vermehrt sich auch das Praecholin in den Geweben, was einen Zustand wachsender parasympathischer Hypertonie zur Folge hat. Wenn man nun einem Organismus, der sich in diesem Zustande befindet, erneut das gleiche Antigen zuführt, mit welchem er ursprünglich behandelt wurde, vollzieht sich nach Danielopolu ein Vorgang, der durch folgende Gleichung schematisch veranschaulicht wird:
Antigen + Antikörpercholin + Komplement = Antigen-Antikörper-Komplement (schützender Komplex) + Acetylcholin (manifester paraphylaktischer Schock).

Danielopolu unterscheidet zwei Arten von Antikörpern, aber nicht solche, welche immunisieren und andere, welche anaphylaktisch machen, vielmehr wirken nach seiner Ansicht alle Antikörper immunisierend (schützend), vielmehr sei das, was man bisher Anaphylaxie genannt, die unspezifische Funktion des Antikörper-Cholin-Komplexes und DANIELOPOLU schlägt daher vor, den Ausdruck „Anaphylaxie", der einen Gegensatz zur Immunität bedeuten sollte, durch „Paraphylaxie" zu ersetzen. Dagegen soll es Antikörper geben, welche unter Mitwirkung des Komplementes das an sie gebundene Acetylcholin explosionsartig abgeben und solche, welche ohne Komplement wirken und nur einen klinisch latenten Schock infolge der langsamen Liberierung von Acetylcholin verursachen. Wenn man diese Ausführungen gelesen hat, ist man doch überrascht, wenn sich DANIELOPOLU auf der letzten Seite der zitierten Monographie in einem „Addendum" dagegen wehrt, daß der von ihm gebrauchte Ausdruck „Antikörper-Cholin" so aufgefaßt wird, als hätte er angenommen, daß das Cholin einen Teil der Struktur der Antikörper (une partie constituante de l'anticorps) bilde. Es handle sich nur um eine einfache (konventionelle) Formel, um daran zu erinnern, daß, *wenigstens in der Zelle*, der Antikörper in enger Beziehung zum intrazellulären Acetylcholin stehe.

Der anaphylaktische Schock des Hundes ist eine protrahierte Reaktionsform und steht in dieser Beziehung dem protrahierten Schock des Meerschweinchens insoferne nahe, als sich außer dem Kardinalsymptom des Absinkens des Blutdruckes auch andere Veränderungen des Blutes entwickeln können, deren Zustandekommen offenbar längere Zeit erfordert. Dazu gehört der Verlust der Gerinnbarkeit des Blutes, der, je nach der Intensität und Dauer des Schocks, entweder vollständig oder partiell sein kann. Diese Veränderung wurde von R. WEIL (1917) auf eine Funktionsstörung der Leber zurückgeführt, weil das Blut sensibilisierter Hunde durch Antigenzusatz nicht ungerinnbar wurde, sondern diese Eigenschaft erst infolge der Passage durch die Leber eines sensibilisierten Hundes gewann. Durch L. B. JAQUES und E. T. WATERS (1940) wurde dann lange Zeit nachher aus dem Blute anaphylaktisch reagierender Hunde Heparin in kristallinischer Form abgesondert und so der chemische Beweis erbracht, daß WEILS einfache Versuche den rechten Weg gewiesen hatten. Die Inkoagulabität des Blutes ist weder für den anaphylaktischen Schock des Hundes noch für anaphylaktische Reaktionen überhaupt pathognomonisch. Auch im protrahierten Schock des Meerschweinchens und im anaphylaktischen Schock des Kaninchens ist die Gerinnbarkeit des Blutes, wenn auch nicht so stark wie beim Hunde, reduziert, und durch die intravenöse Injektion von Peptonlösungen kann sie beim Hunde ebenso stark herabgesetzt werden wie durch einen anaphylaktischen Schock. Der Verlust der Blutgerinnbarkeit ist somit nur ein Zeichen einer Leberschädigung und möglicherweise nicht anders zu bewerten als die Abgabe von Histamin durch dieses Organ.

Außerdem hat man im Schockblut von Hunden Leukopenie, Veränderung der Blutplättchen sowie verschiedene chemische Veränderungen, wie Abnahme der Lipoide, Änderungen des Albumin-Globulin-Quotienten, Acidose, Erhöhung des Blutzuckers mit anschließender Hypoglykämie usw. beobachtet [Lit. bei R. DOERR (1929b, S. 729)].

Die cerebralen Symptome des Depressionsstadiums erklärten A. BIEDL und R. KRAUS (1909) durch die Hirnanämie, welche durch das Absinken des Blutdruckes und durch die „Verblutung des anaphylaktisch reagierenden Hundes in seine Baucheingeweide" notwendigerweise entstehen muß. Vielleicht sind aber doch andere Momente beteiligt, wie dies C. HEYMANS und J. DALSACE (1927) durch die „Methode des isolierten Kopfes" zu beweisen suchten.

Zur Orientierung des Lesers sei eines der Experimente dieser Autoren angeführt. Zwei Hunde A und B wurden mit Pferdeserum aktiv sensibilisiert. Dem Hunde B wurde der Kopf derart abgetrennt, daß er mit dem Rumpf nur mehr durch die Vagusnerven in Verbindung stand, und durch Perfusion mit dem Blute von A, die durch gekreuzte Kupplungen zwischen Carotis und Jugularis ermöglicht wurde, lebend erhalten. Wurde nun A mit Pferdeserum reinjiziert, so erlitt nicht nur dieser Hund einen intensiven anaphylaktischen Schock, sondern es wurde auch der isolierte Kopf B reflexlos, machte keine Atembewegungen und das Hemmungszentrum wurde derart gereizt, daß das Herz im Rumpfe von B zeitweilig stillstand. Wurde dann noch Pferdeserum in den Rumpf B injiziert, so erfolgte ein tödlicher Schock, wodurch nebenbei auch bewiesen wurde, daß der Schock auch beim dekapitierten und durch Chloralose anästhesierten Hund ausgelöst werden kann. Das Mitreagieren des isolierten Kopfes wurde nur beobachtet, wenn A *und* B sensibilisiert waren, woraus geschlossen wurde, daß ein Zusammenwirken von humoraler und geweblicher Sensibilisierung erforderlich sei, was nicht recht verständlich ist.

W. H. MANWARING, D. L. REEVES, H. B. MOY, P. W. SHUMAKER und R. W. WRIGHT (1927b) verpflanzten die hintere Körperhälfte samt der Harnblase und Darmschlingen eines normalen Hundes durch Gefäßanastomosen in einen aktiv präparierten Hund; wurde dieses „zusammengesetzte Tier" durch intravenöse Antigeninjektion in einen anaphylaktischen Schock versetzt, so reagierten auch die verpflanzte Darmschlinge und die Harnblase durch eine histaminartige Kontraktion, welche den Druck im Lumen der Darmschlinge und der Harnblase erhöhte, wobei das Maximum etwa in 2½ Minuten erreicht wurde. Führt man dasselbe Experiment aus mit dem Unterschied, daß die transplantierte hintere Körperhälfte nicht von einem normalen, sondern von einem immunen Hund, d. h. von einem Tier stammt, welches durch wiederholte massive

Antigeninjektionen die anaphylaktische Reaktionsfähigkeit eingebüßt hat, so nehmen Darm und Blase des Transplantates an einer ausgelösten anaphylaktischen Reaktion des zusammengesetzten Tieres nicht teil. MANWARING und seine Mitarbeiter nehmen auf Grund dieser Versuche an, daß die „Immunisierung" beim Hunde eine vollständige Unempfindlichkeit der glatten Muskelfasern gegen das aus der Leber stammende Anaphylatoxin zur Folge hat. Diese Unempfindlichkeit müßte spezifisch gegen das immunisierende Antigen gerichtet sein, da die transplantierten Organe, auch wenn sie von einem immunisierten Hunde entnommen wurden, mitreagieren, wenn das zusammengesetzte Tier (der Empfänger des Transplantates) mit einem nicht verwandten Antigen präpariert wurde und durch dieses in Schock versetzt wird.

M. W. CHASE (1948, S. 120), der diese Experimente von MANWARING zitiert, meint, daß sie als Beleg dafür dienen können, daß die Verhältnisse bei der Anaphylaxie des Hundes komplizierter sein könnten als bei der Anaphylaxie des Meerschweinchens. Das ist aber nicht einzusehen. Auch beim Meerschweinchen ist die „Immunität" (richtiger die Unfähigkeit anaphylaktisch zu reagieren) infolge wiederholter Zufuhr großer Antigendosen von zahlreichen Autoren als gesetzmäßige Erscheinung beschrieben worden und weder bei der einen noch bei der anderen Tierspezies ist ihre Ursache bis jetzt vollkommen klargestellt worden. Wohl zeigen die isolierten Organe immuner Meerschweinchen oft eine deutliche, zuweilen sehr hochgradige Empfindlichkeit gegen Antigenkontakt [H. H. DALE (1913), W. H. MOORE (1915), W. MANWARING und Y. KUSAMA (1917)], so daß hier ein Widerspruch zu den eben zitierten Transplantationsversuchen von MANWARING und seinen Mitarbeitern zu bestehen scheint. Aber die Versuchsanordnungen, in welchen dieser Widerspruch seinen Ausdruck finden würde, sind total verschieden. Unter den „isolierten" Testorganen des Meerschweinchens versteht man das Uterushorn oder den Darm (Dünndarmstreifen), und die Probe besteht in einem bloßen Kontakt mit dem Antigen, das der Lockeschen Lösung, in welcher diese Testobjekte suspendiert sind, zugesetzt wird; mit solchen Methoden geprüft, geben isolierte Hundeorgane (mit Ausnahme der Lunge) keine verwertbaren Reaktionen und „Transplantationen", wie sie MANWARING am Hunde ausgeführt hat, sind anderseits beim Meerschweinchen, weil schwierig und überflüssig, nicht angewendet worden. Man kann also nicht behaupten, daß man die Antigenempfindlichkeit isolierter Organe von immunen Meerschweinchen und Hunden unter identischen Bedingungen verglichen hat. Möglicherweise besteht eine durch die Verschiedenheit der Versuchstiere bedingte Differenz. Sicher ist das aber nicht. Sicher ist nur, daß der als „Immunität" bezeichnete Zustand weder beim Meerschweinchen noch beim Hunde eine Immunität gegen Histamin sein kann.

3. Kaninchen.

Beim Kaninchen kann man sowohl einen rasch zum Tode führenden Schock wie auch eine protrahierte, oft Stunden dauernde Verlaufsform beobachten, die schließlich doch letal endet oder in Erholung übergeht.

Nach der Beschreibung von R. DOERR (1929b, S. 729) setzt der akute Schock mit heftigster Dyspnoe ein. Die Kaninchen stürzen, oft nach vorherigem, ziellosem Herumrennen, zusammen, werden von heftigen Krämpfen der Streckmuskeln des Kopfes, Rückens und der Extremitäten befallen, stoßen häufig einen oder mehrere gellende Schreie aus und verenden unter Atemstillstand. Der Kopf des toten Tieres ist weit gegen den Nacken zurückgezogen, die Bulbi sind vorgetrieben. Auch im protrahierten Schock beherrschen die Atemstörungen das Bild, dagegen fehlen Erscheinungen cerebraler Depression oder sind nur schwach ausgeprägt.

Wie beim Hund sinkt auch beim Kaninchen der arterielle Blutdruck im akuten Schock ganz erheblich, in der Carotis binnen 2 bis 3 Minuten auf 10 bis 20 mm Hg und weniger; im protrahierten Schock vollzieht sich die Drucksenkung langsamer und ist nicht so beträchtlich [M. ARTHUS (1908/09, 1921), W. M. SCOTT (1921), E. FRIEDBERGER und GRÖBER (1911), J. AUER (1911), C. K. DRINKER und J. BRONFENBRENNER (1924), L. H. BALLY (1929)].

H. MAUTHNER (1923) sowie H. MAUTHNER und E. P. PICK (1915) konnten zeigen, daß die Drucksenkung beim Kaninchen einen anderen Grund haben muß wie beim Hunde. Die Leber zeigt beim verendeten Kaninchen keine Schwellung und die Einleitung von Antigen in das isolierte durchströmte Organ hat keine Verminderung des Abflusses aus den Lebervenen zur Folge. Auch fehlt dem Kaninchen wie allen Herbivoren die Ringmuskulatur der Lebervenen, so daß die „Lebersperre" schon aus diesem Grunde eine in der Organisation des Kaninchens begründete Unmöglichkeit ist [H. MAUTHNER (1923)]. Auch für einen Bronchospasmus, der Ursache des akuten Schocktodes beim Meerschweinchen, findet man keine Anhaltspunkte. Ein Arzt, der Menschen in einem Anfall von Angina pectoris plötzlich sterben sah, wird sich hingegen zweifellos an diesen Eindruck erinnern, wenn er Kaninchen im akuten Schock verenden sieht, und daß ihn diese Erinnerung nicht täuschen würde, d. h. daß die Kaninchen tatsächlich einen „Herztod" erleiden, geht schon aus der Beobachtung von J. AUER (1911) hervor, daß das Herz des im Schock verendeten Kaninchens bei einer unmittelbar post mortem vorgenommenen Autopsie (im Gegensatze zum Meerschweinchen und zum Hunde) im Stillstand vorgefunden wird und auch durch elektrische Reizung nicht mehr zum Schlagen gebracht werden kann. Die anatomischen Veränderungen, welche das Versagen des Herzens bei der

Angina pectoris des Menschen verschulden, entwickeln sich aber während längerer Zeit und sind, bevor das Herz seine Funktionsfähigkeit plötzlich einbüßt, schon vorhanden. Im anaphylaktischen Schock des Kaninchens müssen die Bedingungen für das Versagen des Herzens plötzlich entstehen, und zwar durch die direkte Einführung von Antigen in die Blutzirkulation des aktiv oder passiv präparierten Tieres, und dies läßt sich zunächst hypothetisch nur in dreifacher Weise erklären, nämlich 1. es könnte, um die übliche Ausdrucksweise anzuwenden, das Myocard sensibilisiert sein, derart, daß es durch den Antigenkontakt direkt geschädigt wird; 2. die Coronararterien könnten sich beim Durchströmen von Antigen kontrahieren, so daß das gegen solche Störungen seiner Blutversorgung außerordentlich empfindliche Herz sofort erlahmt (Analogie zur Angina pectoris), oder 3. es könnte sich um eine aktive „Lungensperre“ infolge eines Krampfes der Pulmonalarterien handeln.

Sucht man sich experimentell die Gewißheit zu verschaffen, welche von diesen drei hypothetischen Möglichkeiten den Tatsachen am besten entspricht, so muß man sich zunächst vor Augen halten, daß sie sich gegenseitig nicht ausschließen und miteinander sehr wohl kombiniert sein können. Durchströmungsversuche des isolierten überlebenden Herzens sensibilisierter Kaninchen mit Antigen [frühere Literatur bei R. Doerr (1929b, S. 679)], ergaben keine eindeutigen Resultate, so daß man geneigt war, eine unmittelbare Wirkung auf das Herz (auf den rechten Ventrikel), wie sie J. Auer angenommen hatte, auszuschließen. Aber das Herz des Huhnembryos reagiert 14 bis 18 Tage nach der Präparierung mit Proteinen auf die erneute Einwirkung des Antigens mit Verlangsamung der Schlagfolge und Stillstand in der Diastole; wenn diese Angaben von F. W. Wittich (1941) richtig sind, wäre es doch eigentümlich, wenn diese direkte Sensibilisierbarkeit des Herzens beim erwachsenen Tier ganz fehlen würde. Nach den bereits erwähnten Angaben von J. Auer über das Verhalten des Kaninchenherzens unmittelbar nach dem Schocktod schien das auch nicht der Fall zu sein. Durch die Arbeiten von Y. Airila (1914), A. F. Coca (1919) sowie C. K. Drinker und J. Bronfenbrenner (1924) gewann aber die Ansicht die Oberhand, daß ein Krampf der Pulmonalarterien als das zentrale Phänomen zu betrachten sei. Als experimentelle Beweise wurden angeführt: 1. daß der Druck in der Arteria pulmonalis im Beginne des anaphylaktischen Schocks von 14 bis 20 auf 30 bis 40 mm Hg ansteigt (Airila, Drinker und Bronfenbrenner); 2. daß die Einleitung von Antigen in die isolierte und künstlich durchströmte Lunge sensibilisierter Kaninchen eine Verengerung der intrapulmonalen Strombahnen zur Folge hat, welche nur durch starke Erhöhung des Perfusionsdruckes (A. F. Coca) überwunden werden kann; 3. daß man bei der Sektion der im Schock verendeten Kaninchen eine starke Überfüllung des rechten Ventrikels feststellen kann und daß sich die Stauung bis in die untere Hohlvene und die Pfortader fortsetzt; 4. daß Amylnitrit den Schock antagonistisch beeinflußt (DRINKER und BRONFENBRENNER), und endlich 5. daß sich spiralförmig aus der Wand der Carotis sensibilisierter Kaninchen ausgeschnittene Streifen kontrahieren, wenn sie mit dem Antigen in Kontakt gebracht werden [E. F. GROVE (1932)]. Abgesehen davon, daß das sub. 2. angeführte Experiment, welches die Existenz einer arteriospastischen Lungensperre ad oculos demonstrieren sollte, von MANWARING, MARINO und BEATTIE (1924) nicht bestätigt werden konnte, scheint der Schluß, der aus der Summe der experimentellen Argumente abgeleitet wurde, nicht einwandfrei, daß nämlich die Verengerung der Pulmonalarterien und die dadurch bedingte Rückstauung des Blutes sekundär zum Erlahmen des rechten Ventrikels führen müsse. Im Gegensatze zum Hunde kennt man beim Kaninchen nicht nur einen protrahierten, sondern auch einen akuten Schock, der nicht selten so rasch zum Tode führt, daß nach der intravenösen Injektion nur ganz kurze Zeit (kürzer als beim akuten Schock des Meerschweinchens) verstreicht, bis das Tier verendet am Boden liegt. Würde die Behauptung, daß das Kaninchen an der Rückstauung im kleinen Kreislauf zugrundegeht, zur Not auf den protrahierten Schock passen, für den perakuten Schock genügt sie nicht.

Die Lösung liegt im Versuch von E. F. GROVE. Der Arteriospasmus, welcher hier durch Antigenkontakt am überlebenden Carotisstreifen ausgelöst wurde, beschränkt sich ja, wie man lange wußte, nicht auf dieses Gefäß, er ist eine weit ausgebreitetere Reaktion. Daß die Ohren des Kaninchens im Schock blaß und kühl werden und daß es schwer ist aus den Randvenen des Ohres auf die übliche Weise größere Blutmengen abzuzapfen, ist vielen Autoren aufgefallen [s. u. a. R. DOERR und R. PICK (1912)]. E. FRIEDBERGER und S. SEIDENBERG (1927) sowie S. GENES und Z. DINERSTEIN (1927) haben dann durch Perfusion abgeschnittener Ohren sensibilisierter Kaninchen mit Antigen den anaphylaktischen Gefäßkrampf nachgewiesen, und den Schlußstein setzten R. G. ABELL und H. P. SCHENK (1938), die mit Hilfe einer besonderen Technik die Kontraktion der arteriellen Gefäße im Ohr des sensibilisierten Kaninchens mikroskopisch beobachten konnten, wenn dem Präparat das Antigen zugesetzt wurde. ABELL und SCHENK sahen, daß die Lumina der Arterien vollkommen verschlossen werden können, so daß die Zirkulation vollkommen zum Stillstand kommt, während an den Venen oder Kapillaren in keinem Falle Kontraktionserscheinungen festzustellen waren. Ferner konstatierten die genannten Autoren, daß aus den Wänden der Venen und Kapillaren zahlreiche Leukozyten auswandern, welche die Tendenz hatten, mit dem Endothel der Gefäßwände, aber auch untereinander zu verkleben, und auf diese Art Klumpen oder Emboli zu bilden und die Blutzirkulation auch in kleineren Venen und Kapillaren zu blockieren.

Man denke sich diesen so anschaulich geschilderten Vorgang in das Verzweigungsgebiet der Coronararterien des Herzens verlegt und versteht dann ohne weiters, warum ein sensibilisiertes Kaninchen nach einer intravenösen Antigeninjektion wie vom Blitz getroffen zusammenstürzen und verenden kann. Man versteht auch, warum das Herz bei der Sektion im Stillstand gefunden wird und elektrisch nicht mehr reizbar ist. Ebenso bereitet die Erholung aus einem schweren Schock keine Schwierigkeiten; es kommt eben, wie beim Bronchospasmus des Meerschweinchens, darauf an, ob sich der Krampf in den Ramifikationen der Coronararterien löst, bevor die Herzfunktion inversibel geschädigt ist; es ist vielleicht in dieser Hinsicht von Bedeutung, daß die anaphylaktische Kontraktion der Arterien nach ABELL und SCHENK auch dann eintreten kann, wenn die Emigration von Leukocyten und das Verkleben derselben zu obturierenden Klumpen nicht oder nur in ganz untergeordnetem Grade erfolgen.

ABELL und SCHENK haben sich auf Grund ihrer Beobachtungen der von AIRILA, COCA sowie DRINKER und BRONFENBRENNER aufgestellten Theorie der „aktiven Lungensperre" durch eine Kontraktion der Lungenarterien angeschlossen. Es läßt sich zugunsten derselben ins Treffen führen, daß das schockauslösende Antigen beim Kaninchen so gut wie immer intravenös (in eine Ohrvene) injiziert wird und daher zuerst in den rechten Ventrikel und von dort in den Lungenkreislauf gelangt, während die Coronargefäße des Herzens erst von der Aorta, also nach einem großen Umweg, den das Antigen machen müßte, erreichbar sind. Dieser „topographische" Einwand mag es wohl verschuldet haben daß nur ein Autor [G. H. WELLS] an eine Mitbeteiligung der Coronararterien gedacht hat. Man hat indes zu berücksichtigen, daß die „Lungensperre", soweit die Angaben der Autoren darüber Aufschluß geben, keineswegs eine vollständige ist und daß sie, auf einer Kontraktion glatter Muskeln beruhend, soviel Zeit zu ihrer Entwicklung erfordert, daß inzwischen genügende Antigenkonzentrationen die Ostien der Coronararterien erreicht haben müssen. Auch kommt es nicht darauf an, in welcher Konzentration das Antigen in die Coronararterien einströmt, sondern auf den Grad der Empfindlichkeit der glatten Muskeln dieser Gefäße. Daß in dieser Beziehung große Differenzen bestehen, lehrt ja die Tatsache, daß sich die Harnblase des Kaninchens (im Gegensatz zum Meerschweinchen und Hunde) an der anaphylaktischen Reaktion des Kaninchens überhaupt nicht beteiligt [W. H. MANWARING und MARINO (1927), L. H. BALLY (1929)], was W. H. MANWARING zu der Behauptung verleitete, daß die glatten Muskeln für die Pathogenese der anaphylaktischen Symptome des Kaninchens völlig bedeutungslos seien [MANWARING, HOSEPIAN, ENRIGHT und PORTER (1925), MANWARING und H. D. MARINO (1927)]. Diese Behauptung ist vor allem durch ABELL und SCHENK sicher widerlegt. Es ist aber zweifellos eine sehr merkwürdige Erscheinung, daß nur bestimmte glatte Muskeln an der anaphylaktischen Reaktion teilnehmen und das pathologische Geschehen bestimmen, und daß die betroffenen glatten Muskeln bei den verschiedenen Tierspezies so verschieden sind; der Umstand, daß die reagierenden glatten Muskeln besonders stark entwickelt sind, ist für die Elektivität nicht durchwegs ausschlaggebend, wie ja das eben zitierte Beispiel der Harnblase des Kaninchens lehrt.

Die vorstehenden Ausführungen beabsichtigen keineswegs, die Existenz der Lungensperre und ihre Mitwirkung an der anaphylaktischen Reaktion des Kaninchens zu leugnen. Es sollte nur gezeigt werden, daß neben der Kontraktion der Pulmonalarterien auch jene der Coronararterien in Betracht zu ziehen ist, und daß sich gewisse Befunde, wie der perakute Schock und das Verhalten des Herzens bei der Autopsie, durch den an zweiter Stelle genannten Prozeß leichter erklären lassen. Der pathogenetische Geltungsbereich der arteriospastischen Vorgänge in der Lunge und im Herzmuskel müßte allerdings experimentell abgegrenzt werden, bevor man sich ein klares Urteil bilden kann. Bisher war die experimentelle Fragestellung zur Gänze auf die Drosselung des kleinen Kreislaufs eingestellt, was um so weniger gerechtfertigt war, als die wichtigsten Erkenntnisse über die Reizbarkeit der Arterien des sensibilisierten Kaninchens aus Beobachtungen am Ohr oder an der Carotis, also der Arterien des großen Kreislaufes, abgeleitet waren.

Derzeit steht die Angelegenheit noch so, daß die glatten Muskeln der Pulmonalarterien als das einzige „Schockgewebe", die Lunge sonach als „Schockorgan", gilt. Solche Bezeichnungen haben sich in einer schematisierenden Betrachtung der anaphylaktischen Reaktionen ausgewirkt, indem sie der Meinung Vorschub leisteten, daß bei jeder Tierspezies ein und nur ein „Schockorgan" vorhanden sein müsse, beim Hunde die Leber, beim Meerschweinchen und beim Kaninchen die Lunge. Man sieht sofort ein, daß die Feststellung eines gemeinsamen Schockorgans beim Meerschweinchen und beim Kaninchen wertlos ist, denn das Meerschweinchen wird durch einen Bronchospasmus getötet, das Kaninchen durch einen Gefäßkrampf. Eine zweite Gefahr der Schematisierung ist versuchstechnischer Natur und entsteht dadurch, daß man für die Erfolgsinjektion des Antigens routinemäßig dieselbe Methode, beim Kaninchen die intravenöse Injektion in eine Ohrvene verwendet. Dieses Vorgehen kann zu Fehldeutungen Anlaß geben. Injiziert man aktiv oder passiv präparierten Meerschweinchen das Antigen intravenös, so verenden sie im akuten Schock, welcher durch eine spastische Verengerung der Bronchien bedingt wird; die Lunge wäre also das Schockorgan, die glatten Ringmuskeln der Bronchien das Schockgewebe. Wird aber das Antigen intraperitoneal injiziert, so sterben die Meerschweinchen im protrahierten Schock, der Bronchospasmus fehlt meist vollständig, die Lunge ist also nicht mehr das Schockorgan, sondern vermutlich die Leber und über das Schockgewebe ist eine gesicherte Aussage derzeit nicht möglich. Dieses Beispiel sollte zur Vorsicht mahnen, wenn man beim Kaninchen durch stete Injektion in die Ohrvene Symptome auslöst, welche dafür sprechen, daß sich das pathologische Geschehen am Eintreffsort, nämlich im rechten Herzen und den von ihm ausgehenden Pulmonalarterien ausschließlich abspielt.

Nach C. JACKSON (1935) soll beim Kaninchen — im Gegensatz zum Meerschweinchen — ein deutlicher Parallelismus zwischen der Intensität des anaphylaktischen Insultes und der Konzentration der im Blute zirkulierenden Antikörper — als Präzipitin bestimmt — zu konstatieren sein. JACKSON, der zu seinen Kaninchenversuchen nur ein Antigen, nämlich kristallisiertes Ovalbumin benutzte, fand, daß sich der mittlere Präzipitintiter bei jenen Kaninchen, die im Schock starben, auf 7,280 mg präzipitables Protein pro Kubikzentimeter Serum belief, bei Tieren, welche sich nach schwerem Schock erholten, auf 5,220 mg, bei jenen, welche minder schwere Reaktionen zeigten, auf 3,276 mg, und bei Kaninchen, welche schwach oder gar nicht reagierten, auf 2,271 bis 1,771 mg. M. W. CHASE (1948, S. 120) hält es auf Grund dieser Statistik für möglich, daß beim Kaninchen die Antigen-Antikörper-Reaktion im Blutstrom am pathologischen Effekt stärker beteiligt sein könnte als das Abreagieren von Antikörper und Antigen an den Geweben. Aber die Statistik von JACKSON ist inhomogen, indem er Kaninchen, welche überlebten, ein oder mehrere Male reinjizierte; die Resultate dieser Reinjektionen differierten, so daß ein und dasselbe Tier in der Statistik unter verschiedenen Rubriken der Reaktionsstärke und des Präzipitingehaltes im Blute figuriert. Auch waren von den 8 Kaninchen, die im Schock eingingen, 6 Weibchen und von diesen waren 4 trächtig und zwei zeigten die histologische Beschaffenheit des Endometriums, welche unter dem Einfluß des Hormons des corpus luteum zustande kommt. Auch sagt JACKSON selbst in den Schlußfolgerungen seiner hier zitierten Arbeit ausdrücklich, daß die Menge des Antigens, welche notwendig ist, um beim Kaninchen einen letalen anaphylaktischen Schock zu erzeugen, in keinem konstanten Verhältnis zur Konzentration des zirkulierenden Antikörpers steht, da bei 4 von den 8 Kaninchen, welche er im Schock verenden sah, relativ kleine Antigenmengen injiziert wurden. E. F. GROVE (1932a) kam jedenfalls auf Grund ihrer an einer größeren Anzahl von Kaninchen und mit zwei Antigenen (Ovalbumin und Pferdeserum) ausgeführten Versuchen zu dem entgegengesetzten Resultat wie JACKSON, da sie hervorhebt, daß die aktive Präparierung von Kaninchen nicht gänzlich von der Antikörperproduktion abhängen kann, indem Tiere mit starker Antikörperbildung gar nicht reagieren, während solche mit schwacher Antikörperbildung im Schock akut eingehen. Die Beziehungen zwischen der anaphylaktischen Reaktivität und dem zirkulierenden Antikörper verhalten sich demnach so, wie sie beim Meerschweinchen von zahlreichen Autoren, in neuerer Zeit auch wieder von H. R. COHEN und M. M. MOSKO (1943) geschildert wurden, wo man auch interessante Angaben über den differenten Einfluß des Sensibilisierungsmodus (intracardial, intraabdominal, intramuskulär) auf die Präzipitinbildung und die anaphylaktische Reaktivität findet.

Die schwere Funktionsstörung des Herzens, mag sie nun durch eine Lungensperre oder durch einen Spasmus der Coronararterien verursacht sein, macht es begreiflich, daß der Blutdruck im großen Kreislauf im akuten Schock des Kaninchens sehr schnell und bis auf niedrige Werte absinkt, in 2 bis 3 Minuten auf 20 bis 10 mm Hg und darunter, im protrahierten Schock etwas langsamer und nicht so erheblich [M. ARTHUS (1908/9, 1910), W. M. SCOTT (1910), J. AUER (1911), DRINKER und BRONFENBRENNER (1924), W. H. MANWARING (1910)]. Mit dem Blutdruck sinkt auch die Körperwärme.

Bei der Sektion findet man im Darme ähnliche Veränderungen wie beim Hunde, nämlich venöse Stauung, Ödeme, Blutungen, Epitheldesquamation und in späteren Stadien des Schocks auch oberflächliche Nekrosen [WOLFF-EISNER, SCOTT (1910), MANWARING, BEATTIE und MCBRIDE (1923)].

Wie B. ROSE und P. WEIL (1939) nachgewiesen haben, sinkt im anaphylaktischen Schock des Kaninchens der Histamingehalt des zirkulierenden Blutes. Dies vertrug sich nicht mit der Tendenz, alle anaphylaktischen und allergischen Phänomene auf eine Autointoxikation mit Histamin zurückzuführen. Um die Theorie zu retten, griff man auf die Beobachtungen von ABELL und SCHENK zurück, nach welchen die Leukocyten in den Gefäßen des Kaninchens klebrig werden, Klumpen bilden und am Gefäßendothel adhaerieren. G. KATZ (1940) berichtete, daß die farblosen Elemente des Kaninchenblutes reich an Histamin sind; stammen sie von einem spezifisch präparierten Kaninchen, so würden sie bei Antigenkontakt das Histamin abgeben und dieses würde am Orte der Entstehung auf die glatten Muskeln der Gefäße kontraktionserregend wirken. Das würde aber nichts anderes bedeuten, als daß die Leukocyten (und Blutplättchen?) den Antikörper enthalten und wäre in verkappter Form eine Rückkehr zur Hypothese vom zellständigen (sessilen) Antikörper, die lange Zeit so heftig bekämpft worden war. Im gleichen Jahre erschien jedoch eine Publikation von C. A. DRAGSTEDT, RAMIREZ, LAWTON und YOUMANS (1940), welche die Schlüsse, welche man aus den Versuchen von G. KATZ hätte ableiten können, illusorisch und ein rein humorales Geschehen wahrscheinlich machte. DRAGSTEDT und seine Mitarbeiter leiteten durch die isolierte Lunge eines normalen Kaninchens normales Kaninchenblut und setzten demselben ein Antiserum und das korrespondierende Antigen mit dem Effekt zu, daß die Passage durch die Lungengefäße reduziert wurde und daß in dem abströmenden Blut Leukopenie und eine Verminderung der Histaminkonzentration nachzuweisen waren. Diese Wirkungen traten rasch ein und waren davon unabhängig, ob das Antigen vor oder nach dem Antiserum oder gleichzeitig mit demselben der Perfusionsflüssigkeit zugesetzt wurde; sie werden als passive „Sensibilisierungen von Kaninchenblut" bezeichnet. Wie bei KATZ nehmen auch bei DRAGSTEDT und seinen Mitarbeitern die Leukocyten an der anaphylaktischen Reaktion teil und das Blut wird geradezu als das wichtigste Schockgewebe des Kaninchens bezeichnet; daß die Antigen-Antikörper-Reaktion notwendig ist, wird zugestanden, aber betont, daß keine Beweise dafür vorliegen, daß sich der Antikörper vorerst an die Leukocyten fixieren muß, damit seine Reaktion mit dem Antigen wirksam werden kann.

Daß Kaninchen durch Zufuhr einer genügenden Menge Immunserum passiv anaphylaktisch werden, wurde bereits 1909 von M. ARTHUS berichtet, und U. FRIEDEMANN (1909) sowie W. M. SCOTT (1911) konnten nachweisen, daß es beim Kaninchen keine „*Latenzperiode*" der passiven Anaphylaxie gibt, d. h. daß das Antigen auch dann die charakteristischen Symptome auslöst, wenn man es unmittelbar nach dem Immunserum intravenös injiziert. DRAGSTEDT und seine Mitarbeiter meinen nun, daß ihre oben geschilderten Experimente erklären, warum die Latenzperiode der passiven Anaphylaxie beim Kaninchen nicht notwendig ist, d. h. nicht eingehalten werden muß. Dieselbe Beobachtung wurde jedoch später auch bei der passiven Anaphylaxie des Hundes gemacht [K. L. BURDON (1946), N. P. SHERWOOD, STOLAND, KIRK und TENNENBERG (1948)] und selbst beim Meerschweinchen, bei welchem das Phänomen entdeckt wurde, kann man die Latenzperiode durch bestimmte Versuchsbedingungen stark reduzieren oder ganz zum Verschwinden bringen [C. E. KELLET (1935, 1936), H. R. DEAN, R. WILLIAMSON und G. L. TAYLOR (1936), H. ZINSSER und J. F. ENDERS (1936)]. Weder beim Hunde noch beim Meerschweinchen ist aber das Blut das Schockgewebe noch können die Leukocyten als Histaminquelle angesehen werden. Im übrigen sei auf S. 123ff. verwiesen.

4. Mäuse.

In neuerer Zeit haben R. S. WEISER, O. J. GOLUB und D. M. HAMRE (1941) eine ziemlich vollständige, bis zur Zeit ihrer Publikation reichende Übersicht über die Literatur, welche die Anaphylaxie dieser Tierspezies betrifft, veröffentlicht und den bereits bekannten Tatbestand durch eigene Untersuchungen in mancher Beziehung ergänzt.

Weiße Mäuse lassen sich conform den Angaben von BRAUN (1909/10), H. RITZ (1911), v. SARNOWSKI (1913), O. SCHIEMANN und H. MEYER (1926) u. a. aktiv präparieren (s. S. 24), doch sollen nach WEISER und seinen Mitarbeitern Differenzen zwischen verschiedenen Stämmen und individuelle Unterschiede zwischen Exemplaren desselben Stammes vorkommen, welche in Beziehung zu der Fähigkeit stehen, Antikörper (Präzipitine) zu bilden; es wird aber von den genannten Autoren ausdrücklich hervorgehoben, daß der aktiv anaphylaktische Zustand, wenn er sich entwickelt hat, lange Zeit fortbesteht, nachdem die Präzipitine aus dem Blute verschwunden sind.

Der Exitus tritt auch nach intravenösen Erfolgsinjektionen nur selten schon nach 7 bis 10 Minuten, meist erst nach 20 bis 30 Minuten, zuweilen auch nach 1 bis 1½ Stunden ein. Zunächst sind die Mäuse lebhaft und erregbar, dann werden sie ruhig und sitzen mit gesträubtem Pelz, tränenden oder geschlossenen Augen und starker Dyspnoe da. In der Regel nach 15 bis 20 Minuten setzt eine lähmungsartige Schwäche der hinteren Extremitäten ein, so daß diese wie bei einem Frosch gehalten und bei Gehversuchen der Tiere bewegt werden (sogenannte „Froschstellung“). Dann stellen sich in Schüben auftretende allgemeine Krämpfe ein, es entwickelt sich eine Cyanose, welche besonders an den Ohren und den Beinen deutlich zu sehen ist; schließlich werden die Bewegungen schwächer, die Mäuse reagieren nicht mehr auf Schmerz, die Atmung wird seicht und unregelmäßig und steht endlich ganz still. In diesem Syndrom ist nichts enthalten, was den Schluß auf ein bestimmtes Schockorgan oder Schockgewebe erlauben würde. Die Parese der hinteren Extremitäten und die Krampfparoxysmen sind insbesondere nicht für die anaphylaktische Reaktion der Maus, sondern für die Maus charakteristisch, da sie durch sehr verschiedene pathogene Agenzien, so z. B. durch das Toxin der Shigella dysenteriae hervorgerufen werden können. Da kein symptomatologischer Anhaltspunkt vorhanden war, suchte man den Angriffspunkt der pathogenen Antigen-Antikörper-Reaktion experimentell zu ermitteln und verlegte ihn in die Reticuloendothelien, weil die Blockade dieser Zellen durch Bakterien, Tusche, Lithionkarmin, Eisenzucker antagonistisch zu wirken schien [TH. EHMER und J. HAMMERSCHMIDT (1928), H. MEYER (1926)]. Indes konnte diese Beweisführung nicht überzeugen, wie R. DOERR (1929b) auseinandergesetzt hat.

Bei manchen Tierspezies können die Varianten der anaphylaktischen Versuchsanordnungen und die Bedingungen, unter welchen sie sich realisieren lassen, der Hypothesenbildung aussichtsreiche Wege weisen, wie dies beispielsweise bei der Latenzperiode der passiven Anaphylaxie des Meerschweinchens, bei der Erzeugung eines refraktären Zustandes durch übermäßige Antigenzufuhr oder den Experimenten an isolierten Organen der Fall war.

Was die Varianten der anaphylaktischen Versuchsanordnungen am intakten Tier anlangt, so geben sie bei der Maus durchwegs positive Resultate, ohne daß aus den erforderlichen Bedingungen ein sicherer Schluß auf den Mechanismus der anaphylaktischen Reaktion abgeleitet werden könnte.

So lieferten passiv anaphylaktische Resultate positive Ergebnisse bei der Vorbehandlung mit verschiedenen Immunsera, und zwar mit Immunsera von Kaninchen [H. RITZ (1911), v. SARNOWSKI (1913), O. SCHIEMANN und MEYER (1926), J. MEHLMAN und B. C. SEEGAL (1934), R. S. WEISER und Mitarbeiter (1941), K. L. BURDON (1946)] sowie mit homologem Immunserum von der Maus [WEISER und Mitarbeiter]. Allerdings fielen einige Kombinationen heterologen Charakters negativ aus, so die passiven Präparierungen mit Immunsera von Meerschweinchen [H. BRAUN (1910), WEISER und Mitarbeiter][1] sowie von Ratten und Hühnern [WEISER und Mitarbeiter], aber derartige, „inkompatible" Kombinationen, d. h. Unmöglichkeiten der passiven Übertragung des anaphylaktischen Zustandes, wenn Spender und Empfänger des Immunserums verschiedenen Spezies angehören, sind aus Versuchen an Meerschweinchen längst bekannt (s. S. 62) und ihre Deutung ist unsicher. J. MEHLMAN und B. C. SEEGAL (1934) konnten ferner weiße Mäuse in anaphylaktischen Schock versetzen, wenn sie dieselben mit einem Kaninchenimmunserum gegen den Pneumococcus I (Präzipitintiter 1 : 2000000) passiv präparierten und 24 Stunden später das Polysaccharid des Typus I intravenös einspritzten; doch mißlang der Versuch, wenn zur passiven Präparierung ein gegen denselben Typus I gerichtetes Immunserum vom Pferde (mit demselben Präzipitintiter 1 : 2000000) verwendet wurde. Daß sich Antipneumokokkensera von Kaninchen und vom Pferde auch in anderen Beziehungen voneinander unterscheiden können, weiß man heute durch die Arbeiten von M. FINLAND und E. CURNEN (1938) über die hämagglutinierenden Eigenschaften der Antisera gegen den Pneumococcus XIV, deren genauere Analyse durch P. B. BEESON und W. F. GÖBEL (1939) die Bedeutung der Provenienz solcher Immunsera (vom Kaninchen oder vom Pferde) enthüllte. Doch ist vorderhand nicht abzusehen, welcher Zusammenhang zwischen diesen Befunden und der von MEHLMAN und SEEGAL festgestellten Inkompatibilität des Antipneumokokkenserums I vom Pferde im passiv anaphylaktischen Versuch an der Maus besteht. Es kommt freilich noch hinzu, daß man mit Pferde-

[1] Nach K. L. BURDON (1946) soll auch die passive Präparierung mit Meerschweinchenimmunserum möglich sein [zit. nach H. W. CHASE (1948, S. 121)].

immunserum auch Meerschweinchen nicht passiv präparieren kann, wohl aber mit Kaninchenimmunserum. Da aber passiv anaphylaktische Versuche an der Maus auch mit Immunsera andrer Herkunft mißlangen (s. oben), so läßt sich die Konkordanz des Gegensatzes Pferdeantikörper versus Kaninchenantikörper bei Maus und Meerschweinchen nicht theoretisch verwerten. Man könnte nur, besonders mit Beziehung auf die Experimente von MEHLMAN und SEEGAL, in welchen die beiden Antikörper den gleichen Präzipitintiter hatten, folgende Überlegung anstellen: Wenn sich von den beiden präventiv injizierten Antikörpern bzw. Immunseris gleiche Quantitäten im Organismus und namentlich in der Blutzirkulation halten, ist es unwahrscheinlich, daß ein humoraler Vorgang, eine bloße „Präzipitation in vivo" das pathogene Agens ist, vielmehr wäre eher eine zellständige Reaktion, die durch die vorausgehende Fixierung des Antikörpers an bestimmte Gewebe ermöglicht wird, anzunehmen. Aber so wie beim Meerschweinchen hat man auch bei der Maus Varianten der passiv anaphylaktischen Versuchsanordnung mit positivem Resultat ausgeführt, welche dieser Annahme zu widersprechen scheinen.

So erzielten O. SCHIEMANN und H. MEYER (1926) letalen Schock, wenn sie Mäusen Antipferdeserum vom Kaninchen (Präzipitintiter 1 : 10000 bis 20000) intravenös und 2 bis 5 Minuten später Pferdeserum gleichfalls intravenös injizierten, oder wenn sie das Antiserum mit dem Antigen vor der intravenösen Injektion miteinander vermischten und das Gemisch sofort nach der Herstellung einspritzten. Ferner berichteten dieselben Autoren über gelungene Versuche, in welchen die Reihenfolge der Zufuhr der serologischen Reaktionskomponenten umgekehrt wurde (sogenannte umgekehrte oder inverse Anaphylaxie); die Mäuse erhielten zuerst Pferdeserum intravenös oder intraperitoneal und 24 bis 48 Stunden später Antipferdeserum vom Kaninchen oder von der Maus intravenös. R. S. WEISER und seine Mitarbeiter konnten diese invers-anaphylaktischen Versuche bestätigen, ebenso die früheren Angaben über die Möglichkeit der Desensibilisierung aktiv und passiv anaphylaktischer Mäuse durch schonende Antigenzufuhr.

Der passiv anaphylaktische Zustand ist bei der Maus wie bei allen warmblütigen Tierspezies von relativ kurzer Dauer (40 Tage nach WEISER und Mitarbeiter), da die Immunglobuline im Eiweißstoffwechsel rasch abgebaut werden [R. SCHÖNHEIMER, S. RATNER, D. RITTENBERG und M. HEIDELBERGER (1942b); vgl. auch MILLON, BALE, YUILE, MASTERS, TISHKOFF und WIPPLE (1949)]. Dagegen hält der aktiv anaphylaktische Zustand der Maus so wie jener des Meerschweinchens sehr lange an. R. WEISER und seine Mitarbeiter fanden noch 267 Tage nach der Sensibilisierung Anzeichen der Reaktion auf Antigenzufuhr, verwendeten aber zu diesen Bestimmungen Mäuse, denen sie die Nebennieren exstirpiert hatten, weil sie sich überzeugt hatten, daß diese Operation verstärkend auf die anaphylaktische Reaktion wirkt und daher gestattet, Reste der schwindenden Anaphylaxie nachzuweisen, die sonst dem Experimentator entgehen würden.

Mikroskopische Untersuchungen an den Ohren und Klauen von spezifisch vorbehandelten Mäusen zeigten, daß fast unmittelbar nach der intravenösen Erfolgsinjektion des Antigens (Pferde-, Schweine- oder Kaninchenserum) Kontraktionen der Arterien und Venen eintraten, in der Regel gleichzeitig, zuweilen aber auch so, daß die Zusammenziehung der Venen dem Arteriospasmus vorangeht oder umgekehrt. Im erstgenannten Fall füllen sich die Kapillaren strotzend mit Zellen, im zweiten erscheint die Haut blutleer. Wie PH. D. MCMASTER und HEINZ KRUSE (1949), welche diese schwierigen Beobachtungen mit Hilfe besonderer Apparaturen machten, feststellen konnten, treten diese Gefäßveränderungen auch, in weniger starker Ausprägung, auf, wenn die Mäuse keine Zeichen eines manifesten Schocks erkennen lassen, sind also empfindlichere Kriterien der anaphylaktischen Reaktion als das auf S. 131 beschriebene Syndrom des schweren oder letalen Schocks; sie hängen weder vom Blutdruck noch von den Nerven ab, sondern sind rein lokal bedingt. Diese Befunde, welche an der anaphylaktisch reagierenden Maus erhoben wurden, gleichen in jeder Beziehung den Gefäßreaktionen, welche ABELL und SCHENK durch das Mikroskop am Ohr des anaphylaktisch reagierenden Kaninchens verfolgen konnten, und bei beiden Tierspezies darf man sich fragen, ob sie als Ursache des Schocks und des Schocktodes zu betrachten sind, und bejahenden Falles, in welchem Gefäßgebiet die entscheidenden pathologischen Vorgänge ablaufen. Wie immer man diese Fragen beantworten will, ist doch eines gewiß. Die Anhänger der Histamintheorie fassen (s. S. 129) den letalen Schock des Kaninchens als eine akute Histaminvergiftung auf und wollen es plausibel machen, daß das hiezu erforderliche Histamin — für ein Kaninchen von 1000 g Körpergewicht wären 0,6 bis 3,0 mg notwendig — aus den Leukocyten und Blutplättchen durch die Antigen-Antikörper-Reaktion frei gemacht wird. Bei der weißen Maus hätte diese Theorie keine toxikologische Grundlage, denn die weiße Maus gehört zu den Warmblütern, die gegen Histamin in hohem Grade resistent sind; die intravenös tödliche Dosis beträgt für 1 kg Körpergewicht Maus 250 bis 300 mg oder, wenn man die Berechtigung der pharmakologischen Umrechnung auf das Körpergewicht nicht für gerechtfertigt erhält (s. S. 137), 5 mg für eine Maus von 20 g. Dazu gesellt sich noch eine Unwahrscheinlichkeit, welche aus der Berechnung auf das Kilogramm Körpergewicht nicht zu entnehmen ist, daß nämlich im Körper bzw. aus den Zellen der kleinen Maus eine größere Gewichtsmenge Histamin in Freiheit gesetzt werden könnte als im Organismus eines Kaninchens von 1500 bis 2000 g Körpergewicht.

5. Ratten.

Die intravenös letale Menge Histamin wird für Ratten mit 170 bis 500 mg pro Kilogramm Körpergewicht angegeben, für Mäuse mit 250 bis 300 mg. Beide Tierarten sind also hinsichtlich ihrer Empfindlichkeit für bzw. Resistenz gegen Histamin einander sehr ähnlich. Während sich aber Mäuse, speziell wenn man mit wiederholten Antigendosen präpariert, leicht und auch ziemlich regelmäßig aktiv anaphylaktisch machen lassen und auf intravenöse Erfolgsinjektionen des Antigens mit schweren Symptomen, ja mit letalem Schock reagieren, war es lange Zeit strittig, ob das aktiv anaphylaktische Experiment an Ratten überhaupt positive Resultate liefern kann. J. T. PARKER und F. J. PARKER (1924) konnten diese Frage im positiven Sinne entscheiden, indem sie zeigten, daß spezielle Bedingungen eingehalten werden müssen, um positive Ergebnisse zu erzielen, nämlich 1. die Präparierung durch wiederholte Antigendosen, ein Verfahren, das sich ja auch bei Antigenen von geringer Aktivität bewährt hatte und das nun für eine schwer präparierbare Tierspezies dienstbar gemacht wurde, und 2. die Einhaltung eines Intervalles von nicht mehr als zehn Tagen zwischen der letzten präparierenden Antigendosis und der auslösenden oder „Erfolgsinjektion". Eine ganze Reihe von Autoren — ihre Namen sind an anderer Stelle zitiert (s. S. 25) — bestätigten die Richtigkeit dieser beiden Vorschriften und auch die neueren Untersuchungen von A. HOCHWALD und F. M. RACKEMANN (1946a) haben an ihnen nichts Wesentliches geändert.

Die Symptome sind, auch wenn sie unter optimalen Verhältnissen auftreten, in der Regel mild; HOCHWALD und RACKEMANN sahen bei gut, d. h. mit einer vollständigen Diät gefütterten Ratten von 120 bis 150 g Körpergewicht nie einen Todesfall und etwa die Hälfte der Tiere bot überhaupt kein Zeichen einer krankhaften Störung. Auch H. N. PRATT (1935) konnte unter 52 Versuchen an weißen Ratten, die mit Pferdeserum oder frischem Eiereiweiß intradermal und intraperitoneal mehrmals präpariert und in eine freigelegte Schenkelvene reinjiziert wurden, nie einen Todesfall verzeichnen. Als Symptome gibt H. N. PRATT für schwere Reaktionen eine intensive Prostration an, welche sich dem Koma annähern kann, bei welcher aber die Cornealreflexe erhalten bleiben, unregelmäßige und oft verlangsamte Atmung, Cyanose, Exophthalmus, serös-blutigen Ausfluß aus der Nase und bisweilen Ödeme der Füße, bei kleinen Tieren auch Absinken der Körpertemperatur. Tötet man die Ratten in einem solchen Schock, so konstatiert man in den oberen Darmabschnitten — nach PRATT — venöse Hyperämie, Ödeme, Hämorrhagien und Eosinophilie, zuweilen auch in der Lunge Veränderungen, welche dem pathologischen Befund bei experimentellen Asthma entsprechen, wenn die Tiere schon intra vitam die Symptome einer asthmatischen Atemstörung dargeboten hatten. Ähnliche Angaben machte D. H. FLASHMAN (1926), namentlich über die starke Beteiligung des Gastrointestinaltraktes. FLASHMAN experimentierte aber an Ratten, welchen er, um den Schock zu verstärken, die Nebennieren exstirpiert hatte, und ein Teil der Versuchsratten von PRATT bestand infolge der Vitaminarmut der verabreichten Nahrung aus kleinen oder schlecht ernährten Exemplaren, von denen PRATT selbst bemerkt, daß der Schock bei ihnen klinisch ausgeprägter war als bei erwachsenen Tieren.

Es ist überhaupt auffallend, welchen ungehemmten Gebrauch die Autoren von schockverstärkenden Mitteln gemacht haben. Außer der bereits erwähnten Verwendung junger oder vitaminarm ernährter Exemplare und der Exstirpation der Nebennieren wurde auch die Hypophysektomie [N. MOLOMUT (1939)] zu diesem Zweck herangezogen und HOCHWALD und RACKEMANN behandelten die Ratten während der Sensibilisierung mit 1-Ascorbinsäure (20 mg per Tag) und injizierten kurz vor der Erfolgsinjektion 0,5 mg Thyroxin. Noch auffallender ist jedoch, daß fast alle Autoren mit den untereinander so verschiedenen Mitteln den gewünschten Erfolg, d. h. eine Verstärkung der klinischen Symptome des Schocks im Vergleich zu unbeeinflußten Kontrollratten erzielten. Die Hypophysektomie ergab nach N. MOLOMUT (s. S. 25) die radikalsten Unterschiede, welche hier etwas gekürzt wiedergegeben werden sollen:

		letaler Schock	schwere Symptome	mäßige Symptome	leichte oder keine Symptome
Hypophysektomierte Ratten	49	24	18	6	1
Kontrollratten	39	—	1	8	30

MOLOMUT betont, daß die Hypophysektomie keinen erheblichen und konstanten Einfluß auf die Antikörperproduktion (gegen Pferdeserum, kristalliertes Ovalbumin und Hammelerythrocyten) hat, daß also hier nicht die Ursache des differenten Verhaltens von operierten und nichtoperierten Ratten gesucht werden könne. Daß die operierten Tiere in der aus der Tabelle ersichtlichen Art auf die intravenöse Erfolgsinjektion des Antigens (1 ccm eines an sich nicht toxischen Pferdeserums) mit anaphylaktischen Symptomen reagierten, schloß MOLOMUT aus den klinischen Erscheinungen, der Art des Verlaufs und den Sektionsbefunden, wie sie von J. T. PARKER und F. PARKER (1924), D. H. FLASHMAN (1926), B. C. SEEGAL und D. KHORAZO (1929) geschildert wurden.

Einen Einblick in den Mechanismus der anaphylaktischen Reaktion der Ratte haben die angeführten Untersuchungen nicht gewährt. Wenn man auch zugibt, daß schwere Störungen der inneren Sekretion (operative

Ausschaltungen der Nebenniere oder der Hypophyse) besonders geeignet sind, den Schock zu verstärken, folgt daraus noch nicht, daß diese Organe bzw. ihre endokrinen Funktionen in den anaphylaktischen Schock unmittelbar eingreifen, sondern bloß, daß normale, erwachsene, gut gefütterte Ratten gegen die pathogene Antigen-Antikörper-Reaktion sehr widerstandsfähig sind und selbst schwere anatomische Veränderungen in Darm und Lunge ausgleichen können (wie die Sektionsbefunde von H. N. Pratt an Ratten, die im Stadium der Erholung getötet wurden, beweisen); der Schock wird erst der anderweitig schwer geschädigten Ratte gefährlich.

Aus den Arbeiten von W. T. Longcope (1922), W. C. Spain und E. F. Grove, E. L. Opie (1934), H. B. Kenton (1941), N. Molomut (1939), H. N. Pratt (1935) sowie von Hochwald und Rackemann (1946) geht hervor, daß Ratten Präzipitine gegen artfremdes Eiweiß bilden können; aber der Titer dieser Antikörper ist niedrig und sie halten sich im strömenden Blut nur kurze Zeit. Das wird als Grund angeführt, warum man zwischen der letzten sensibilisierenden Injektion und der reaktionsauslösenden Injektion des Antigens nicht mehr als 10 bis 15 Tage verstreichen lassen darf, wenn man ein positives Resultat, d. h. einen anaphylaktischen Schock erzielen will. Diese Motivierung ist aber nicht überzeugend, erstens weil es für verschiedene Tierarten (Meerschweinchen, Kaninchen, Mäuse) festgestellt wurde, daß der Titer des als Präzipitin im Blute zirkulierenden Antikörpers für die anaphylaktische Reaktivität aktiv präparierter Versuchstiere nicht maßgebend ist und zweitens, weil es außer Zweifel steht, daß der aktiv anaphylaktische Zustand den Schwund des Antikörpers aus dem Blutstrom lange überdauert (Meerschweinchen, Maus). Daß man sich über alle diese Erfahrungen einfach hinwegsetzen darf, um im niedrigen Titer und der kurzen Persistenz der zirkulierenden Präzipitine eine bequeme Erklärung für die außerordentliche Flüchtigkeit der aktiven Anaphylaxie der Ratte zur Hand zu haben, läßt sich vom Standpunkte wissenschaftlicher Kritik nicht bejahen. Wäre es doch denkbar, daß die Ratten so wie andere Versuchstiere auch nach dem optimalen Termin anaphylaktisch bleiben, daß aber die Reaktion subklinisch verläuft, wie sie ja auch unter den günstigsten Verhältnissen einen milden Charakter hat und bei einer großen Zahl der Ratten den Eindruck eines Nulleffektes macht.

In schematisierender Erwartung hat man versucht, dem Mechanismus des anaphylaktischen Schocks der Ratte auf dem Wege auf die Spur zu kommen, den H. H. Dale beim Meerschweinchen durch die Prüfung der Reizbarkeit des Uterushornes gegen Antigenkontakt beschritten hatte. Da die bereits früher erwähnten Sektionsbefunde darauf hindeuteten, daß sich der Prozeß bei der Ratte im oberen Darmabschnitt am stärksten auswirkt, wurden als Testobjekte nicht nur die Uterushörner weiblicher Ratten, sondern auch Streifen aus der Wand des Dünndarmes als Testobjekt verwendet. A. HOCHWALD und RACKEMANN (1946b) erwähnen kurz die Ergebnisse früherer Autoren und berichten über ihre eigenen Erfahrungen. Wenn man die Angaben liest, muß man über die Beharrlichkeit staunen, mit der hier gesucht wurde, was nicht zu finden war. Einige Belege für dieses Urteil. H. N. PRATT (1935), J. T. PARKER und F. J. PARKER (1924) und C. H. KELLAWAY (1930) prüften in der Daleschen Versuchsanordnung das Verhalten des Uterus sensibilisierter Ratten gegen Antigenkontakt; die positiven Reaktionen, welche die drei Autoren zusammen bei einer sehr großen Zahl von Versuchen erzielten, beliefen sich auf fünf und bestanden aus einer leichten Steigerung des Tonus des Uterusmuskels und einer Unterbrechung der spontanen Bewegung desselben. Trotz dieser Mißerfolge nahmen A. HOCHWALD und F. M. RACKEMANN die Versuche auf; sie benutzten als Testobjekte Streifen aus dem Jejunum von Ratten, die zum Teil mit Meerschweinchenserum, zum Teil mit Pferdeserum aktiv präpariert worden waren. Die Versuche mit Menschenserum ergaben völlig negative Resultate, d. h. es war kein Unterschied zwischen den Darmstreifen der aktiv präparierten und normaler (nicht vorbehandelter) Ratten zu konstatieren, was auf die reizende Wirkung des verwendeten Menschenserums zurückgeführt wurde. Auch Pferdeserum wirkte — nach den Angaben der genannten Autoren — reizend, aber die Reaktionen waren, wenn dieses Serum als Antigen verwendet wurde, weit stärker, wenn die Darmstreifen von sensibilisierten Ratten als wenn sie von normalen Kontrollratten stammten und die Kontraktionen der Darmstreifen von sensibilisierten Ratten wurden als anaphylaktische betrachtet, weil sie in dem Zeitintervall nach der Sensibilisierung am stärksten waren, in welchem auch das aktiv anaphylaktische Experiment an der lebenden Ratte die besten Resultate liefert. Indes vermögen weder die tabellarischen Zusammenstellungen noch die kymographisch aufgenommenen Bilder der Kontraktionen der Darmstreifen von der Richtigkeit der Schlußfolgerungen von HOCHWALD und RACKEMANN zu überzeugen.

Die Wirkung von Histamin auf den isolierten Rattenmuskel ist verschieden. Zuweilen werden Konzentrationen von 1 : 1000 reaktionslos ertragen und die Reaktion kann, wenn sie erfolgt, bald in einer Kontraktion und andere Male in einer Erschlaffung bestehen. C. H. KELLAWAY (1930) stellt aus diesem und anderen Gründen die Bedeutung des Histamins für den anaphylaktischen Schock der Ratte in Abrede. Dagegen wirkt Acetylcholin auf die glatte Darmmuskulatur sowohl der Ratte wie auch des Meerschweinchens in vitro gleich stark kontraktionserregend, was HOCHWALD und RACKEMANN (1946b) zu der Aussage veranlaßt, daß man vielleicht auf Grund dieser Tatsache zur Ermittlung der toxischen Substanz vordringen könnte, welche die anaphylaktischen Symptome der

Ratte verursacht. Die genannten Autoren nehmen also an, daß es sich auch in diesem Falle um eine Vergiftung durch einen Stoff handeln müsse, welcher durch die Antigen-Antikörper-Reaktion aus den Geweben freigemacht wird, obzwar der experimentelle Tatbestand gerade bei der Ratte keineswegs zu diesem Schlusse berechtigt.

6. Affen (Rhesus-Arten).

Affen wurden nur selten zu anaphylaktischen Experimenten verwendet und die negativen oder zweifelhaften Resultate ermutigten nicht dazu, die Versuche an diesen immerhin kostspieligen und schwer zu behandelnden Tieren fortzusetzen. H. ZINSSER faßte 1920 die bis dahin gemachten Erfahrungen zusammen und konstatierte, daß sich anaphylaktische Symptome bei niederen Affenarten nur schwer erzielen lassen, daß eine einzige präparierende Antigeninjektion wahrscheinlich nicht genügt, daß man aber doch gelegentlich schwache anaphylaktische Reaktionen zu Gesicht bekommt.

1936 teilten aber N. KOPELOFF, L. M. DAVIDOFF und L. M. KOPELOFF mit, daß sich Makaken (Macacus rhesus) durch eine oder mehrere intravenöse Injektionen großer Dosen von unverdünntem Hühnereiereiweiß (bis zu 10 ccm) sicher aktiv präparieren lassen, derart, daß die nach einem Intervall von zirka zwei Wochen ausgeführte Reinjektion desselben Materials — ebenfalls in massiver Dosierung — einen rasch tödlich verlaufenden Schock hervorrief. Bei einem Affen gelang auch die passive Übertragung mit 30 ccm Antieiereiweißserum von Kaninchen, welche intravenös injiziert wurden; die nach 18 Stunden vorgenommene Injektion von 10 ccm unverdünntem Hühnereiereiweiß bewirkte einen Kollaps, in welchem das Tier binnen vier Minuten verendete. Nun hatte schon ZINSSER (1920) Hühnereiereiweiß als Antigen in Versuchen an Makaken verwendet, aber in verdünntem Zustand, und die Sensibilisierung mit der 1 : 5 verdünnten Substanz, selbst wenn große Mengen mehrmals injiziert wurden, führte in den Nachprüfungen von KOPELOFF und Mitarbeitern stets zu Mißerfolgen. Das war zweifellos sehr merkwürdig und stand mit allen Erfahrungen an anderen Versuchstieren in unlösbarem Widerspruch. Doch hatten Kontrollen bewiesen, daß die Makaken, falls sie nicht spezifisch vorbehandelt worden waren, die intravenöse Injektion von 10 ccm unverdünntem Hühnereiereiweiß ohne merkbare Störung vertrugen.

In der gleichen Arbeit konnten N. KOPELOFF und seine Mitarbeiter über eine bemerkenswerte Form der lokalen Anaphylaxie berichten. Wenn nämlich aktiv präparierten Makaken 0,2 ccm Hühnereiereiweiß in eine Hirnhemisphäre, und zwar in die motorische Region injiziert wurde, traten kontralaterale Reiz- und Ausfallserscheinungen in den Muskeln des

Gesichtes und der Extremitäten auf. Die Tiere gingen nach wenigen Tagen ein und die Sektion ergab einen hämorrhagischen, im Zentrum nekrotischen Herd an der Stelle des Gehirnes, in welche das Antigen injiziert worden war.

1939 wurden die vorstehenden Angaben in mehrfacher Beziehung ergänzt [L. M. KOPELOFF und N. KOPELOFF (1939a)]. So wurden im Blute von Makaken nach mehreren präparierenden Injektionen von Hühnereiereiweiß Präzipitine festgestellt, welche aber nur mit Hühnereiereiweiß, nicht aber mit kristallisiertem Ovalbumin reagierten, und durch die Behandlung mit kristallisiertem Ovalbumin konnte keine Präzipitinbildung erzielt werden, obwohl sich Affen mit einem vom Kaninchen gewonnenen Serum gegen Ovalbumin gegen dieses passiv präparieren ließen. Es konnten also serologische Differenzen zwischen Hühnereiereiweiß und kristallisiertem Ovalbumin nachgewiesen werden, welche indirekt auch in dem Umstande Ausdruck fanden, daß Hühnereiereiweiß durch Verdünnung oder durch Filtrierung durch Papier sowohl seine sensibilisierende wie seine schockauslösende Wirkung größtenteils einbüßte. Besonders bemerkenswert war aber, daß weder das Uterushorn noch Darmstreifen aktiv oder passiv anaphylaktischer Affen in der Schultz-Daleschen Versuchsanordnung auf Antigenkontakt reagierten, was später von M. M. ALBERT und M. WALZER (1942) bestätigt wurde; Histamin, dessen Konzentration nicht angegeben wird, bewirkte bei allen Testobjekten eine spastische Kontraktion. Schließlich sei noch betont, daß passive Übertragungen von mit Hühnereiereiweiß präparierten Affen auf Meerschweinchen trotz der außerordentlichen Verschiedenheit des Mechanismus der anaphylaktischen Reaktionen dieser beiden Tierspezies gelangen, besonders dann, wenn das passiv präparierende Affenserum Präzipitine gegen das auslösende Antigen (Hühnereiereiweiß), wenn auch nur von niedrigem Titer enthielt. Es bestand also in diesem Falle keine Inkompatibilität, obzwar sie wahrscheinlicher war als in vielen anderen heterolog passiven Kombinationen, wo sie mit Sicherheit konstatiert worden ist.

Für die Stellungnahme zu den bisher zitierten Versuchsergebnissen war es zweifellos wichtig, daß es sich als möglich erwies, Makaken auch mit anderen Antigenen als gerade nur mit unverdünntem Hühnereiereiweiß anaphylaktisch zu machen. L. M. KOPELOFF und N. KOPELOFF (1939b) injizierten mehrmals große Dosen normales Pferdeserum intravenös und erreichten, daß die Tiere mit schwerem, zum Teil tödlich verlaufendem Schock reagierten, nachdem sie genügend lange spezifisch vorbehandelt worden waren. Aber der Schock trat nicht so plötzlich ein und führte nicht so rasch zum Exitus wie bei der Verwendung von Hühnereiereiweiß als Antigen; es dauerte längere Zeit (bis zu 24 Stunden), bevor die Affen unter allmählicher Verschlimmerung ihres Zustandes eingingen. Der Schultz-Dalesche Versuch am Uterus sowie an Darmstreifen war auch hier negativ, und heterolog passive Übertragungen von Affen auf Meerschweinchen erwiesen sich als möglich. Präzipitine für Pferdeserum waren nach wiederholten präparierenden Injektionen im Blute der Affen vorhanden; es wurde aber auch hier, wie bei so vielen anderen Tierspezies, erneut konstatiert, daß der Titer des zirkulierenden Präzipitins in keinem Verhältnis zum Grad der anaphylaktischen Reaktivität bzw. zur Intensität des auslösbaren Schocks stand.

Als Symptome dieser protrahierten Schockform werden genannt: Beschleunigung der Atmung, Schwäche, Salivation, Erbrechen, Blutabgang aus dem Anus, Ödem des Gesichtes, Prostration mit oder ohne Verlust des Bewußtseins, Cyanosis. Bei manchen Tieren traten auch an der Haut um die Augen, an der Conjunctiva oder über die ganze Haut disseminiert kleine Hämorrhagien auf. Bei der Sektion wurden zahlreiche Hämorrhagien, oft von Emphysem begleitet, in den Lungen gefunden, Blutungen und Ödem im Dickdarm, Blutungen im Mesenterium, in der Leber, im Pankreas, zuweilen auch in Lymphknoten.

Ganz anders, und zwar sowohl im Hinblick auf die klinischen Symptome als auch mit Rücksicht auf den Sektionsbefund ist der akute anaphylaktische Schock, den L. M. Kopeloff und N. Kopeloff (1939a) mit unverdünntem Hühnereiereiweiß auszulösen vermochten. Nach der intravenösen Erfolgsinjektion zeigen die Affen in diesem Falle sofort Atembeschwerden, Bewußtlosigkeit und Kollaps und der Tod tritt in der Regel schon nach acht Minuten ein. Bei der Sektion wurde außer einem gelegentlichen Emphysem und petechialen Hämorrhagien in der Lunge nichts konstatiert als eine auffallende Erweiterung aller Herzkammern und eine Erweiterung des Magens [N. Kopeloff, L. M. Davidoff und L. M. Kopeloff (1936), L. M. Kopeloff und N. Kopeloff (1939a)].

Nun kennt man zwar auch beim Meerschweinchen einen akut letalen und einen protrahierten Schock. Aber beim Meerschweinchen ist nicht die Natur des Antigens dafür maßgebend, ob ein akut letaler oder ein protrahierter Schock zustande kommt, sondern die Art der Einverleibung bzw. der Umstand, ob das auslösende Antigen genügend rasch und in hinreichender Konzentration in das zirkulierende Blut gelangt. Beim Macacus rhesus sollen sich die Dinge umgekehrt verhalten. Wenn man bedenkt, daß Affen von relativ geringem Körpergewicht 10 ccm des unverdünnten, hochviskösen Hühnereiklars intravenös eingespritzt wurden, daß Verdünnen und Filtration die Wirkung abschwächte, daß sich kristallisiertes Ovalbumin anders verhielt wie Eiklar, und daß der Tod anscheinend ein Herztod war, darf man, ohne sich den Vorwurf prinzipieller Skepsis zuzuziehen, fragen, ob die Kontrollen genügend waren, um eine physikalische Mitwirkung des unverdünnten Eiklars auszuschließen. Jedenfalls wären Versuche an Affen mit anderen Antigenen einerseits und Experimente mit unverändertem Eiklar an anderen Tieren (Hunden) erwünscht, um völlige Klarheit zu schaffen.

Im anaphylaktischen Schock der niederen Affen wurden von L. W. Kinsell, L. M. Kopeloff, R. L. Zwenner und N. Kopeloff (1941) Veränderungen des Blutes festgestellt, von welchen eine beträchtliche Abnahme der Blutplättchen und eine erhebliche Leukopenie (hauptsächlich eine Reduktion der Granulocyten) als konstante Befunde obenan stehen. Beide können auch bei Affen nachweisbar sein, welche klinisch keine Zeichen eines Schocks darbieten, was den Schluß zuläßt, daß der Schock auch subklinisch verlaufen kann.

Affen sind gegen Histamin empfindlich. Die intravenös tödliche Dosis wird pro Kilogramm Körpergewicht auf 50 mg geschätzt. Kinsell und Mitarbeiter heben hervor, daß die Histaminvergiftung symptomatologisch und hinsichtlich des Blutbildes dem anaphylaktischen Schock der Affen ähnlich ist, daß sie aber nicht mit einer Abnahme der Blutplättchen einhergeht und daß sich auch die Gerinnbarkeit des Blutes nicht ändert. Auf die theoretischen Betrachtungen, welche an diese Befunde geknüpft werden, soll hier nicht eingegangen werden.

7. Andere Säugetiere (Katzen, Rinder, Pferde).

Katzen und Opossums sind schon im normalen (nicht sensibilisierten) Zustande gegen intravenöse Injektionen artfremder Sera, besonders auch gegen das sonst so häufig verwendete Pferdeserum, sehr empfindlich; sie reagieren auf intravenöse Erstinjektionen mit plötzlicher Blutdrucksenkung und Herzinsuffizienz und können schon nach kleinen Dosen im akuten Schock verenden, so daß sich hier hinsichtlich der primären Toxizität des Antigens zum Teil analoge Verhältnisse ergeben wie bei dem von Ch. Richet für seine ersten anaphylaktischen Experimente verwendeten Aktinokongestin. Die primäre Toxizität artfremder Sera für Katzen wurde von Brodie (1900), Manwaring (1911), W. H. Schultz (1912), C. W. Edmunds (1914) sowie C. K. Drinker und J. Bronfenbrenner (1924), für das Opossum von C. W. Edmunds (1914) festgestellt. Wie man sich diese primäre Toxizität artfremder Sera für bestimmte Tierspezies immunologisch erklären soll, konnte bisher nicht befriedigend aufgeklärt werden. Die Eigenschaften der Serumproteine scheinen für die Toxizität der Sera nicht maßgebend zu sein, da zwar Pferdeserum, Kaninchen- und Meerschweinchenserum (sowie Hühnereiereiweiß) für alle Katzen primär giftig sind, Hammel- und Hundeserum dagegen nach den Angaben von Drinker und Bronfenbrenner bloß für gewisse Exemplare und für diese sogar in besonders hohem Grade.

Solche Erstwirkungen lassen sich nicht immer leicht von anaphylaktischen, durch eine vorausgegangene spezifische Präparierung bedingten

Reaktionen unterscheiden, und zwar weder durch die Größe der erforderlichen (auslösenden) Serumdosis noch auch qualitativ durch die klinische Erscheinungsform und ihre experimentelle Analyse. Nur beim Opossum ist die anaphylaktische Reaktionsform als solche durch Respirationsstörungen charakterisiert, welche in abgeschwächter Intensität die Phänologie des akuten bronchospastischen Schocks der Meerschweinchen nachahmen; man beobachtet nämlich verstärktes Inspirium und abgeschwächtes Exspirium, deren Zusammenwirken ein fünf Minuten lang anhaltendes Lungenemphysem verursacht, das schon äußerlich an einer deutlichen Erweiterung des Thorax erkennbar ist. Wie beim Meerschweinchen wurde auch beim Opossum eine durch Antigenkontakt bedingte Kontraktion der Bronchialmuskulatur angenommen [JORDAN (1911), C. W. EDMUNDS (1914)]; die anatomische Grundlage in der Form einer relativ gut entwickelten Bronchialmuskulatur ist nach den Untersuchungen von JORDAN (zitiert nach EDMUNDS, S. 189) vorhanden, doch soll die Breite des die Bronchien umgürtenden Muskelwalles geringer sein als beim Meerschweinchen. In Anbetracht ihrer geringen Intensität und kurzen Dauer können jedoch die geschilderten Atemstörungen nicht die eigentliche Ursache des Schocks und der Blutdrucksenkung sein, und diese beiden Symptome treten eben auch als Folgen von Erstinjektionen artfremder Sera auf, so daß auch beim Opossum die Grenze zwischen diesen und den anaphylaktischen Reaktionen nicht scharf markiert erscheint, sofern man nicht auf ein Teilsymptom, sondern auf das gesamte Erscheinungsbild abstellt. Über den Schock der Katze äußert sich R. DOERR (1929b, S. 732) wie folgt: „Wie der Schock der Katze zustandekommt, ist nicht sicher und konnte auch durch vergleichsweise Heranziehung des Histaminschocks dieser Tierspezies (H. MAUTHNER und E. P. PICK, DALE und RICHARDS, A. R. RICH) nicht bestimmt beantwortet werden; die Hypothesenbildung hat die verschiedensten Kombinationselemente, die sich aus der Analyse des Schocks anderer Tierarten ergaben (Lebersperre, Lungensperre, primäre Herzlähmung, Kapillarerweiterung im großen Kreislauf) benutzt, ohne zu einem definitiven Resultat zu gelangen.“ Der Schock der Katze wurde zuerst von T. G. BRODIE (1900) genauer beschrieben und wurde daher als Brodies-Reaktion bezeichnet; er zeichnet sich hauptsächlich aus durch plötzlich einsetzende Störungen der Herzaktion, einem erheblichen Absinken des Blutdruckes bis auf 25 mm Hg binnen 15 Minuten und Veränderungen der Atmung. Autoptisch konstatiert man eine Schwellung der Leber (C. W. EDMUNDS).

Zu den voranstehenden Ausführungen ist zu bemerken 1. daß man, wenn von „primärer Serumtoxizität“ im engeren Sinne die Rede ist, jene Fälle auszuschalten hat, in welchen das injizierte Normalserum nachweislich natürliche Antikörper gegen die Zellen des Versuchstieres enthält; 2. daß Normal- oder Immunsera im frischen Zustande, speziell wenn sie intravenös und in größeren Dosen injiziert werden, in der Regel Störungen, speziell auch schockartige Reaktionen und rasch eintretenden Exitus hervorrufen können. Über diese flüchtige Toxizität frischer Normal- und Immunsera liegen sehr zahlreiche Untersuchungen vor, welche in praktischer Hinsicht insoferne aufschlußreich waren, als sie zu bestimmten Angaben über die Dauer der Ablagerung der Sera führten, welche notwendig ist, um diese Art der primären Toxizität auszulöschen. S. G. RAMSDELL und J. DAVIDSOHN (1929) halten einen Zeitraum von 48 bis 72 Stunden im allgemeinen für genügend, erwähnen aber, daß sich die Toxizität zuweilen auch längere Zeit erhalten kann. BR. RATNER (1943) empfiehlt daher, homologe oder heterologe Sera einige Tage bis zu einem Monat oder mehr aufzubewahren, bevor man sie zu Versuchen verwendet. Was das so häufig verwendete Pferdeserum betrifft, so wird es (im abgelagerten Zustande intravenös injiziert) von Meerschweinchen sowie von Kaninchen selbst in relativ großer Menge ohne Zeichen pathologischer Auswirkung vertragen, so daß man sich durch Vorversuche an diesen Tierspezies überzeugen kann, daß Reaktionen, die man mit einer solchen Probe an anderen Versuchstieren (Katzen, Opossums) erzielt. nicht dem Serum, sondern dem lebenden Testobjekt zur Last zu legen sind,

Die theoretischen Arbeiten über die Ursachen der primären Serumtoxizität [Literatur bei BR. RATNER (1943, S. 14 bis 16)] führten dagegen nicht zu übereinstimmenden Resultaten; es ist aber wahrscheinlich, daß tatsächlich verschiedene Faktoren in Betracht kommen. Als Kuriosität, weil nicht hinreichend aufgeklärt, sei ergänzend angeführt, daß R. DOERR und WEINFURTER (1912) die Toxizität intravenös injizierter Sera bestimmter Kaninchen für Meerschweinchen auf mehr als das Dreifache durch wiederholte Aderlässe der Kaninchen steigern konnten. Nach einem erreichten Maximum fiel jedoch die Toxizität wieder auf niedrigere Werte, obwohl die Blutentziehungen weiter fortgesetzt wurden.

An Pferden und Rindern, welche zuweilen ebenfalls — aber nur in Einzelfällen — auf Erstinjektionen artfremder Sera schwer, ja mit Exitus reagieren, können auch typische anaphylaktische Experimente ausgeführt werden, derart, daß Erstinjektionen artfremder Proteine wirkungslos bleiben, während Reinjektionen desselben Antigens allgemeine oder lokale anaphylaktische Symptome auslösen. Als klinische Merkmale des anaphylaktischen Schocks wurden von F. GERLACH (1922), M. RETZENTHALER (1924), F. W. WITTMANN (1925) angegeben: Dyspnoe, Absetzen von Kot und Urin, intensiver Juckreiz, ausgedehnte Quaddeleruptionen, Tränen der Augen, eine (oft exzessive) Speichelabsonderung, Ödeme an den Beinen und Blutungen der sichtbaren Schleimhäute, Cyanose. In späterer Zeit beschäftigten sich C. F. CODE und H. R. HESTER (1939) erneut mit der Anaphylaxie beim Pferd und beim Kalb; sie beobachteten außer den schon früher beschriebenen Manifestationen des

Schocks bei zwei Pferden starken Schweißausbruch und bei einem Pferd, das acht Minuten nach der Erfolgsinjektion verendete, schien die Störung der Atmung die Todesursache zu sein. Daß die Histaminkonzentration im Blute sinkt, wurde bereits an anderer Stelle erwähnt (s. S. 118).

8. Vögel.

Die Symptomatologie des anaphylaktischen Schocks der Taube wurde von F. DE EDS (1926) und J. E. GAHRINGER (1926) beschrieben. Akut letaler Schock kann durch intravenöse Erfolgsinjektion in einem wechselnden Prozentsatz (nach DE EDS bis zu 50% der Einzelversuche) erzielt werden, was zum Teil von der Natur und der injizierten Dosis des Antigens, vermutlich auch von der Rasse der Tauben, abhängt. Ist die Reaktion intensiv, so treten sofort heftige Atembeschwerden ein, die Inspiration wird beschleunigt (bis zu 200 Inspirationen in der Minute), die Exspiration wird forciert, die Atmung nimmt einen krampfhaften und unregelmäßigen Charakter an und wird durch Husten und Ausfluß von reichlichem Sekret aus den Nasenlöchern sowie durch Schlingbewegungen gestört. Salivation, profuser Tränenfluß und Absetzen von wässerigen, kopiösen Exkrementen ergänzen das Bild. Es setzt eine allgemeine Muskelschwäche ein, welche die Tauben zwingt, das Gleichgewicht durch Aufstützen der gespreizten Flügel auf dem Boden aufrechtzuerhalten, bis auch dies nicht mehr genügt, um das Umfallen des Tieres auf eine Seite zu verhindern. Tremores werden häufig beobachtet. Erholt sich die Taube, so gehen die klinisch wahrnehmbaren Zeichen des Schocks binnen 1 bis 1½ Stunden völlig zurück.

Im anaphylaktischen Schock der Taube nimmt die Gerinnbarkeit des Blutes zu und P. KYES und E. R. STRAUSER (1926) sahen in einer intravitalen Bluteindickung oder Blutgerinnung die physikalische Ursache des Schocks, weil sie denselben durch präventive Injektion von Heparin fast mit absoluter Sicherheit verhindern konnten. P. J. HANZLIK, E. M. BUTT und A. B. STOCKTON (1927) prüften jedoch diese Ergebnisse mit einem anderen Antigen (Pferdeserum statt Hammelserum) nach und kamen zu negativen Resultaten. Vielleicht ist das „Schockorgan" der Taube das Herz, was man auf Grund der Tatsache vermuten könnte, daß es FR. WITTICH (1941) gelang[1], am isolierten Herzen von Hühnerembryonen in etwa einem Drittel der Fälle durch Antigenkontakt eine Verlangsamung der Schlagfolge, eine Abnahme der Amplitude und Herzstillstand in der Diastole zu erzielen. Es liegen aber, soweit der Verfasser hierüber orientiert ist, keine entscheidenden Angaben über das Verhalten des Herzens erwachsener Vögel im anaphylaktischen

[1] Vgl. hiezu auch N. P. SHERWOOD (1928).

Schock vor; auch spricht die vollständige Erholung der Tauben nach einem anaphylaktischen Schock eher gegen eine schwere Schädigung der Herzfunktionen.

Die glatten Muskeln des Kropfes der Taube beteiligen sich an einer anaphylaktischen Reaktion, was sich an dem in situ belassenen Kropf leicht demonstrieren läßt, indem man in den durch Fasten entleerten Kropf von außen eine Fischblase einführt und dieselbe aufbläht; Kontraktionen der Ringmuskulatur bewirken eine Kompression der Fischblase, die sich unter Zwischenschaltung eines Manometers auf einer rotierenden Trommel verzeichnen läßt [P. J. HANZLIK und A. B. STOCKTON (1926, 1927), HANZLIK, BUTT und STOCKTON (1927)]. Durch eine ergänzende Vorrichtung kann man auch das Verhalten der äußeren Längsmuskulatur des Kropfes registrieren; sie ist der Reaktion der Ringmuskeln entgegengesetzt, d. h. die Längsmuskeln erschlaffen, wenn sich die Ringmuskeln kontrahieren. Durch peripher angreifende Reizgifte, wie durch Histamin, Barium und Physostigmin kann die anaphylaktische Reaktion des Kropfes verstärkt werden, läßt sich aber durch die genannten Pharmaka auch bei nicht sensibilisierten Tauben hervorrufen; ihr Auftreten im anaphylaktischen Schock ist peripher bedingt, erfordert aber doch die Integrität der peripheren neuro-muskulären Elemente der Kropfmuskulatur, da sie nach vollkommener Degeneration der Nerven nicht mehr zustande kommt.

9. Kaltblüter.

Sandschildkröten können durch mehrmalige Injektionen von 2 bis 4 ccm Warmblüterserum (vom Menschen, Kaninchen oder Hammel) aktiv präpariert werden, derart, daß sie in 30 % der Versuche auf die intracardiale Reinjektion mit Verlangsamung und Abschwächung der Schlagfolge der Herzohren, zuweilen auch der Ventrikel, reagieren; das diastolische Intervall ist beträchtlich verlängert und das Herz füllt sich strotzend mit Blut (Vagusreizung?). In situ belassen, erholt sich das Herz binnen 5 bis 10 Minuten und erweist sich dann als desensibilisiert. Im Serum ließen sich zuweilen spezifische Präzipitine nachweisen [C. M. DOWNS (1928)]. Interessant ist, daß N. P. SHERWOOD und C. M. DOWNS (1928) Schildkröten auch passiv anaphylaktisch machen konnten, zwar nicht mit Kaninchenimmunserum, wohl aber mit einem Immunserum von Hähnen, das einen hohen Titer hatte. Das passiv präparierende Hahnserum vermochte auch Hühnerembryonen passiv zu sensibilisieren und die Reaktionen des Herzens beim Hühnerembryo und bei der Schildkröte waren einander sehr ähnlich (vgl. S. 59). Das passiv anaphylaktische Experiment an der Schildkröte war an die Einhaltung einer Latenzperiode von 24 bis 48 Stunden (minimal von vier

Stunden) gebunden und seine Umkehrung (die „inverse" Anaphylaxie) erwies sich als unmöglich. Bei einer im natürlichen System weit entfernten Tierspezies kehren, die Richtigkeit der Beobachtungen vorausgesetzt, Erscheinungen wieder, die an ganz anderen Versuchstieren (Meerschweinchen, Hühnerembryo) sichergestellt worden waren.

Die Untersuchungen über die Anaphylaxie anderer Kaltblüter (Frösche, Fische) ergaben Resultate, welche nicht nur mit den eben zitierten Experimenten an Schildkröten, sondern auch untereinander in Widerspruch stehen.

Bei sensibilisierten Fröschen soll nach der Injektion des Antigens in eine Bauchvene lähmungsartige Schwäche eintreten, so daß die Tiere nicht mehr hüpfen, sondern nur noch kriechen können, in welchem Zustande schließlich der Exitus erfolgt; die Erscheinungen sollen sich aber erst nach einer mehrstündigen, völlig symptomfreien Latenz entwickeln und der Tod meist nicht vor Ablauf von 24 bis 36 Stunden erfolgen [E. FRIEDBERGER und S. MITA (1911), K. A. FRIEDE und M. K. EBERT (1926)]. Diese Angaben wurden jedoch bestritten, so von J. L. KRITCHEWSKY und O. G. BIRGER (1924) sowie von K. GOODNER (1926). GOODNER gab zwar zu, daß sich Frösche aktiv sensibilisieren lassen, nur solle sich dieser Zustand nicht in äußerlich wahrnehmbaren Symptomen manifestieren, sondern lediglich durch die [auch schon von FRIEDBERGER und MITA sowie von H. KÖNIGSFELD (1925) festgestellte] Empfindlichkeit des isolierten Herzens gegen Antigenkontakt nachweisbar sein. N. B. DREYER und J. W. KING (1948) nehmen neuerdings einen völlig ablehnenden Standpunkt ein, weil sie in wenigen Versuchen[1] an Rana pipiens, in welchen Pferdeserum als Antigen verwendet wurde, *keine anaphylaktischen Erscheinungen* konstatieren konnten, und weil sie sich auch von der Empfindlichkeit des isolierten Herzens präparierter Frösche nicht zu überzeugen vermochten. Dagegen berichten DREYER und KING über anaphylaktische Versuche an Fischen aus der Gruppe der Teleostier (Goldfischen, verschiedenen Barscharten), welche durch intraperitoneale Injektion von 0,1 bis 0,2 ccm Pferdeserum oder Eiereiweiß sensibilisiert und auf dieselbe Weise und mit gleichen Dosen reinjiziert wurden. Wenige Sekunden nach der Reinjektion wurde der vordere Teil der Rückenflosse fächerartig zusammengefaltet und die ganze Flosse dicht an den Körper angeschmiegt; ähnliche Reaktionen traten auch an der Bauch- und Schwanzflosse, selten an den Brust-

[1] Es werden nur zehn Einzelversuche an Rana pipiens erwähnt. Die Frösche wurden durch eine Injektion von 0,2 ccm Pferdeserum präpariert und nach 2 bis 4 Wochen mit derselben Serumdosis reinjiziert. Die Art der Reinjektion wird nicht angegeben. Das negative Resultat konnte also durch ungenügende Präparierung oder durch die Art der Reinjektion verschuldet sein, ganz abgesehen von der ungenügenden Zahl der Versuche.

flossen auf. Gleichzeitig wurde die Bewegung der Kiemendeckel beschleunigt, die Fische konnten mit Mühe ihre natürliche Lage im Wasser beibehalten, machten einen trägen Eindruck und sanken schließlich auf den Boden des Aquariums. Dieser Zustand hielt mehrere Stunden an. Ein letaler Ausgang wurde in sehr zahlreichen Versuchen nie beobachtet, vielleicht weil die Erfolgsinjektionen nicht intravenös und nur mit kleinen Antigenmengen vorgenommen wurden. Die Reaktionen waren spezifisch und an die Einhaltung einer Inkubationsperiode gebunden, deren minimale Dauer mit 10 Tagen bestimmt wurde. Versuche, Reaktionen an isolierten Organen oder Geweben sensibilisierter Fische (Herz, Muskelpräparate) nach Art des Schultz-Daleschen Tests durch bloßen Antigenkontakt auszulösen, fielen negativ aus. Die Histaminvergiftung der Fische war symptomatologisch der anaphylaktischen Reaktion ähnlich.

Außer an Schildkröten, Fröschen und Fischen wurden anaphylaktische Versuche auch an Regenwürmern, und zwar auch an diesen mit angeblich positivem Resultat [S. Gr. Ramsdell (1927)], ausgeführt. Dreyer und King halten alle diese Angaben über Anaphylaxie bei kaltblütigen Tieren für „relativ unwichtig". Wichtig erscheint ihnen, daß man in den Fischen aus der Gruppe der Teleostier ein anderes brauchbares Versuchsobjekt für die Erforschung des Mechanismus der Anaphylaxie zur Verfügung habe, speziell wenn man die Teleostier den Elasmobranchiaten gegenüberstellt, welche in vitro auf Histamin nicht reagieren. Zwar sei auch bei den Teleostiern das „Schockorgan" noch nicht sichergestellt, doch seien die Symptome an den Flossen ein Hinweis auf die genauere Untersuchung der glatten Muskeln, welche die Bewegungen der Flossen regulieren, und auf die Rolle des autonomen Nervensystems.

Wenn man aber die gesamte Literatur über die Anaphylaxie kaltblütiger Tiere durchstudiert hat, kommt man zu einem Urteil, das man, die Worte eines berühmten Schriftstellers mutatis mutandis anwendend, in folgenden Satz kleiden könnte: „Man hat so viele fleißige und geistreiche Arbeiten, aber ihrer tausend könnte man zuvor gelesen haben und stünde doch von diesem Wechsel der Versuchsresultate und Meinungen ganz unberaten da."

10. Die anaphylaktischen Reaktionen des Menschen.

Bret Ratner hat in seinem Werk „Allergy, Anaphylaxis and Immunotherapy" (1943) zu diesem Thema weit ausführlicher Stellung genommen als beispielsweise R. Doerr in seinen zahlreichen zusammenfassenden Darstellungen [R. Doerr (1909, 1910, 1912, 1913, 1926, 1929a, 1929b)]. Gründe, das Problem der Anaphylaxie von der tierexperimentellen Seite her aufzurollen und das Verhalten des Menschen nicht zum Ausgangspunkt der Betrachtung zu machen, waren und sind auch heute noch vorhanden. Es waren ja Tierversuche, welche in der Anaphylaxie ein Phänomen sui generis enthüllten und seine Basis, eine in vivo ablaufende Antigen-Antikörper-Reaktion, bloßlegten. Zweitens bestand die Tendenz, die Gefahren der parenteralen Injektionen artfremder Sera für den Menschen so weit als möglich zu verkleinern, um die aufblühende Heilserumtherapie nicht in Mißkredit zu bringen; in der bekannten Statistik von W. H. PARK (1913) fand dieses Bestreben seinen Ausdruck. Zweitens kommt es ja nur selten vor, daß beim Menschen zufälligerweise alle jene Bedingungen eingehalten werden, welche im Tierexperiment für das positive Ergebnis des zweizeitigen aktiv anaphylaktischen Versuches maßgebend sind: eine genügend intensive spezifische Vorbehandlung, die Einschaltung des für die Entwicklung der anaphylaktischen Reaktivität erforderlichen Zeitraumes und die Reinjektion des Antigens der Vorbehandlung auf eine der erfahrungsgemäß gefährlichen Arten (intravenös, intraspinal). Endlich ist die Ursache schwerer, zuweilen tödlich verlaufender Schockreaktionen nach Injektionen von Pferdeserum beim Menschen oft nicht in einer vorausgegangenen Präparierung mit diesem Antigen, sondern in einem präexistenten ,,Pferdeasthma" zu suchen [S. N. WILEY (1908), H. F. GILLETTE (1909), A. DE BESCHE (1923), T. H. BOUGHTON (1919)]. Solche Pferdeasthmatiker reagieren schon auf subkutane Erstinjektionen von Pferdeserum mit schweren oder tödlichen Allgemeinerscheinungen, während strenge Kriterien des aktiv anaphylaktischen Experimentes nicht nur fordern würden, daß subkutane Erstinjektionen von Pferdeserum ohne klinische Zeichen einer pathologischen Wirkung ertragen werden, sondern daß auch die für sensibilisierte Individuen an sich gefährlicheren Arten der Antigenzufuhr, speziell die intravenöse, für nicht vorbehandelte Personen reaktionslos bleiben. Aus der experimentellen Entstehungsgeschichte des Anaphylaxiebegriffes geht ja auch unzweideutig hervor, daß man darunter nie etwas anderes als eine durch spezifische Vorbehandlung *erworbene* Reaktivität verstanden hat, und auch CH. RICHET wurde, trotz der Verwendung von primär hochtoxischen Antigenen a limine auf die richtige Spur geleitet, weil seine Versuchshunde auf eine zweite Injektion quantitativ und qualitativ anders reagierten als auf die erste. Durch M. ARTHUS (1903), welcher als Versuchsobjekte Kaninchen und als Antigen das für diese Tierart intravenös atoxische Pferdeserum wählte, wurde die Idee des auf Antigenwirkung beruhenden Zustandes pathologischer Reaktivität in den Brennpunkt gerückt.

Nun kommen aber auch beim Menschen Fälle vor, welche den Kriterien eines aktiv anaphylaktischen Experimentes durchaus entsprechen. In einem Bericht von R. W. LAMSON (1924) und einer späteren Zusammenstellung von F. L. KOJIS (1942) wird dies unter Anführung von einschlägigen Beobachtungen zugegeben, und auch BR. RATNER kommt nach kritischer Sichtung des kasuistischen Materiales zu dem Schlusse, daß Reinjektionen (scil. von Pferdeserum) mit der Gefahr einer induzierten Anaphylaxie, eines Schocks oder selbst eines tödlichen Ausganges belastet seien, besonders wenn das Intervall zwischen Erstinjektion und Reinjektion 10 Tage oder mehr beträgt. An einer anderen Stelle des Kapitels über die durch vorangegangene Seruminjektionen induzierte Anaphylaxie des Menschen und ihre schweren Folgen schreibt BR. RATNER (1943, S. 497) nicht mit Unrecht: „The number of tragedies of this kind that have occured without any report in the medical literature can only be surmised.“ Aber in dem Punkte stimmen die Autoren, welche über genügende Erfahrungen verfügen, überein, daß die Gefahr einer Pferdeseruminjektion bei einem Pferdeasthmatiker ungleich größer ist als die einer induzierten Anaphylaxie, schon deshalb, weil für den Asthmatiker kleinste und subkutan injizierte Serummengen verhängnisvoll werden können. Dieses Urteil betrifft nach der Auffassung des Verfassers in erster Instanz den Grad der Gefahr; über die Frequenz läßt sich schwer ein zutreffendes Urteil abgeben, da die literarische Reportage einseitig auf die interessanteren Fälle bei Pferdeasthmatikern eingestellt war (s. hiezu das obige Zitat aus BR. RATNER).

Die experimentelle Anaphylaxieforschung hat ergeben, daß die Symptomatologie des anaphylaktischen Insultes für die verschiedenen Tierarten (Hund, Meerschweinchen, Kaninchen) verschieden, für ein und dieselbe Tierart jedoch gleichartig ist, und die physio-pathologische Analyse der klinischen Erscheinungen führte zwar nicht überall zu gesicherten Aussagen über den Mechanismus der Schockphänomene, aber doch zu der allgemeineren Erkenntnis, daß auch in dieser Hinsicht artgebundene Differenzen existieren müssen. Daher das Bestreben, für jede Spezies das „Schockorgan“ und im „Schockorgan“ das „Schockgewebe“ ausfindig zu machen. Man hat aber im Auge zu behalten, daß gewisse Veränderungen bei allen Tierspezies in mehr oder minder starker Ausprägung festzustellen sind und daß es nicht leicht ist, den protrahierten Schock des Meerschweinchens vom anaphylaktischen Schock des Hundes zu unterscheiden. Wenn man vom Schock des Meerschweinchens schlechtweg spricht, meint man immer das bronchospastische Symptom, dessen Realisierung jedoch an bestimmte Arten der auslösenden Injektion gebunden ist. Schon im Jahre 1921 hat R. DOERR auf diese mannigfaltigen Bedingtheiten der Reaktionsform bei ein und derselben Tierart ausführlich hingewiesen. Man darf vielleicht noch einen anderen Umstand betonen, der auf den ersten Blick banal erscheint, der aber zweifellos das Urteil über die anaphylaktischen Reaktionsformen des Menschen beeinflußt hat. Als man sich mit diesen zu beschäftigen begann und sich zu dem Zugeständnis bequemte, daß es beim Menschen nicht nur Allergien (Idiosynkrasien) gibt, sondern daß auch echte (spezifisch induzierte) anaphylaktische Reaktionen beobachtet werden, lagen bereits ausführliche Arbeiten über die Anaphylaxie des Hundes, des Kaninchens und des Meerschweinchens vor, und die Versuchung lag daher nahe, die anaphylaktischen Symptome des Menschen mit diesen drei scheinbar so scharf charakterisierten Typen zu vergleichen.

BR. RATNER (1943) vertritt nun die Ansicht, daß beim Menschen der Meerschweinchentypus die häufigste anaphylaktische Reaktionsform ist, sei es als akute bronchospastische Erstickung, sei es in den milderen und mehr protrahiert verlaufenden Varianten. Insbesondere sollen Individuen disponiert sein, welche in den Kinderjahren an Asthma oder an mit Asthma komplizierten allergischen Erscheinungen gelitten haben [BR. RATNER (1938)]. RATNER (1943, S. 600) hält es daher für wahrscheinlich, daß das Lungengewebe des Menschen ebenso wie das des Meerschweinchens „phylogenetisch für die Sensibilisierung prädisponiert ist", was wohl bedeuten soll, daß die Bronchialmuskulatur beim Meerschweinchen wie beim Menschen auf den Kontakt mit auslösenden Substanzen (anaphylaktischen Antigenen oder Allergenen) elektiv mit einer starken Kontraktion reagiert.

Dagegen spricht aber die Tatsache, daß der glatte Muskel sensibilisierter Rhesusaffen auf Antigenkontakt überhaupt nicht reagiert [M. M. ALBERT und W. WALZER (1942)], und das gleiche scheint für *den Menschen zu gelten*, wenn man eine Beobachtung von L. TUFT[1] für maßgebend hält. Ferner bestreitet M. WALZER (1936), daß der glatte Muskel der Sitz des immunologischen Prozesses beim allergischen Asthma ist, und F. M. RACKEMANN (1944), der über zahlreiche, durch Asthma bedingte Todesfälle berichten konnte, konstatiert zwar, daß der Tod durch Erstickung herbeigeführt wird, aber nicht infolge eines Bronchospasmus, sondern durch eine eigenartige Veränderung des Bronchialsekretes, welches aus bisher unbekannten Gründen paroxysmal und schließlich dauernd in einen außerordentlich zähen Schleim verwandelt wird, der in Form von Pfropfen die Lumina der feineren Bronchien obturiert und nur schwer oder gar nicht ausgestoßen werden kann. Wohl haben L. HUBER und K. KÖSSLER (1922), deren Befunde von BUBERT (1935) und von LUISADA (1934) bestätigt wurden, bei der histologischen Untersuchung der Lungen von Asthmatikern eine im Vergleich zur Norm stärker entwickelte Bron-

[1] TUFT konnte Streifen der Uterusmuskulatur einer Frau untersuchen, bei welcher die sectio caesarea ausgeführt werden mußte. Die Frau war im Stadium vorgeschrittener Schwangerschaft mit Pferdeserum injiziert worden, ihre Haut reagierte auf Pferdeserum positiv und ihr Blut enthielt Präzipitine für dieses Antigen. Im Schultz-Daleschen Versuch zeigten aber die Uterusstreifen, obwohl sie sich auf den Kontakt mit Histamin oder Pituitrin prompt kontrahierten, keine Andeutung einer Reaktion, wenn man zum Wasserbad, in welchem die Streifen suspendiert waren, Pferdeserum zusetzte.

chialmuskulatur — neben einer deutlichen Hypertrophie der Schleimdrüsen der Bronchialschleimhaut, was meist nicht erwähnt wird — festgestellt, aber, wenn die Befunde richtig sind, können sie ebensowohl als Arbeitshypertrophie aufgefaßt werden, welche durch den unausgesetzten Kampf um die Freihaltung der Bronchiolarlumina bedingt ist. Selbstverständlich kommt es unter diesen Umständen zur Entwicklung eines Emphysems, das man, wenn es bei der Sektion eines an Asthma gestorbenen Menschen gefunden wird, nicht ohne weiteres als das pathogenetische „Äquivalent der Lungenblähung" des im akuten Schock verendeten Meerschweinchens auffassen darf.

Wenn man daher bei aktiv oder passiv präparierten Meerschweinchen durch Inhalation des fein vernebelten Antigens Anfälle von exspiratorischer Dyspnoe und Hustenattacken wiederholt hervorrufen und durch fortgesetzte Inhalation die Tiere töten kann [P. KALLOS und L. KALLOS-DEFFNER (1937, 1942), P. KALLOS und PAGEL (1937)], hat man allerdings ein experimentelles Modell vor sich, das dem Asthma bronchiale des Menschen ähnlich ist, um so mehr, als die Meerschweinchen nach dem Abklingen der Anfälle einen zähen, fädigen Schleim auswerfen sollen [KALLOS und KALLOS-DEFFNER (1937, S. 243)]. Aber es handelt sich doch nur um eine *Krankheit des Meerschweinchens*, einer Tierspezies, für welche erstens die bronchospastische Erstickung im akuten Schock und zweitens die allgemeine Fähigkeit glatter Muskeln, im sensibilisierten Zustande auf Antigenkontakt mit kräftigen Kontraktionen zu antworten, sichergestellt sind; beim Menschen ist keine dieser beiden Grundlagen der Reaktionsform des Meerschweinchens vorhanden bzw. nachgewiesen und sie fehlen auch bei anderen Tierspezies, z. B. manchen Nagern (Maus, Ratte, Kaninchen), welche dem Meerschweinchen im natürlichen System näherstehen als der Mensch. Was somit in den Versuchsergebnissen von KALLOS und KALLOS-DEFFNER vorliegt, ist nach der Auffassung des Verfassers als eine Pseudomorphose der klinischen Phänologie des Asthma bronchiale der Menschen zu betrachten, bewerkstelligt auf der Basis der phylogenetisch bedingten Reaktivität des Meerschweinchens durch eine besondere Art und Dosierung der auslösenden Antigenzuführung. Bekanntlich kann man beim Meerschweinchen einen Bronchospasmus nicht nur durch Inhalation des Antigens, sondern auch durch intravenöse, intracardiale, intracerebrale und subkutane Injektionen hervorrufen.

Immerhin, wenn man den anaphylaktischen oder allergischen (idiosynkrasischen) Schock des Menschen mit dem akut letalen Schock des Meerschweinchens vergleicht, hat man wenigstens einen Fixpunkt: man kennt den Mechanismus des akut letalen Schocks der Meerschweinchen mit hinreichender Sicherheit, um vergleichende Betrachtungen am Menschen anstellen zu dürfen. Für den protrahierten Schock des Meerschweinchens gilt dies nicht mehr in gleichem Maße und noch weit weniger für jene klinischen Beobachtungen, aus welchen geschlossen wurde, der Mensch könne zuweilen auch nach der Art des Kaninchens oder des Hundes reagieren. Daß der Schock des Kaninchens auf einer Lungensperre und jener des Hundes auf einer Lebersperre oder auf einer aktiven Erweiterung der Leberkapillaren beruht, sind vorderhand Hypothesen, und für das Kaninchen konnte der Verfasser zeigen, daß der akut letale Schock auch auf eine spastische Kontraktion der Coronararterien des Herzens zurückgeführt werden könnte (s. S. 126). In Anbetracht der Unbestimmtheit der Vergleichsobjekte wird hier darauf verzichtet, alle von Br. Ratner (1943) angeführten kasuistischen Belege für das Vorkommen von „Kaninchenschock“ oder „Hundeschock“ beim Menschen zu zitieren. Vielfach wird übrigens bei diesen Vergleichen sehr oberflächlich vorgegangen, indem beispielsweise aus einer Blutdrucksenkung und der verminderten Gerinnbarkeit des Blutes auf eine Reaktion nach Art der Hunde geschlossen wird, weil es sich um zwei Kardinalsymptome der Anaphylaxie des Hundes handle; aber diese Symptome begleiten auch den Schock anderer Tierarten, so den Schock des Kaninchens, den protrahierten Schock des Meerschweinchens, den Serumschock der Katze, des Opossums usw.

Der Angriffspunkt der pathogenen Antigen-Antikörper-Reaktion beim Menschen, oder um die in der experimentellen Anaphylaxieforschung gebräuchlichen Termini anzuwenden, das der Spezies „Mensch“ eigentümliche „Schockorgan“ und das „Schockgewebe“ sind bisher nicht ermittelt worden. Dagegen erhält man beim Studium der reichhaltigen, von Br. Ratner zusammengetragenen Kasuistik den bestimmten Eindruck, daß die Symptome, und im Falle eines tödlichen Ausganges, auch die autoptischen Befunde weitgehend durch die schon vorher bestehende physio-pathologische Körperverfassung determiniert werden. Menschen mit asthmatischer Veranlagung oder bestehendem Asthma sterben auch im anaphylaktischen Insult den Tod des Asthmatikers (s. S. 151), ältere Leute oder Patienten, welche an cardio-vaskulären Störungen leiden, werden durch das Versagen des Herzens dahingerafft [D. D. Rutstein, Reeds, Langmuir und Rogers (1941)]; und wahrscheinlich ist die von E. Clark und B. I. Kaplan (1937) und E. Clark (1938) als „Serum carditis“ beschriebene Reaktionsform nichts anderes als ein Herztod bei Patienten, die an anderen, schweren Krankheiten leiden und nach einer Seruminjektion plötzlich sterben.

Die Pathologie der „Serum carditis“ ist nicht völlig aufgeklärt. Clark und Kaplan haben in solchen Fällen Proliferationen der Histiocyten im Endocard der Herzhöhlen und der Herzklappen und in der Intima der Aorta, der Pulmonalarterien und vor allem auch in der Intima der Coronararterien festgestellt und in einem Falle fanden sich sogar nekrotisierende Prozesse an den feineren Verzweigungen der Coronargefäße. CLARK und KAPLAN konnten diese Befunde nur bei Personen erheben, welche auf Seruminjektionen allergisch reagiert hatten und vermißten sie stets bei Individuen, die zwar Seruminjektionen bekommen, aber reaktionslos vertragen hatten; sie betrachten daher die beschriebenen Veränderungen als allergische Auswirkungen der Injektionen von artfremdem Serum. Darüber kann man geteilter Meinung sein. Die anatomischen Veränderungen am Herzen und an den Coronararterien waren jedoch tatsächlich vorhanden, und Störungen der Herzaktion wurden von einigen Beobachtern [G. H. WADSWORTH und C. A. BROWN (1940), T. T. FOX und C. R. MESSELOFF (1942)] intra vitam elektrokardiographisch konstatiert. Man kann daher RATNER (1943, S. 507) nicht beipflichten, wenn er erklärt, daß der Tod bei den von CLARK beschriebenen Fällen durch die verschiedenen Krankheiten, an denen die betroffenen Individuen litten, verursacht worden sei, und daß man die auf Serumreaktionen bezogenen Befunde als zufällig (unwesentlich) zu betrachten habe. Es ist vielmehr wahrscheinlich, daß das durch Seruminjektion ausgelöste Versagen des Herzens die unmittelbare Todesursache war, und daß die verschiedenen Krankheitszustände der Patienten die Disposition schufen, welche einer relativ geringfügigen Einwirkung auf das anatomisch und funktional geschädigte Herz zu einer verhängnisvollen Auswirkung verhalfen. Übrigens gibt RATNER a. a. O. selbst zu, daß man über die Bedeutung der bei Serumcarditis festgestellten Veränderungen noch kein abschließendes Urteil fällen könne und daß das Verhalten des Herzens bei Serumreaktionen weiter studiert werden müsse. Ich verweise auf meine Ausführungen im Kapitel über die anaphylaktischen Reaktionen des Kaninchens, aus welchen hervorging, daß sich der plötzliche Schocktod dieser Tierart am einfachsten durch einen Spasmus der Coronararterien erklären läßt. Dieser Hinweis sollte aber nicht dazu verleiten, die Fälle von Serumcarditis beim Menschen unter die Reaktionen nach dem Kaninchentypus einzureihen; die Entstehungsbedingungen und der Mechanismus sind verschieden und selbst die Beteiligung des Herzens erfolgt nicht unter gleichen Voraussetzungen.

V. Antianaphylaxie.

Wie viele unzweckmäßige Fachausdrücke hat sich auch dieser von A. BESREDKA 1907 eingeführte Terminus bis heute erhalten, jedoch nicht nur nach dem Trägheitsgesetz, sondern weil es sich herausstellte, daß ein passender Name für die Mannigfaltigkeit, die sich unter dem Zeichen der „Antianaphylaxie" auftat, nicht zu finden war. Schon vom etymologischen Standpunkt war die „Antianaphylaxie" ein doppeldeutiger Begriff, der a priori zwei Möglichkeiten umspannte, nämlich

1. jede Verminderung oder totale Beseitigung eines *bereits vorhandenen* anaphylaktischen Zustandes und

2. jede Verhinderung der *Entwicklung* des anaphylaktischen Zustandes unter Umständen, welche sonst, d. h. abgesehen von dem hemmenden Eingriff das Eintreten dieses Zustandes bewirken müßten.

Jede dieser beiden Möglichkeiten umfaßt aber Eingriffe, die nicht nur äußerlich, sondern auch durch den Mechanismus des antagonistischen Effektes differieren, und da man nicht alle antianaphylaktischen Wirkungen zu einer biodynamischen Einheit zusammenschweißen konnte, half man sich auf eine Art, die auch sonst bei Verlegenheiten, welche durch eine verfrühte einheitliche Namengebung verursacht werden, üblich sind: man versuchte, die antianaphylaktischen Phänomene in mehrere Kategorien einzuteilen, die Verschiedenheiten der Kategorien nachzuweisen und sie zum Teile auch mit besonderen Bezeichnungen zu belegen. Eine dieser Einteilungen wurde von R. DOERR (1929a) als Provisorium vorgeschlagen; sie soll der folgenden Darstellung als Grundlage dienen geändert und ergänzt unter Rücksichtnahme auf neuere Forschungsergebnisse.

1. Die spezifische Desensibilisierung.

Alle Anaphylaktogene, d. h. alle Substanzen, welche beim Versuchstier den anaphylaktischen Zustand herbeizuführen vermögen, sind Vollantigene und als solche mit der Fähigkeit ausgestattet, die Produktion von spezifischen Antikörpern in Gang zu bringen. Das passiv anaphylaktische Experiment beweist, daß der anaphylaktische Zustand auf dem Besitz von solchen Antikörpern beruhen muß und daß die anaphylaktischen Reaktionen auf eine Antigen-Antikörper-Reaktion in vivo zurückzuführen sind. Es gibt wohl derzeit keinen Autor, der gegen diese Sätze einen begründeten Einwand vorbringen könnte. Sind sie anerkannt, so ergibt sich daraus unmittelbar der Schluß, daß mit dem völligen Schwunde des Antikörpers aus dem Organismus auch der anaphylaktische Zustand ein Ende finden muß. Dies ist der Grund, warum sowohl die aktive als auch die passive Anaphylaxie nur eine begrenzte Dauer haben, die aktive, weil die Antikörperproduktion aufhört, die passive, weil das zugeführte Immunglobulin im Eiweißstoffwechsel verbraucht wird. Allerdings ist dieser zwangsläufige Konnex zwischen Antikörperschwund und Beendigung des anaphylaktischen Zustandes nur bei der passiven Anaphylaxie völlig evident, wo er auch durch die Untersuchungen von R. SCHÖNHEIMER, S. RATNER, RITTENBERG und HEIDELBERGER (1942a) über die Lebensdauer der Antikörpermoleküle auf andere Weise begründet wird. Im aktiv anaphylaktischen Versuch kann der anaphylaktische Zustand die Nachweisbarkeit der Antikörper im strömenden Blute erheblich überdauern, besonders beim Meerschweinchen. Wie man sich diesen scheinbaren Widerspruch zu erklären hat, wurde bereits an anderer Stelle ausführlich auseinandergesetzt; jedenfalls reagieren isolierte Organe (Uterushorn, Darm) so, als wenn der Antikörper noch im Blute kreisen würde. Übrigens genügt die kurze und innerhalb kleiner Schwankungen auch gesetzmäßige Dauer der passiven Anaphylaxie, um jeden Zweifel an den Ursachen der *spontanen* spezifischen Desensibilisierung zu beseitigen.

Nun kann bekanntlich der Antikörper in vitro durch das zugehörige Antigen gebunden werden und ist in dieser Verbindung als solcher nicht mehr wirksam. Wenn im Organismus des anaphylaktischen Tieres dieselben Bedingungen für eine derartige Absättigung des Antikörpers bestehen wie im Reagenzglase, müßte es gelingen, den anaphylaktischen Zustand durch die Injektion einer hinreichend großen Antigenmenge auszulöschen. Große Antigenmengen können den Tod des Versuchstieres zur Folge haben; wenn aber die Tiere den Schock überstehen, sind sie unmittelbar nachher und noch einige Zeit (bis etwa zwei Wochen) gegen erneute Antigeninjektionen refraktär, eine Tatsache, die schon in der ersten Epoche der Anaphylaxieforschung festgestellt wurde [R. Otto (1906), M. J. Rosenau und J. F. Anderson (1906), F. P. Gay und E. E. Southard (1907), A. Besredka und E. Steinhardt (1907)]. Als Beweise, daß es sich hier um eine spezifische Desensibilisierung handelt, wurden von R. Doerr (1929a, S. 888) angeführt:

„1. Die Möglichkeit der Absättigung des anaphylaktischen Antikörpers in vitro, welche den allgemeinen Gesetzen der Spezifität der Immunitätsreaktionen gehorcht.

2. Das Tierexperiment, mit welchem gezeigt werden konnte:

a) daß sensibilisierte Tiere durch das Antigen der Vorbehandlung desensibilisiert werden, nicht aber durch beliebige Eiweißantigene,

b) daß Tiere, welche gegen zwei Antigene aktiv oder passiv präpariert und mit einem Antigen desensibilisiert werden, gegen das andere anaphylaktisch bleiben [E. Friedberger, Szymanowski, Kumagai et al. (1912), A. Lumière und H. Couturier (1921) u. a.],

c) daß die durch das spezifische Antigen desensibilisierten Tiere (Meerschweinchen) unter Umständen sofort wieder passiv anaphylaktisch werden können und daß hiezu dieselben Mengen präparierenden Antiserums nötig sind wie bei normalen Kontrollen (R. Weil, Coca, Kössler). Diese Möglichkeit einer sofortigen „passiven Resensibilisierung" lehre, daß die Desensibilisierung auf einer Absättigung des Antikörpers beruhen muß.

3. Durch Versuche an isolierten Organen, welche den sub 2 aufgezählten Experimenten am intakten Tiere nachgebildet sind.

Das Uterushorn, der überlebende Darm oder das Gefäßpräparat, das isolierte Herz sensibilisierter Tiere lassen sich in vitro durch Antigenkontakt desensibilisieren (DALE, R. MASSINI, BRACK, FRIEDBERGER und SEIDENBERG, N. P. SHERWOOD, C. M. DOWNS u. v. a.) und hierauf durch homologe Immunsera wieder passiv resensibilisieren (DALE). Präpariert man ein Meerschweinchen mit zwei oder drei verschiedenen Antigenen aktiv, so kann man am isolierten Uterusstreifen oder Darm durch sukzessive Einwirkung der Antigene mehrere Kontraktionen hintereinander auslösen; auf einen erneuten Kontakt mit einem bereits verwendeten Antigen reagiert hingegen der glatte Muskel nicht mehr (DALE, DALE und HARTLEY, MASSINI, BAN, BRACK u. v. a.)".

Es hat jedoch immer Autoren gegeben, welche die spezifische Desensibilisierung nicht anerkennen und alle Formen der Antianaphylaxie auf unspezifische Vorgänge zurückführen wollten. Zu ihnen gehören die Begründer der Anaphylaxieforschung CH. RICHET und M. ARTHUS, ferner W. KOPACZEWSKI (1920), G. BESSAU (1915) und in späterer Zeit M. C. MORRIS (1936). MORRIS begründete seinen Standpunkt durch besondere Versuche, die hier nur kurz wiedergegeben werden können.

MORRIS stellte vorerst fest, daß passiv sensibilisierte und spezifisch desensibilisierte Meerschweinchen nicht mit derselben Dosis des homologen oder irgendeines heterologen Immunserums passiv resensibilisiert werden können wie normale Meerschweinchen, das heißt, daß sie nicht denselben Grad von anaphylaktischer Reaktivität zeigen. Das wird als vollkommen zureichender Beweis hingestellt, daß die Antianaphylaxie auf unspezifischen Vorgängen beruhen müsse (s. hiezu S. 170). Um nun auch das Verhalten des zellständigen Antikörpers, der sich ja quantitativ nicht direkt bestimmen läßt, zu prüfen, wurden Meerschweinchen passiv mit Anti-Friedländer-Serum (Typus B) sensibilisiert und mit dem zugehörigen Polysaccharid desensibilisiert; sie waren nach der Desensibilisierung ebenso resistent gegen die Infektion wie nicht-desensibilisierte Kontrollen, und die Titrierung des Antikörpergehaltes der Sera desensibilisierter und nicht desensibilisierter Meerschweinchen im Schutzversuch an Mäusen ergab, daß der Antikörper, der als zellständig aufgefaßt wird, nicht in dem Ausmaße abgenommen hatte, um den Grad des refraktären, durch die Desensibilisierung bewirkten Zustandes zu erklären. Wie MORRIS dazukommt, den die Immunität der Meerschweinchen bedingenden passiv einverleibten Antikörper als zellständig (cellular) zu bezeichnen, ist um so weniger verständlich, als er eben diesen Antikörper im Schutzversuch an Mäusen als humoralen, im Blute zirkulierenden Antikörper quantitativ bestimmt. Sodann wäre zu bemerken, daß man nicht erwarten darf, daß sich Meerschweinchen, die man passiv sensibilisiert, spezifisch desensibilisiert und schließlich resensibilisiert, wie normale Tiere verhalten. So komplizierte Versuchsanordnungen schalten soviel neue Faktoren ein, daß die abgeleiteten Schlüsse a priori als unsicher gelten müssen.

Zu den von R. DOERR a. a. O. angeführten Argumenten für die Existenz der spezischen Sensibilisierung kommen noch die bemerkenswerten Versuche von A. F. COCA und M. KOSAKAI[1] (1920) hinzu, aus welchen hervorging, daß zwischen der partiellen Absättigung eines präzipitierenden Immunserums durch Antigen in vitro und der Abnahme seiner passiv präparierenden Wirkung für Meerschweinchen ein deutlicher Parallelismus besteht, derart daß zur Hervorrufung einer erneuten Präzipitation und zur Auslösung des Schocks bei den mit dem partiell neutralisierten Präzipitin passiv präparierten Tieren eine nach Maßgabe der Neutralisierung des Antikörpers wachsende Antigenmenge erforderlich ist. Diese Angaben wurden von R. DOERR[1] (1933) nachgeprüft und in vollem Umfang bestätigt.

Objektiv betrachtet liegt die Sache so, daß von allen Autoren, auch von den Anhängern der Histamin- und der Acetylcholintheorie, zugegeben wird, daß den anaphylaktischen Phänomenen eine Antigen-Antikörper-Reaktion zugrundeliegt, und daß wir nur eine Art dieser Reaktion kennen, die gegenseitige Bindung oder, anders ausgedrückt, die wechselseitige Neutralisierung der serologischen Reaktionsfähigkeit. Da nun die Antianaphylaxie, d. h. das refraktäre Verhalten nach dem Ablauf eines anaphylaktischen Schocks eine Tatsache ist, muß man sich, wenn man die Neutralisierung des Antikörpers durch das Antigen der Erfolgsinjektion kategorisch verneint, fragen, welcher andere Mechanismus in Betracht gezogen werden könnte. Die Antwort auf diese Frage lautet stets ganz unbestimmt; so nimmt z. B. M. C. MORRIS „sekundäre Veränderungen an, deren Natur noch nicht endgültig festgestellt ist“. Wer sich vorbehaltslos auf den Boden der Histaminhypothese stellt, könnte an eine Tachyphylaxie gegen Histamin oder an eine Erschöpfung des aus den Schockgeweben abspaltbaren Histamins denken. Aber die Tachyphylaxie hält nur kurze Zeit, meist nur wenige Stunden an [K. BUCHER und R. DOERR (1950)], während der als Antianaphylaxie bezeichnete refraktäre Zustand (beim Meerschweinchen) mehrere Tage (bis zu zwei Wochen) nachweisbar ist. Und mit einer Erschöpfung des abspaltbaren Histamins kann man auch nicht rechnen, da man an einem und denselben Uterushorn eines sensibilisierten Meerschweinchens durch steigende Antigenkonzentrationen drei bis vier Kontraktionen hervorrufen kann, welche an Intensität nicht ab-, sondern zunehmen [R. DOERR (1933); s. auch S. 79 f.].

Bei der umgekehrten (inversen) Anaphylaxie werden die Tiere (Kaninchen oder weiße Mäuse) durch die Injektion von Antigen empfindlich gegen die folgende Injektion von Immunserum; ist die Reaktion abge-

---

[1] Diese zwei Publikationen sind in der Publikation von M. C. MORRIS (1936) nicht angeführt.

laufen, so sind die Tiere desensibilisiert, d. h. sie reagieren auf eine zweite Injektion von Immunserum nicht mehr [E. L. OPIE und J. FURTH (1926), O. SCHIEMANN und H. MEYER (1926)]. Daß die Desensibilisierung in diesem Falle durch die Absättigung der zweiten Reaktionskomponente, nämlich des Antigens, bedingt ist, konnten OPIE und FURTH dadurch beweisen, daß sie statt Immunserum eine gleiche Quantität Normalserum injizierten und feststellten, daß dann die Desensibilisierung nicht eintrat.

2. Die Behinderung oder Verzögerung der anaphylaktischen Antigen-Antikörper-Reaktion.

Dieser Effekt kann erzielt werden, wenn man eine sonst letale Antigendosis in sehr starker Verdünnung und in sehr langsamem Tempo intravenös injiziert [E. FRIEDBERGER und S. MITA (1912), J. H. LEWIS (1919)]. Die erforderliche Reduktion der Injektionsgeschwindigkeit läßt sich durch besondere automatisch funktionierende Apparate erreichen, wie sie von FRIEDBERGER und MITA sowie von WOODYATT u. a. angegeben wurden. Statt langsam und kontinuierlich kann man das Antigen auch diskontinuierlich in kleinen Teilquanten („in dosi refracta“ oder, wie sich A. BESREDKA ausdrückte, „a doses subintrantes“) in die Blutbahn bringen. Beide Verfahren beruhen auf einer allmählichen Absättigung des Antikörpers durch unterschwellige (nicht schockauslösende) Antigenmengen und können daher auch als spezielle Formen einer intravenösen spezifischen Desensibilisierung definiert werden. Dieses Bestreben, durch intravenöse Injektion kleiner, reaktionslos vertragener Antigenquanten ein refraktäres Verhalten gegen große, auf gleiche Art einverleibte Antigenquanten zu erreichen, kann jedoch schon im Tierexperiment in doppelter Weise vereitelt werden, nämlich erstens dadurch, daß die vorgeschalteten Teilinjektionen schwere Allgemeinerscheinungen hervorrufen, und zweitens, daß sich die Erwartung, daß eine Verträglichkeit gegen große Antigenmengen zustande kommt, nicht erfüllt, und zwar sowohl wenn die Teilinjektionen keine bedenklichen Symptome hervorgerufen hatten, als auch wenn dies der Fall war.

Verfasser hat wiederholt beobachtet, daß aktiv oder passiv präparierte Meerschweinchen auf eine Antigeninjektion mit schwerem Schock reagieren, und daß sie, am folgenden Tage nochmals injiziert, im akut letalen Schock verenden. An kleinen, in beliebiger Zahl beschaffbaren Versuchstieren, wie eben an Meerschweinchen, kann man diese Schwierigkeiten meistern, indem man einfach die gefahrlos und sicher desensibilisierende Antigenmenge, die quantitativen und zeitlichen Bedingungen ihrer Fraktionierung und die letale Antigendosis für nicht-desensibilisierte Tiere in Reihenversuchen austitriert, unter der Voraussetzung, daß die Tiere das gleiche Körpergewicht haben und in identischer Weise präpariert wurden. Und selbst dann kann man auf Unregelmäßigkeiten stoßen, und wohl jeder erfahrene Experimentator könnte, wenn er auch über Mißerfolge wahrheitsgetreu berichten wollte, hierüber Auskunft geben. Es kommt nicht nur vor, daß in einer sonst regulären Titrierungsreihe eines Versuchsfaktors ein oder mehrere Tiere aus der Reihe herausfallen, sondern auch, daß zu verschiedenen Zeiten unter scheinbar ganz gleichartigen Bedingungen angestellte Experimente verschiedene Resultate geben. Beim Menschen sind alle Faktoren, die man im Meerschweinchenversuch kennt und nach Belieben konstant halten oder quantitativ variieren kann, unbekannt und dem Willen eines Dritten nicht unterworfen. Vor allem kennt man den Grad des anaphylaktischen Zustandes, d. h. die quantitative Antigenempfindlichkeit nicht, und schon aus diesem Grunde sind beim Menschen Versuche einer spezifischen intravenösen oder intraspinalen (intrathekalen) Desensibilisierung als gefährlich anzusehen, auch wenn man die empfohlenen Vorsichtsmaßregeln anwendet. De facto weiß die Literatur über eine Reihe von Fällen zu berichten, in welchen der Patient den Versuch der Desensibilisierung mit dem Leben bezahlen mußte [V. Hutinel (1910), V. Grysez und Dupuich (1912), T. H. Boughton (1919), F. W. Sumner (1923), Br. Ratner (1943, S. 523f)]. Doch sind die Berichte über derartige Ereignisse nicht gleich zu bewerten. Die Desensibilisierung von Pferdeasthmatikern mit Pferdeserum, die in der Regel den Zweck verfolgt, große Mengen der vom Pferde gewonnenen Immunsera intravenös injizieren zu können, stellt zweifellos die höchste Gefahrenklasse dar. Dagegen kommt es begreiflicherweise kaum vor, daß Desensibilisierungen nicht bei allergischen, sondern bei Menschen ausgeführt werden, welche infolge wiederholter Antigenreinjektionen aktiv anaphylaktisch geworden sind. Die vier von V. Hutinel (1910) mitgeteilten Todesfälle lassen sich in diesem Sinne deuten. Es handelte sich um Patienten, welchen in Abständen von wenigen Tagen große Serummengen intraspinal injiziert worden waren und bei welchen schließlich eine solche Injektion heftige Symptome und den Exitus bewirkte. Hutinel nimmt wohl mit Recht an, daß durch die wiederholten Seruminjektionen aktiv anaphylaktische Zustände hervorgerufen wurden; es ist nur auffallend, daß die wiederholten Injektionen großer Serumdosen nicht desensibilisierend oder immunisierend (s. S. 11) gewirkt hatten, sondern daß plötzlich eine ebenfalls intraspinale Injektion verhängnisvoll wurde. In dem Falle von Grysez und Dupuich lag die Sache insoferne anders, als zwar ebenfalls zunächst mehrfache intraspinale Injektionen von Antimeningokokkenserum ohne Störung ertragen wurden, daß aber dann eine Pause von 3 Wochen eingeschaltet wurde, und daß erst eine erneute, zum Zwecke der Desensibilisierung intraspinal vorgenommene Injektion von 2 ccm Serum schwerste Symptome von anaphylaktischem Charakter hervorrief. Hier wie auch in zwei der von BRET RATNER mitgeteilten Fällen entsprachen die zeitlichen Verhältnisse durchaus dem Typus des aktiv anaphylaktischen Tierexperimentes; bei den Fällen von RATNER kam noch hinzu, daß Hautproben mit Pferdeserum negative Resultate lieferten, so daß man auch daraus folgern durfte, daß nichtempfindliche Individuen durch Antigeninjektionen „sensibilisiert" wurden. Aus allen Berichten geht aber die Gefährlichkeit und zum Teile auch die Erfolglosigkeit der angestrebten Desensibilisierung hervor.

Wenn vorausgegangene Seruminjektionen eine aktive Sensibilisierung befürchten lassen oder wenn die Ergebnisse von Hautproben für das Bestehen einer hochgradigen Empfindlichkeit sprechen, könnte man auch die Möglichkeit ins Auge fassen, die gefährlichen Arten der Desensibilisierung (intravenös, intraspinal) durch minder gefährliche intramuskuläre oder subkutane Antigeninjektionen zu ersetzen. Aber unter den drei von RATNER mitgeteilten Fällen ist einer (a. a. O., S. 523), in welchem zuerst 5 ccm Pferdeserum subkutan und $5\frac{1}{2}$ Stunden später 10 ccm intravenös gegeben wurden; die intravenöse Injektion hatte den Tod zur Folge. Obwohl sonst keine anderen Daten angeführt werden, kann man gleichwohl diesen Bericht einer allgemeinen Diskussion zugrunde legen, welche Momente für Mißerfolge intramuskulärer oder subkutaner Desensibilisierungen verantwortlich zu machen sind. In Betracht kommen folgende Möglichkeiten:

1. Die subkutan injizierte Serumdosis war zu klein;
2. das Intervall zwischen subkutaner und intravenöser Seruminjektion war zu kurz;
3. es ist nicht möglich, Menschen durch subkutane Seruminjektionen gegen die intravenöse Injektion von Pferdeserum refraktär zu machen.

Da gegen die an dritter Stelle genannte Vermutung ältere Tierexperimente sprachen, konzentrierten sich die Erörterungen zum großen Teile auf die beiden ersten Punkte. L. TUFT (1929), der von der Voraussetzung ausging, daß das Antigen ins Blut gelangen müsse, um desensibilisierend wirken zu können, und daß die Resorption von der Subcutis oder vom Muskelgewebe aus nur sehr langsam erfolge, schlug daher vor, mindestens 15 bis 24 Stunden nach solchen Desensibilisierungen verstreichen zu lassen, bevor man eine intravenöse Injektion riskieren kann. Wenn aber die intravenöse Injektion eines von Pferden gewonnenen Immunserums zwecks Erzielung eines maximalen therapeutischen Effektes so schnell als möglich stattfinden soll, ist die Vorschrift von TUFT, welcher mit großen Serummengen desensibilisieren wollte, nicht verwendbar. Man hat daher versucht, die Desensibilisierung in einer kürzeren Gesamtzeit durch wiederholte Subkutaninjektionen kleiner Serummengen durchzuführen. In einem Fall von H. L. ALEXANDER (1917) hatte dieses

Vorgehen Erfolg und das angewendete Desensibilisierungsschema sei hier in extenso wiedergegeben, weil es sich um einen Pferdeasthmatiker handelte.

Tab. 1. Desensibilisierung eines Pferdeasthmatikers in wenigen Stunden [nach H. L. ALEXANDER (1917)].

Zeit	Intervall	Menge des Pferdeserums	Art der Injektion	Reaktion
2 h 20 p. m.	—	0,25 ccm	subkutan	heftiges Asthma
3 „ 30 „ „	1 1/2 Std.	0,025 „	„	—
4 „ 15 „ „	45 Min.	0,066 „	„	—
4 „ 45 „ „	30 „	0,7 „	„	—
5 „ 15 „ „	30 „	0,25 „	„	—
5 „ 30 „ „	15 „	0,5 „	„	—
6 „ 00 „ „	30 „	1,0 „	„	generalisierte Urticaria
8 „ 00 „ „	2 Std.	2,0 „	„	Abblassen der Urticaria
8 „ 30 „ „	30 Min.	1,0 „	intravenös	Erbrechen, heftiges Asthma
10 „ 00 „ „	1 1/2 Std.	1,0 „	„	Erbrechen, kein Asthma
11 „ 10 „ „	1 1/2 „	2,0 „	„	—
12 „ 00 „ „	50 Min.	4,0 „	„	—
12 „ 45 a. m.	45 „	70 ccm (verdünnt 1 : 2)	„ *	Erbrechen, Hautjucken
8 „ 00 p. m.	19 1/2 Std.	1,0 ccm	„	—
9 „ 15 „ „	1 1/4 „	65 ccm (verdünnt 1 : 2)	„ *	Suffusion des Gesichtes, Asthma

RATNER bemerkt hierzu, daß bei dieser Desensibilisierung ein glücklicher Zufall mitgeholfen hat, denn der Patient hätte schon infolge der ersten Seruminjektion sterben können, ebenso wie das in dem von T. H. BOUGHTON (1919) mitgeteilten Fall geschehen war.

Auf die Beobachtung bauend, daß die Serumkrankheit nach sehr großen Serummengen (mehreren hundert Kubikzentimetern) seltener auftritt als nach Dosen, welche kleiner sind als 100 ccm, wurde auch der Versuch gemacht, mit massiven Serumdosen zu desensibilisieren. Unterstützend wirkte bei diesem Wagnis die Kasuistik, aus welcher hervorging, daß sich einerseits fast alle anaphylaktischen Todesfälle nach kleinen Serumgaben ereignet hatten und daß anderseits relativ wenige Patienten starben, denen bei der Serotherapie der Pneumonie große Serummengen injiziert wurden. In der Tat konnten H. L. ALEXANDER (1917) und

Anm. * bedeutet: sehr langsam injiziert.

G. M. MACKENZIE (1921) durch derartige Verfahren Erfolge erzielen. Aber aus den von RATNER reproduzierten Desensibilisierungstabellen geht hervor, daß die Individuen, auf welche die Desensibilisierung mit massiven Serumdosen angewendet wurde, offenbar nicht in besonderem Grade gegen Pferdeserum empfindlich waren, da sie schon im Beginn der Behandlung 1 ccm subkutan, ja 1 ccm intravenös reaktionslos vertrugen.

Sehr charakteristisch ist das allgemeine Urteil, das RATNER über die spezifischen Desensibilisierungen von Menschen fällt; es gipfelt in dem Satz, daß die völlige Desensibilisierung nur schwer zu erreichen und in der Regel nicht von Dauer ist. Der Mensch steht in dieser Beziehung dem Kaninchen zweifellos näher als dem Meerschweinchen.

Durch verschiedene Eingriffe am Antigen (Erhitzen, Behandlung mit Alkalien, Bestrahlung mit ultraviolettem Licht, Zusatz von Photosensibilisatoren wie Eosin oder Erythrosin) kann man die Reaktionsfähigkeit desselben mit dem Antikörper und dadurch auch seine schockauslösende Wirkung reduzieren [A. BESREDKA, R. DOERR und V. K. RUSS (1909a), R. DOERR und J. MOLDOVAN (1911), WU, TEN BROECK und LI (1927), GIRARD und PEYRE (1925, 1926) u. v. a.]. Sind die Antigene immunkörperhaltige Heilsera, die am Menschen oder am Tier zu prophylaktischen oder kurativen Zwecken verwendet werden sollen, so kann man von solchen Antigenabschwächungen keinen Gebrauch machen, weil die Denaturierung der Serumproteine mit einer Verminderung oder auch mit einer Spezifitätsänderung der Immunglobuline einhergeht. Dagegen haben die Versuche, durch welche man das Antigen abzuschwächen suchte, historische Bedeutung, weil man aus der verschiedenen Einwirkung solcher Eingriffe auf das sensibilisierende und das schockauslösende Vermögen den Schluß ziehen wollte, daß diesen beiden Funktionen des Antigens im aktiv anaphylaktischen Experiment zwei verschiedene Substanzen entsprechen. Dieser uns heute befremdende fundamentale Irrtum wurde alsbald durch R. DOERR und V. K. RUSS (1909a) richtiggestellt; er war nur dadurch zu entschuldigen, daß man als Antigene fast ausschließlich nur Blutsera, insbesondere Pferdeserum, und nur selten chemisch reine Proteine verwendete.

3. Pharmakodynamische Antagonisten der Anaphylaxie.

Wollte man unter diesem Titel alle Substanzen zusammenfassen, welche anaphylaktische Reaktionen hemmen oder verhindern können oder denen eine derartige Wirkungsweise zugeschrieben wurde, so würde man ein äußerst heterogenes Gemenge erhalten. Dieses Wirrsal zu sichten und nach dem Mechanismus des antianaphylaktischen Effektes in hinreichend definierte Kategorien zu gliedern, wäre in Anbetracht des

Volumens der vorliegenden Literatur kaum durchführbar und würde den Arbeitsaufwand auch nicht lohnen, da fast jede Position umstritten oder in verschiedenem Sinne ausgelegt wurde. Dazu kommt, daß das Bestreben, solche Stoffe ausfindig zu machen, meist in dem Wunsche wurzelte, zu einer medikamentösen Prophylaxe oder Therapie der verschiedenen Allergieformen zu gelangen, wobei der anaphylaktische Versuch nur dazu diente, die vorgegebene antiallergische Wirksamkeit experimentell zu fundieren. Einige Beispiele mögen hier angeführt werden, um diese Ausführungen zu begründen.

Antianaphylaktische Wirkungen wurden u. a. zugeschrieben: Konzentrierter (hypertonischer) Kochsalzlösung [E. Friedberger und O. Hartoch (1909), E. Friedberger (1913), H. T. Karsner und E. E. Ecker (1924)], Lipoiden [Achard und Flandin (1912), Ch. Duprez (1922), T. Seki (1924)], dem hexylresorcincarbonsaurem Natrium [L. Bleyer (1928)], gallensauren Salzen [W. Kopaczewski (1920)], dem Natriumbicarbonat [A. A. Eggstein (1921)], dem unlöslichen Baryumsulfat [A. Lumière und H. Couturier (1920)], dem Pepton und Peptonderivaten [A. Biedl und R. Kraus (1909), A. G. Auld (1925) u. a.], dem Natriumhyposulfit [Lumière und Chevrotier (1920)], dem Formaldehydnatriumsulfoxylat [Brodin und Huchet (1921)], dem Germanin-Bayer 205 [H. Schmidt (1926), J. Makarova und H. Zeiss (1926), K. Swanoff (1928)], dem Antipyrin [M. Matsuda (1928)], der Acetylsalicylsäure [B. Campbell (1948)], und um diese bunte, aber keineswegs vollständige Liste mit einer Kuriosität abzuschließen, dem Genuß von alkalischen Mineralwässern [W. Kopaczewski und A. H. Roffo (1920)].

Im folgenden seien einige Substanzen bzw. Gruppen von Stoffen besprochen, welche zum Teil theoretisches Interesse beanspruchen können, zum Teil aber auch in der medizinischen Praxis mit Erfolg angewendet wurden.

a) **Die Narcotica und Anaesthetica** (Äther, Chloroform, Urethan, Chloralhydrat, Chloralose, Alkohol, Cocain, Stovain).

Aus der Beobachtung, daß beim Meerschweinchen ein akut tödlicher Schock durch intracerebrale Reinjektion relativ kleiner Antigendosen ausgelöst werden kann, hatten A. Besredka und E. Steinhardt (1907) geschlossen, daß der Schock durch eine brüske Desensibilisierung des Gehirnes zustande kommt. Wie an anderer Stelle ausführlich auseinandergesetzt wurde (s. S. 38f.), war diese Deutung der Wirksamkeit intracerebraler Erfolgsinjektionen beim Meerschweinchen ein Irrtum, aber aus der supponierten Abhängigkeit des Schocks vom Zentralnervensystem ergab sich die Erwartung, daß eine durch Allgemeinnarkose herbeigeführte Herabsetzung der Erregbarkeit der nervösen Zentren den

Schock hemmen würde, und trotz der falschen Prämisse ließ sich diese weitere Ableitung experimentell bis zu einem gewissen Grade verifizieren. Aber aus der Analyse des antagonistischen Effektes der Narcotica ging hervor, daß es sich nicht um eine Einwirkung auf das Gehirn handeln könne, sondern um einen Prozeß, der sich in der Peripherie abspielt, vermutlich um eine verminderte Reaktionsfähigkeit der Schockorgane. Denn es besteht kein Parallelismus zwischen der Tiefe der Allgemeinnarkose und der Hemmung des Schocks [W. Kopaczewski, A. H. Roffo und L. H. Roffo (1920)], intravenös injizierte Anaesthetica können den Schock ebenso unterdrücken wie Allgemeinnarkosen mit Äther oder Urethan (Kopaczewski und Mitarbeiter), der antianaphylaktische Zustand überdauert bei der protrahierten Urethanvergiftung des Meerschweinchens die Narkose um mehrere Stunden [T. Seki (1924)] und die physikalische Narkose durch den elektrischen Strom erweist sich als wirkungslos [Toussain (1923)].

Diese Angaben beziehen sich auf Versuche an Meerschweinchen, die aber nicht immer positive Resultate hinsichtlich des antagonistischen Effektes der Narcotica lieferten, was auch für andere Laboratoriumstiere gilt. Vor allem ist der Schutz kein absoluter, sondern nur relativ gering. Höhere Multipla der letalen Schockdosis, intravenös injiziert, töten auch in der Narkose, und in gleichem Sinne müssen sich höhere Grade der Empfindlichkeit gegen Antigenzufuhr auswirken. Beim Versuchstier kann man diese Faktoren mit hinreichender Genauigkeit bestimmen, beim Menschen sind sie unbekannt. Das mag der Grund sein, warum sich die Äthernarkose in der Praxis als schockverhütendes Mittel nicht bewährt hat [siehe den Bericht von L. M. Quill (1937)]. Br. Ratner (1943) tritt dafür ein, daß man die in Amerika üblichen Äthernarkosen vor der Injektion antitoxischer Pferdesera, welche vor einer anaphylaktischen Reaktion (falls der Patient gegen artfremdes Serum empfindlich wäre) schützen sollen, ganz aufgeben solle, da sie nutzlos sind.

b) **Atropin.** J. Auer und P. A. Lewis (1910) sowie J. Auer (1910) stellten fest, daß Meerschweinchen gegen den bronchospastischen Schock und seine Folgen durch Atropinsulfat geschützt werden können. Diese Angaben wurden von J. F. Anderson und W. H. Schultz (1910) sowie von A. Biedl und R. Kraus (1910) bestätigt, aber alsbald von H. T. Karsner und J. B. Nutt (1911) eingeschränkt in dem Sinne, daß der Schutz nur relativ ist und versagt, wenn die Antigenempfindlichkeit hochgradig ist. Das ist wohl auch der Grund, warum Atropin die durch Histamin, speziell durch etwas größere Dosen dieser Substanz ausgelöste Bronchokonstriktion nicht zu verhindern vermag, wenn man nicht Atropin in so massiver Gabe anwendet, wie sie für die klinische Praxis überhaupt nicht in Betracht kommen, da der Mensch gegen Atropin sehr empfindlich ist. Immerhin muß man auch beim Menschen bis nahe an die Toleranzgrenze gehen, wenn man eine schockverhütende Wirkung erzielen will. RATNER empfiehlt für kleine Kinder 0,2 mg, für Erwachsene 0,6 mg und DANIELOPOLU hält ähnliche Dosen für angezeigt (¼ mg intravenös oder ½ bis ¾ mg subkutan für Erwachsene).

Die Wirkung des Atropins wurde früher allgemein dadurch erklärt, daß dieses Alkaloid die Reaktionsfähigkeit der glatten Muskeln und der peripheren Gefäße stark herabsetzt, also in gewissem Sinne lähmend auf diese Angriffspunkte der pathogenen Antigen-Antikörper-Reaktion wirkt. D. DANIELOPOLU (1943) hingegen, welcher den anaphylaktischen Schock als eine Autointoxikation mit freiwerdendem Acetylcholin auffaßt, schreibt dem Atropin zwei Eigenschaften zu, nämlich einerseits die Fähigkeit, die Wirkung der Cholinesterase, welche das Acetylcholin zersetzt, zu paralysieren (die „antiacetylcholinolytische“ Funktion), und anderseits das Vermögen, die parasympathomimetische Wirkung des Acetylcholins zu verhindern (die parasympathicus-hemmende Funktion), die dadurch zustande kommt, daß das Atropin die Zellen der Erfolgsorgane gegen Acetylcholin unempfindlich macht. Mit steigender Atropindosis nimmt zwar die erstgenannte Funktion zu, aber die zweitgenannte wächst ebenfalls, und zwar in relativ stärkerem Ausmaß, so daß sie im Bereiche der großen Dosen vorherrscht. Zwar wirkt sich auch in der Zone der großen Dosen die antiacetylcholinolytische Funktion in einer temporären Anreicherung des Acetylcholins in den Geweben aus, aber diese kommt eben wegen der durch das Atropin induzierten Unempfindlichkeit der terminalen Zellen nicht zum Ausdruck und das Gesamtresultat stellt sich als Unterdrückung des anaphylaktischen Schocks dar. Sind dagegen die Atropindosen zu klein, so werde der Schock im Sinne der Verstärkung der Acetylcholinvergiftung verstärkt. Eine stattliche Anzahl von Tierversuchen sowie klinische Beobachtungen werden angeführt, um die Richtigkeit dieser komplizierten Hypothese über den Mechanismus der Atropinwirkung zu beweisen. Man gewinnt aber nicht die Überzeugung, die aus den in magistralem Tone gehaltenen Ausführungen von DANIELOPOLU spricht, daß sich die Dinge nicht anders verhalten, ja nicht anders verhalten können als sie oben kurz skizziert wurden, ganz abgesehen davon, daß auch die Basis der Beweisführung keineswegs anerkannt ist, daß nämlich der anaphylaktische Schock eine Acetylcholinvergiftung ist.

c) **Adrenalin** (Ephedrin). Sehr kleine Dosen (3 bis 5 Tropfen einer tausendfachen Verdünnung subkutan) sollen sich als sehr zweckmäßig bewährt haben, wenn man sie unmittelbar vor der Injektion des Serums oder, falls das Serum subkutan injiziert wird, als Zusatz zum Serum anwendet; sie sollen die Kontraktionen der glatten Muskeln und die periphere Vasodilatation antagonistisch beeinflussen. Größere Dosen

(0,5 bis 1,0 ccm) rufen dagegen bedrohliche Symptome (Pulsbeschleunigung, Erhöhung des Blutdruckes, Synkope, Angstgefühle) hervor, indem sie die glatten Muskeln zur Kontraktion bringen und einen peripheren Gefäßkrampf hervorrufen. Vor Inhalationen von Adrenalin wird wegen der Unmöglichkeit einer exakten Dosierung gewarnt, und intravenöse Injektionen werden nur in Form starker Verdünnungen mit Kochsalzlösung, Glukose oder Serum als zulässig erklärt [Br. Ratner (1943, S. 154f.)].

Nach Danielopolu, der in seiner Auffassung vom Wirkungsmechanismus des Adrenalins von anderen Autoren abweicht, wirkt das Adrenalin nicht durch Vermittlung des Sympathicus, sondern unmittelbar auf die Zellen der Erfolgsorgane ein. Es ruft daselbst eine sympathicomimetische Reaktion hervor, welche in den betroffenen Zellen eine kompensatorische parasympathicomimetische Gegenreaktion auslöst, welche das Gleichgewicht wieder herzustellen sucht und auf der Liberierung von Acetylcholin beruht. Beide Arten der Adrenalinwirkung nehmen mit der Adrenalindosis zu, aber nicht in gleichem Ausmaße, indem die sympathicomimetische Funktion im Bereich der kleinen Dosen schwächer ist, jedoch mit der Dosis rascher ansteigt, so daß sie schließlich das Übergewicht über die parasympathicomimetische Komponente erlangt. Daher habe das Adrenalin in kleinen Dosen die entgegengesetzte Wirkung wie in großen. Wie man ohne weiteres erkennt, ist die Struktur dieser Hypothese im Prinzip identisch wie die Ansicht Danielopolus über den Mechanismus der Atropinwirkung; beide Pharmaka sollen „amphomimetisch" sein, d. h. sowohl eine sympathico- wie eine parasympathicomimetische Funktion besitzen und der Effekt im Organismus von der dosologisch bedingten Dominanz der einen oder der anderen Komponente abhängen.

d) Die **Antihistaminica.** Unter diesem Namen kann man derzeit zusammenfassend α) die Histaminica, β) die Immunisierung mit Histamin [M. Ramirez und A. V. St.-George (1929)] oder mit aus Histamin und Azoproteinen kombinierten Antigenen [J. M. Sheldon, N. Fell, J. H. Johnstone und H. A. Howes (1942)] und γ) die große Zahl der synthetischen Histaminica nennen, von denen in der folgenden Aufzählung einige bekanntere Präparate mit ihren chemischen Formeln angeführt sind:

$$(C_6H_5)_2CH—O—CH_2CH_2—N\begin{matrix} CH_3 \\ CH_3 \end{matrix}$$

Benadryl, Loew 1945

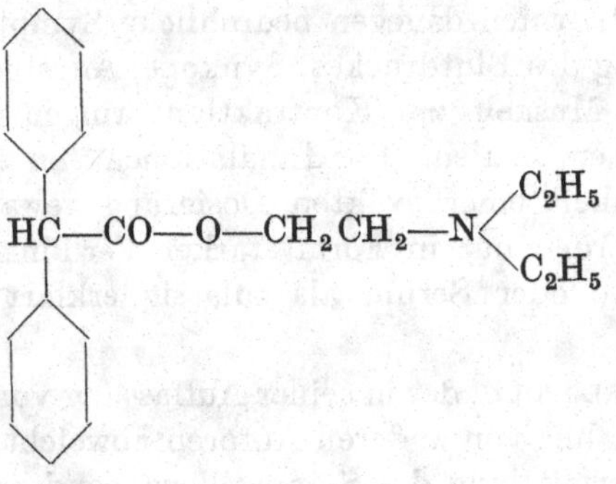

$$HC(C_6H_5)_2—CO—O—CH_2\,CH_2—N(C_2H_5)_2$$

Trasentin

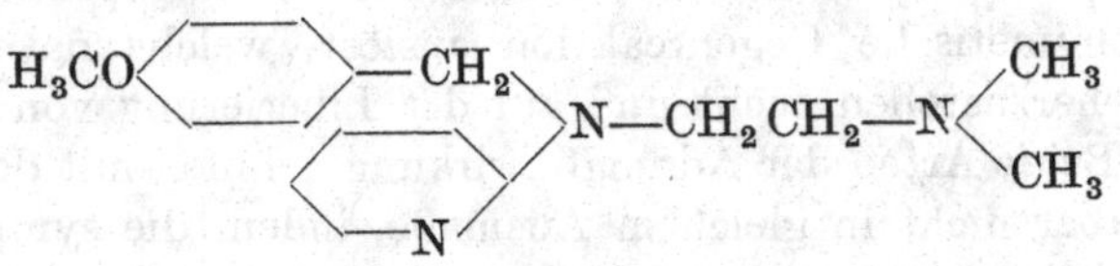

$$H_3CO—C_6H_4—CH_2—N(C_5H_4N)—CH_2\,CH_2—N(CH_3)_2$$

Neoantergan, BOVET 1944

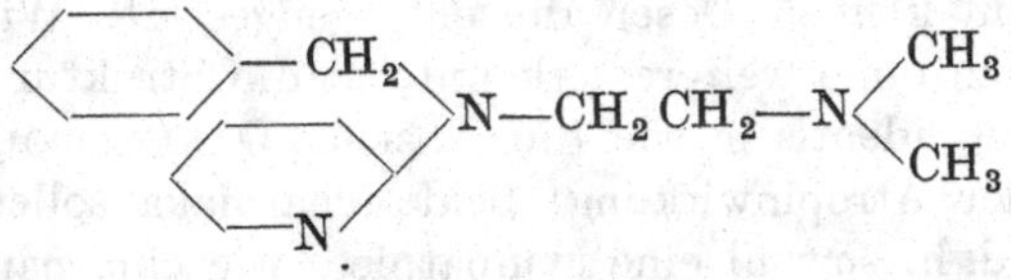

$$C_6H_5—CH_2—N(C_5H_4N)—CH_2\,CH_2—N(CH_3)_2$$

Pyribenzamin, MAYER 1945

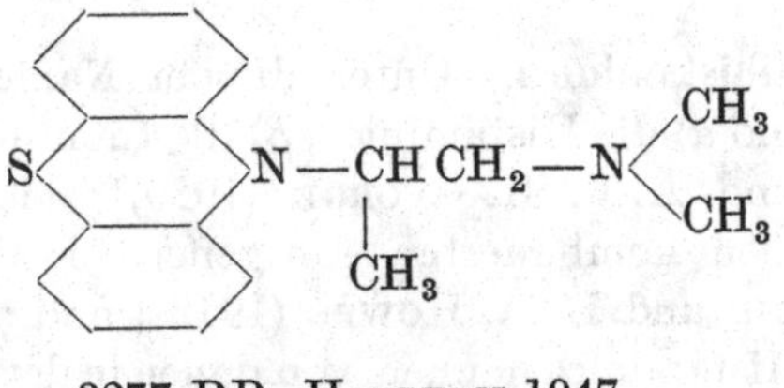

$$S(C_6H_4)_2N—CH(CH_3)\,CH_2—N(CH_3)_2$$

3277 RP, HALPERN 1947

$$NH_2—C_6H_4—CO—O—CH_2\,CH_2—N(C_2H_5)_2$$

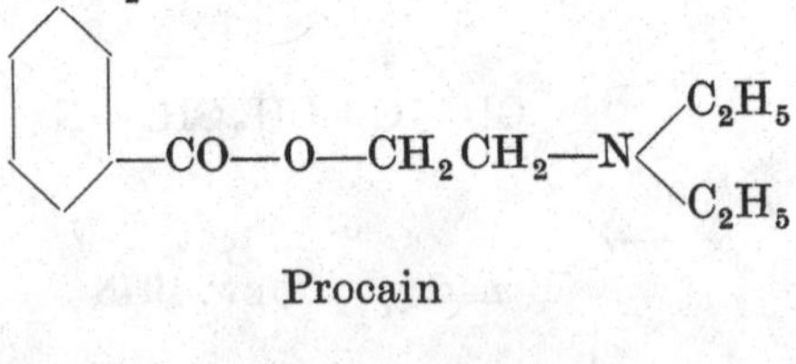

Procain

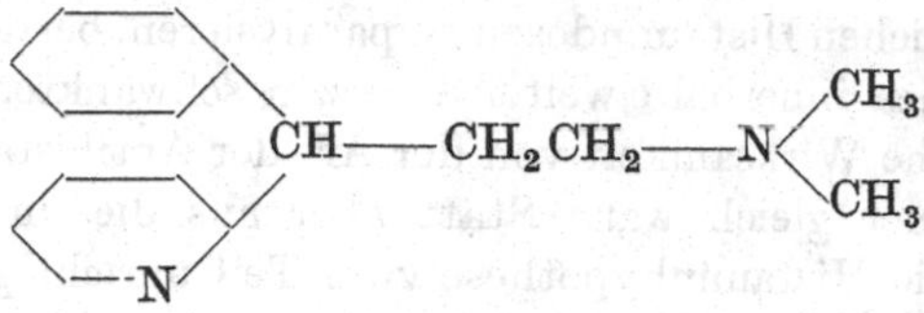

$CH—CH_2CH_2—N(CH_3)_2$

Trimeton

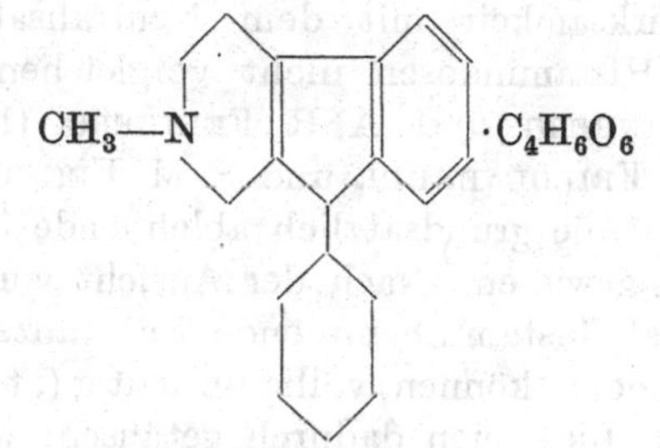

$CH_3—N$ $\cdot C_4H_6O_6$

Thephorin

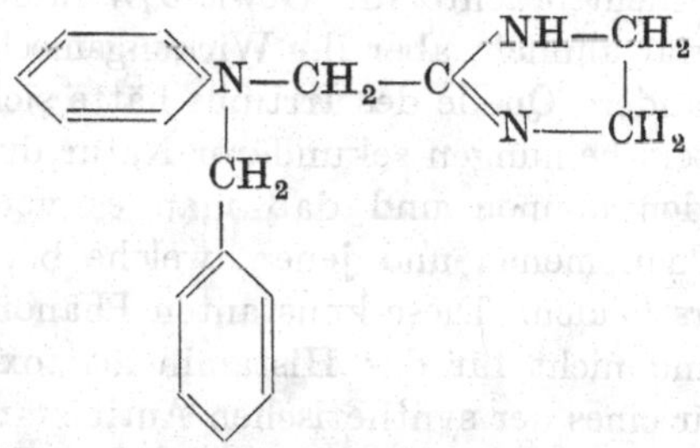

$N—CH_2—C$ $NH—CH_2$ $N—CH_2$ CH_2

Antistin

Die Anwendung der Antihistaminica beruht auf der Voraussetzung, daß die Antigen-Antikörper-Reaktion, welche allen anaphylaktischen (und allergischen) Krankheitserscheinungen zugrunde liegen müsse, hauptsächlich durch Freimachung von Histamin aus den Schockgeweben zur pathogenen Auswirkung gelangt. Die ausführliche Diskussion der Histamintheorie soll dem zweiten Teil dieser Monographie über „Anaphylaxie" vorbehalten bleiben. In Beziehung auf den experimentellen Tatbestand und seine Deutung sei folgendes hervorgehoben.

Die synthetischen Antihistaminica wurden, wie das die Theorie erfordert, in zweifacher Beziehung quantitativ geprüft, nämlich erstens auf ihre Fähigkeit, auf die Histaminvergiftung antagonistisch zu wirken, und zweitens auf ihre antianaphylaktische Wirksamkeit im aktiv anaphylaktischen Versuch. Als Versuchstiere wurden bei beiden Titrierungen so gut wie ausschließlich Meerschweinchen verwendet. Es ergab sich hiebei ein auffälliger Widerspruch, indem die Fähigkeit, die Vergiftung mit mehrfach tödlichen Histamindosen zu paralysieren, bei den verschiedenen Antihistaminica innerhalb weiter Grenzen schwankte, während die antianaphylaktische Wirksamkeit von der Art der Antihistaminica unabhängig, d. h. immer gleich war. Statt aber aus diesem Widerspruch zu folgern, daß die Histaminhypothese zum Teil unrichtig sein könnte, wurde geschlossen, daß im anaphylaktischen Schock jeweils nur eine letale Histamindosis freigemacht wird und daß man daher die antianaphylaktische Wirksamkeit mit dem Neutralisationsvermögen für mehrfach tödliche Histamindosen nicht vergleichen dürfe [S. FRIEDLAENDER, S. M. FEINBERG und A. R. FEINBERG (1946), J. M. ROSE, A. R. FEINBERG, S. FRIEDLAENDER und S. M. FEINBERG (1947)].

Hier sei auch auf die grundsätzlich ablehnende Stellungnahme von D. DANIELOPOLU hingewiesen. Nach der Ansicht von DANIELOPOLU ist die Behauptung, daß histaminhemmende Substanzen den anaphylaktischen Schock verhindern können, völlig unrichtig („tout à fait erronée"). Die Anhänger dieser Idee seien dadurch getäuscht worden, daß sie die pharmakodynamische Differenz zwischen Histamin und Acetylcholin nicht kannten oder nicht beachteten. Gewisse Wirkungen dieser beiden Substanzen seien zwar ähnlich, aber ihr Wirkungsmechanismus sei total verschieden. Eine andere Quelle des Irrtums hätte sich daraus ergeben, daß gewisse Begleiterscheinungen sekundärer Natur durch das Histamin hervorgerufen werden können und daß man es vernachlässigt habe, zwischen solchen Phänomenen und jenen, welche bei der Anaphylaxie nie fehlen, zu unterscheiden. Diese konstanten Phänomene sprechen für das Acetylcholin und nicht für das Histamin als toxischen Vermittler der Symptome. Für eines der synthetischen Antihistaminica, das Antergan, will DANIELOPOLU nachgewiesen haben, daß es nicht nur die Wirkung des Histamins, sondern auch jene des Acetylcholins hemmt. Da der Autor dem Histamin eine untergeordnete Bedeutung für die Pathogenese des Schocks zuerkennt (s. oben), würde diese zweiseitige Wirksamkeit des Antergans bedeuten, daß es beide der in Betracht kommenden toxikologischen Komponenten antagonistisch beeinflußt und daß ihm somit ein besonders starker, weil vollständiger prophylaktischer oder therapeutischer Wert zukommt. Wie aus vielen anderen Stellen der Arbeiten DANIELOPOLUS geht auch aus den Ausführungen über die Antihistaminica hervor, daß der Versuch, die Acetylcholintheorie konsequent durchzuführen, an Widersprüchen scheitert.

4. Die unspezifische Desensibilisierung.

Im Schrifttum, namentlich in älteren Publikationen, stößt man auf Versuche, denen zufolge Meerschweinchen, welche mit zwei, immunologisch nicht verwandten Antigenen aktiv präpariert wurden, durch die

Auslösung des Schocks mit einem Antigen auch gegen das andere antianaphylaktisch werden [R. PFEIFFER und S. MITA (1910), G. BESSAU (1911), H. T. KARSNER und E. ECKER (1922) u. a.]. Ebenso kann der Uterus oder Darm von Meerschweinchen, die mit zwei Antigenen von verschiedener Spezifität präpariert wurden, seine Reaktivität gegen eines der Antigene partiell oder total einbüßen, wenn vorher eine Reaktion mit dem anderen Antigen ausgelöst wurde [H. H. DALE (1913), R. MASSINI (1918), W. BRACK (1921) u. a.].

In die gleiche Kategorie gehört folgende Beobachtung: Wenn man bei einem idiosynkrasischen (allergischen) Menschen durch intrakutane Injektion des auslösenden Stoffes eine Quaddelreaktion hervorruft, wird die betroffene Hautstelle nicht nur gegen eine erneute Injektion dieses Stoffes, sondern gegen jeden beliebigen urticariogenen Reiz (Histamin, Hitze, Kälte usw.) unempfindlich [TH. LEWIS (1927), TH. LEWIS und GRANT (1926), R. HASE (1926)]. Nach der Theorie von TH. LEWIS wirken die urticariogenen Reize nicht unmittelbar, sondern dadurch, daß sie die Gewebe zur Abgabe histaminähnlicher Substanzen veranlassen; von dieser Voraussetzung ausgehend, könnte man die beschriebene lokale Resistenz als Erschöpfung, d. h. als Unfähigkeit zu einer nochmaligen Histaminabgabe deuten. Wollte man jedoch diese Erklärung auf die Versuche am isolierten Uterushorn anwenden, so käme man mit der Tatsache in Konflikt, daß man an diesem Testobjekt mit dem spezifischen Antigen mehrere Kontraktionen hintereinander auslösen kann, welche sogar an Stärke bei entsprechender Abstufung der Antigenkonzentrationen zunehmen (s. S. 80). Aus demselben Grunde kann man auch nicht an eine Erschöpfung bzw. Ermüdung der glatten Muskeln denken; auch hat W. BRACK die unspezifische Desensibilisierung des doppelt sensibilisierten Uterushornes selbst dann beobachtet, wenn eine starke Kontraktion bei der Einwirkung des ersten Antigens, also eine übermäßige Arbeitsleistung vermieden wurde.

„Zu den unspezifisch induzierten antianaphylaktischen Zuständen gehören ferner beim Menschen bestimmte Krankheiten, vor allem die Masern und der Keuchhusten[1] [A. F. COCA]. Mit dem Auftreten des Masernexanthems erlischt bei tuberkulösen Kindern die kutane Tuberkulinüberempfindlichkeit [CL. v. PIRQUET, PREISICH], um nach Ablauf der Krankheit wieder zu erscheinen. Gleichzeitig schwindet auch die Vaccineempfindlichkeit [F. HAMBURGER und SCHEY] und die Hypersensibilität gegen artfremdes Serum [HAMBURGER und POLLAK]. Über einen Fall der letztgenannten Art haben G. BESSAU, SCHWENKE und PRINGSHEIM wie folgt berichtet.

[1] Dieser durch Anführungszeichen markierte Abschnitt ist in fast unveränderter Form der Abhandlung von R. DOERR: „Die Anaphylaxieforschung im Zeitraume von 1914 bis 1921“ (1922) entnommen.

Ein Kind erhielt wegen einer Pneumonie 10 ccm Antipneumokokkenserum und wurde täglich durch Intrakutanreaktionen mit diesem Serum auf die Entwicklung einer Überempfindlichkeit gegen Pferdeeiweiß untersucht. Am 6. Tage zeigten sich die ersten Spuren der kutanen Hypersensibilität, die dann rasch zunahm. Am 11. Tage fiel aber die Intrakutanprobe merklich schwächer aus; gleichzeitig traten Conjunctivitis, Schnupfen, Kopliksche Flecken auf. Am 12. Tage war das Masernexanthem voll entwickelt und am 13. wurde die Intrakutanprobe ganz negativ, um erst am 19. Tage wieder zu erscheinen und von da an gradatim an Intensität zuzunehmen.

Bessau, Schwenke und Pringsheim stellten fest, daß es sich nicht etwa darum handeln kann, daß die Resistenz der Haut während der Exanthemperiode gegen Reize *aller Art* gesteigert ist, da Intrakutanreaktionen mit Diphtherietoxin oder Typhusendotoxin nicht abgeschwächt waren. Sie nehmen an, daß die Masern als „anaphylaktische Vergiftung aufzufassen sind, und zwar als ein besonders intensiver Prozeß dieser Art, welcher die Reaktivität der Epidermiszellen gegen anaphylaktische Gifte irgendeiner beliebigen anderen Provenienz vermindert oder aufhebt.“ Der experimentelle Beweis für diese Annahme konnte jedoch nicht erbracht werden [vgl. R. Doerr (1922, S. 203)].

5. Die Antisensibilisierung [R. Weil (1913, 1914)].

Meerschweinchen lassen sich mit Immunserum von Kaninchen nicht passiv anaphylaktisch machen, wenn man 4 bis 10 Tage vor der passiven Präparierung Normalserum vom Kaninchen (oder auch Hunde-, Menschen- oder Hammelserum) subkutan einspritzt. Verwendet man statt des heterologen homologes Immunserum (vom Meerschweinchen), so bleibt bei Einhaltung des gleichen Zeitintervalles der Hemmungseffekt aus und die passiv präparierten Tiere reagieren auf die Erfolgsinjektion des Antigens in typischer Art. Die Antisensibilisierung muß somit irgendwie davon abhängen, daß dem Organismus zweimal artfremdes Serum zugeführt wird, zuerst als Normalserum und nach einem entsprechenden Intervall als Immunserum. Die Notwendigkeit des Intervalles würde dafür sprechen, daß das Normalserum als Antigen wirkt, welches einen Antikörper erzeugt, der den später eingebrachten Kaninchenantikörper (das Immunglobulin vom Kaninchen) absättigt [R. Weil (1914)]. Anderseits braucht anscheinend zwischen den Proteinen des schützenden Normalserums und jenen des passiv präparierenden Immunserums keine Spezifitätsbeziehung zu bestehen, so daß diese Erklärung nicht genügt [R. Weil (1913, 1914), R. Doerr (1922), A. F. Coca und M. Kosakai (1920), J. Lewis (1915)]. Man könnte vielleicht erwägen, ob hier nicht ähnliche Vorgänge eine Rolle spielen, wie sie für die Latenzperiode der invers passiven Serumkrankheit [E. A. Voss (1938)] und für die „Inkompatibilitäten" der passiv anaphylaktischen Versuchsanordnungen (s. S. 62) maßgebend sind, nämlich eine Blockade jener Stellen durch die Proteine des Normalserums, an welchen sich die Immunglobuline der Kaninchenimmunsera fixieren müßten, damit ein passiv anaphylaktischer Zustand ermöglicht wird.

6. Das Auslöschphänomen.

Als „Auslöschphänomen" wird die Tatsache bezeichnet, daß aktiv oder passiv präparierte Meerschweinchen auf die intravenöse Erfolgsinjektion des Antigens nicht oder nur abgeschwächt reagieren, wenn man kurz vorher artfremdes oder artgleiches Normalserum intravenös injiziert hat [E. Friedberger und Hjelt (1924), E. Friedberger und S. Seidenberg (1927), H. H. Dale und C. H. Kellaway (1921), C. H. Kellaway und Cowell (1922), R. Doerr und L. Bleyer (1926)].

Die schützende Dosis Normalserum beträgt ein bis mehrere Kubikzentimeter. Verschiedene Normalsera, ja verschiedene Proben derselben Serumart zeigen, namentlich in quantitativer Hinsicht, ein differentes Verhalten. Die Schutzwirkung wird erst nach 15 Minuten nachweisbar, erreicht nach 1 Stunde das Maximum und beginnt nach etwa 3 Stunden wieder abzunehmen; nach 24 bis 48 Stunden ist sie völlig verschwunden. Kellaway und Cowell vermochten zu zeigen, daß die Reizbarkeit des isolierten glatten Muskels (des Uterushornes) getreu alle Phasen der Schutzwirkung widerspiegelt, welche man am intakten Meerschweinchen durch die intravenöse Erfolgsinjektion feststellen kann, während ein derartiger Parallelismus nicht nachweisbar war, wenn man als Vergleichsobjekt das Verhalten des zirkulierenden Antikörpers wählte. Dies würde für die Hypothese von R. Weil sprechen, derzufolge die anaphylaktische Reaktivität durch den an die Schockgewebe gebundenen („sessilen" oder „zellständigen") Antikörper bestimmt wird und nicht durch die im Blutplasma kreisende Form des freien Antikörpers, welche sogar eine antagonistische Wirkung hat, indem sie das Antigen bindet, bevor es zu den Schockgeweben gelangen kann. Nun wird zwar fast von allen Autoren zugegeben, daß die Konzentration im strömenden Blute für den Grad der anaphylaktischen Reaktionsfähigkeit nicht maßgebend ist (s. S. 20 und S. 24); daß sich aber hohe Konzentrationen antianaphylaktisch auswirken, wird bestritten und läßt sich auch nicht überzeugend beweisen. Wenn man nämlich im Blute eines Meerschweinchens eine hohe Konzentration von freiem Antikörper herstellen will, muß man ihm ein Immunserum intravenös injizieren; da aber schon homologe oder heterologe Normalsera die anaphylaktische Reaktivität reduzieren, kann die gleiche Wirkung eines Immunserums nicht auf seinen Gehalt an Antikörper bezogen werden; C. M. MORRIS (1936) hat auf diese experimentelle Sachlage erneut hingewiesen.

Über die Beziehungen des Auslöschphänomens zur Latenzperiode der passiven Anaphylaxie s. S. 67 f.

7. Die sogenannte „Immunität".

Nach der Behandlung mit massiven und besonders mit oft wiederholten Antigendosen entwickelt sich der anaphylaktische Zustand nur mangelhaft oder bleibt ganz aus.

Auf diese Beobachtungen wurde bereits an anderen Stellen hingewiesen (s. S. 11 und S. 23), so daß die einschlägige Literatur hier nicht nochmals zitiert werden muß. Daß man diese Hemmung der Entwicklung des aktiv anaphylaktischen Zustandes „Immunität" genannt hat, war durchaus ungerechtfertigt und geeignet, Verwirrung zu stiften (s. S. 10 f.). Jedenfalls hat man diese Erscheinung nur an Meerschweinchen und Hunden, nicht aber an anderen Versuchstieren, welche sich aktiv präparieren lassen, festgestellt, vor allem nicht an Kaninchen, welche sich auch für die Gewinnung von heterolog passiv präparierendem Antikörper optimal eignen. Auf den Mangel an zirkulierendem (freiem) Antikörper kann diese „Immunität" nicht beruhen, da das Blut der „immunen" Tiere oft ein bedeutendes passives Präparierungsvermögen besitzt, d. h. einen hohen Gehalt an Antikörper. Der fixe (zellständige) Antikörper verhält sich verschieden: die überlebenden isolierten Schockorgane bzw. Schockgewebe reagieren entweder auf Antigenkontakt ebensowenig wie das ganze Tier auf die intravenöse Probe [W. BRACK (1921), MANWARING, MEINHARD und DENHART (1916)] oder sie zeigen eine deutliche, zuweilen sogar sehr hochgradige Empfindlichkeit [H. H. DALE (1913), MANWARING und KUSAMA (1917), W. H. MOORE (1915)]. Der erste Fall würde sich, falls zirkulierender Antikörper vorhanden ist, auf die von zahlreichen Autoren anerkannte, wenn auch nicht einwandfrei erklärte Tatsache reduzieren, daß die anaphylaktische Reaktivität vom zirkulierenden Antikörper unabhängig zu sein scheint. Der zweite Fall ist dagegen ein offenkundiger Widerspruch, wenn man sich auf den alten Standpunkt stellt, daß sich im Verhalten des isolierten glatten Muskels (des Uterushornes im Schultz-Daleschen Test) die anaphylaktische Reaktivität des ganzen Tieres getreu widerspiegeln müsse. Von diesem Prinzip beeinflußt, schlug R. DOERR (1922) vor, die Kombination einer hohen Empfindlichkeit der Schockorgane mit einem refraktären Zustand des intakten Tieres als „maskierte" oder „potentielle" Anaphylaxie zu bezeichnen, da man zur Annahme gezwungen sei, daß die Reaktivität der Schockgewebe im lebenden Tiere durch irgendeinen Faktor verdeckt, gewissermaßen verschleiert wird. In neuerer Zeit hat jedoch L. B. WINTER

(1944, 1945) gezeigt, daß die Reaktion des Uterus als Indikator der Reaktivität des intakten Tieres nur geringen Wert besitzt, da er sich überzeugt hatte, daß Meerschweinchen bei anscheinend gleicher Sensibilität des Uterus bald mit intensivem Schock, bald überhaupt nicht reagieren (vgl. hiezu S. 52).

Warum aber die Überlastung des Blutes und der Gewebe mit einem bestimmten Eiweißantigen die anaphylaktische Reaktivität des Gesamtorganismus und eventuell auch seine Schockorgane antagonistisch beeinflußt, ist noch immer nicht befriedigend aufgeklärt worden. Die von verschiedenen Autoren vorgebrachten Hypothesen stimmen im Prinzip insofern überein, als sie die Intervention hemmender (schockverhütender) Stoffe annehmen, welche entweder von den Reticuloendothelien abgegeben werden, wie das „Reticulin M" [J. Moldovan (1940)], oder aus dem unvollständigen Abbau der zu großen Antigenmengen resultieren [Friedberger, G. H. Wells, R. Weil u. a.], oder schließlich hemmend auf die toxischen Produkte der Antigen-Antikörper-Reaktion (Anaphylatoxin, Histamin, Acetylcholin) einwirken. Man hat dabei meist nicht an die Tatsache gedacht, daß eine voll ausgeprägte „Immunität" ein Extrem darstellt, und daß beim Meerschweinchen schon relativ geringe Überschreitungen der optimalen Präparierungsdosen, auf welche die bezeichneten Hypothesen nicht passen, die Entwicklung der aktiven Anaphylaxie hemmen, also gewissermaßen Vorstufen oder niedrige Grade der „Immunität" repräsentieren (s. S. 31).

8. Die totale oder partielle Unterdrückung der Antikörperproduktion bei Tieren, welchen das Antigen zwecks aktiver Präparierung in sonst wirksamer Form einverleibt wurde.

Daß dieser Sachverhalt vorliegt, kann natürlich nicht lediglich aus der Unempfindlichkeit der Versuchstiere gegen eine Antigeninjektion gefolgert werden. Es muß vielmehr festgestellt werden, daß im Blute kein passiv präparierender Antikörper vorhanden ist, daß auch die isolierten Schockorgane auf Antigenkontakt nicht reagieren und daß sich die refraktären Tiere ohne weiteres passiv präparieren lassen, daß also kein anderer Grund für das „antianaphylaktische Verhalten" angenommen werden kann als das Fehlen des Antikörpers [R. Doerr (1929b, S. 740)]. Nur wenige der sehr zahlreichen Angaben berücksichtigen diese strengen Postulate. Als Faktoren, welche die aktive Präparierung durch Hemmung der Antikörperbildung verhindern, wurden genannt: die Exstirpation der Milz beim Hunde [H. Mauthner (1917)], der Schilddrüse beim Meerschweinchen [Képinow und Lanzenberg (1922), Houssay und Sordelli (1923), Fleisher, M. S. Wilhelmj (1927), Pistocchi (1924) u. a.], hochgradige tuberkulöse Infektionen [E. Selig-

MANN (1912)], Infektionen mit Naganatrypanosomen beim Meerschweinchen [HARTOCH und SIRENSKIJ (1912)], kachektische Zustände [LESNÉ und DREYFUS (1911), KONSTANTOFF (1912)], vitaminarme Ernährung [ZOLOG (1928)] u. a. m.

Auch chemisch definierte Substanzen sollen imstande sein, die Produktion freier (im Blute zirkulierender) Antikörper zu unterdrücken. S. C. BUKANTZ, DAMMIN, WILSON, JOHNSON und ALEXANDER injizierten Kaninchen eine massive Dosis Pferdeserum intravenös und konstatierten, daß periodische intravenöse Injektionen von Bis-Beta-Chloroacetylamin die Bildung von Antikörpern sowie von Gefäßveränderungen, welche sonst die Bildung von Antikörpern begleiten, verhindern. Bei Kaninchen, welche keine nachweisbaren Antikörpermengen produzierten, kam auch keine kutane Empfindlichkeit gegen Pferdeserum zustande. Ob die genannte Substanz die Sensibilisierung und den anaphylaktischen Schock beim Kaninchen oder anderen Tierarten antagonistisch beeinflußt, ist meines Wissens bisher nicht festgestellt worden und geht aus den Versuchen von BUKANTZ und Mitarbeitern nicht als zwangsläufige Folgerung hervor (s. S. 92).

Daß sich die genannten antianaphylaktischen Zustände nicht scharf gegeneinander abgrenzen lassen, erkennt man leicht, wenn man versucht, die differenzialdiagnostischen Kriterien der Antisensibilisierung, des Auslöschphänomens und der Latenzperiode der passiven Anaphylaxie anders als durch die Versuchsanordnungen, bei welchen sie beobachtet werden, nämlich kausal zu definieren. Strenge genommen, genügen nicht einmal die Versuchsanordnungen, da von einer größeren Zahl gleichartig präparierter Hunde, Kaninchen, Mäuse nur ein Teil maximal auf die Erfolgsinjektion des Antigens reagiert, andere Exemplare nur schwach und ein größerer oder kleinerer Prozentsatz gar nicht, ohne daß man imstande wäre, für solche „individuelle Antianaphylaxien" irgendeinen Grund anzugeben; selbst beim Meerschweinchen kann man in größeren, unter scheinbar identischen Bedingungen angestellten Versuchsreihen „Versager", d. h. Ausnahmen erleben und muß die Antwort auf die Frage nach ihren Ursachen schuldig bleiben.

VI. Die Anaphylaktogene.

Als Anaphylaktogene sind Stoffe zu bezeichnen, mit denen das aktiv anaphylaktische und mit gewissen Einschränkungen auch das passiv anaphylaktische Experiment ausgeführt werden kann. Da sie im aktiv anaphylaktischen Versuch zweimal in Funktion treten, indem sie einerseits „sensibilisieren", d. h. die Antikörperproduktion in Gang setzen, und anderseits schockauslösend wirken, indem sie mit dem vorhandenen Antikörper abreagieren, müssen sie zu den Vollantigenen gehören, welche sowohl die antikörperbildende Fähigkeit als auch das spezifische Bindungsvermögen besitzen; das Bindungsvermögen allein, das auch den Halbantigenen (Haptenen) zukommt, genügt nicht, indem Substanzen dieser Art wohl schockauslösend wirken können, wenn eine Sensibilisierung mit einem Vollantigen von gleicher serologischer Spezifität vorausgegangen ist, aber selbst nicht zu sensibilisieren imstande sind. Die typischen Anaphylaktogene sind durchwegs Proteine [R. Doerr (1929a, S. 807)]; fast alle anaphylaktischen Versuche wurden mit artfremden Sera, Ovalbumin, Phytalbuminen und anderen Eiweißkörpern von ähnlicher Beschaffenheit durchgeführt, weil man der sensibilisierenden Fähigkeiten von vornherein gewiß war, auch wenn man nur mit sehr kleinen Mengen operierte (s. S. 21). Eine scheinbare Ausnahme machen nur jene nichtproteiden und im Gegensatze zu den hochmolekularen Proteinen chemisch genau definierten Substanzen, welche sich infolge ihrer starken Reaktionsfähigkeit mit den Eiweißstoffen des Organismus, dem sie parenteral einverleibt werden, zu Vollantigenen kombinieren, deren Spezifität sie bestimmen, wie z. B. Picrylchlorid [K. Landsteiner und J. Jacobs (1936), Landsteiner und M. W. Chase (1937, 1940, 1941), M. W. Chase (1947)] oder die Azide [P. H. Gell, C. R. Harington und R. P. Rivers (1946)].

Es fragt sich jedoch, *ob jedes Vollantigen eo ipso ein Anaphylaktogen sein muß*, und diese Frage wurde von einer Gruppe amerikanischer Autoren verneint, und zwar mit Rücksicht auf die am Menschen mit Exotoxinen und die aus ihnen abgeleiteten Formoltoxoide (Anatoxine) gemachten Erfahrungen. So hat man nach wiederholten Injektionen von Tetanustoxoid nur selten allergische Reaktionen beobachtet. H. E. Wittingham (1940) impfte 61042 Soldaten mit je 1,0 ccm Tetanustoxoid zweimal in einem Zeitabstand von 6 Wochen; anaphylaktische, mäßig starke Reaktionen wurden nur bei 0,003 %, ernstere Allgemeinerscheinungen bei 0,02 % und Lokalreaktionen bei 1,06 % verzeichnet. Diese relativ seltenen Ereignisse wurden aber nicht auf die Antigenfunktionen des Toxins (Toxoids) bezogen, sondern darauf zurückgeführt, daß die für die Toxingewinnung verwendeten flüssigen Nährböden Wittepepton enthielten. Man hielt sich zu dieser Erklärung für berechtigt, erstens, weil die durch peptische Verdauung von Eiweiß hergestellten Heteroproteosen (speziell auch die im Handel vertriebenen „Peptone", wie das Wittepepton und das Pepton „Berna") im Tierversuch tatsächlich sensibilisierend wirken [Landsteiner und van der Scheer (1931), Landsteiner und M. W. Chase (1933), R. A. Cooke, Hampton, Sherman und Stull (1946), A. Stull und St. F. Hampton (1941)], zweitens, weil Personen, welche auf die Reinjektion mit Toxoiden (aus peptonhaltiger Giftbouillon gewonnen) mit allergischen Symptomen antworteten, auch auf den Kutantest mit Wittepepton positiv reagierten

[A. A. Cunningham (1940), H. E. Wittingham (1940)]. Diese Erwägungen veranlaßten J. H. Mueller und P. A. Miller (1945), das Cl. tetani in flüssigen Nährmedien zu kultivieren, welche peptonfrei aus Schweinemagenautolysat und Rinderherzextrakt hergestellt wurden; diese aus solchen Kulturen gewonnenen Toxine konnten leicht in Formoltoxoide von befriedigendem Immunisierungsvermögen umgesetzt werden, und bei der Verwendung dieser Toxoide soll sich während einer vierjährigen Anwendung zu Schutzimpfungen kein Fall von anaphylaktischen Symptomen ereignet haben [E. M. Taylor (1945)]. Auf diese sehr bestimmt lautenden Angaben gestützt, meinte R. Doerr (1948), man könne es als gesichert betrachten, daß die sensibilisierenden Wirkungen der Toxine im allgemeinen nicht an jene anderer Eiweißantigene heranreichen, daß sie also eine geringere antigene Aktivität besitzen. Das dürfte wohl stimmen. Aber darum handelt es sich hier nicht, sondern vielmehr um die Beantwortung der Frage, ob Exotoxine überhaupt anaphylaktogen wirken, d. h. ob sie, wenn auch nur in größerer Dosis, aktiv präparieren und beim präparierten Tier einen typischen anaphylaktischen Schock auslösen können. Im bejahenden Falle müßte das Antitoxin der anaphylaktische, passiv übertragbare Antikörper sein, da man, das Toxin als reine Substanz vorausgesetzt, nur diesen Antikörper kennt. Seit G. Ramon (1922) gezeigt hatte, daß in Mischungen von Diphtherietoxin mit antitoxischem Serum Flockungen auftreten, welche in jeder Hinsicht den Präzipitationen entsprechen, welche andere anaphylaktogene Eiweißantigene mit ihren Immunsera gehen, war jedenfalls ein neues Argument in die Diskussion eingeschaltet, welches für den anaphylaktogenen Charakter der Toxine sprach. Hatte man doch seinerzeit die Anaphylaxie geradezu als eine „Präzipitation in vivo“ bezeichnet. In der Tat veröffentlichte St. Bächer (1927) Versuche, aus denen hervorging, daß man Meerschweinchen mit Diphtherieformoltoxoid sensibilisieren und durch intravenöse Reinjektion dieses Toxoids oder auch einer nativen (nicht erhitzten) Diphtherietoxinbouillon schweren, ja tödlichen Schock hervorrufen kann. Ferner hatten Tzank, Weismann und Dalsace (1926) mitgeteilt, daß man Meerschweinchen mit dem Serum von Menschen, welche auf die intrakutane oder subkutane Injektion von Diphtherietoxoid besonders stark reagieren, heterolog-passiv gegen das Toxoid präparieren kann. In einer Kritik dieser Angaben stellte sich R. Doerr (1929a, b) auf den Standpunkt, daß die publizierten Tierversuche noch nicht genügen, um die Existenz einer *Toxinanaphylaxie* im Gegensatz zu früheren Ansichten, als bewiesen anzusehen. Es müsse unbedingt gezeigt werden, daß das Toxin als Anaphylaktogen und das Antitoxin als anaphylaktischer Antikörper fungiere; denn die als „Toxine“ bezeichneten Lösungen würden außer dem spezifischen Gift auch noch andere Stoffe, die dem Nährsubstrat oder den darin gezüchteten Bakterien entstammen, enthalten und von diesen könnten namentlich die an zweiter Stelle genannten die Rolle des Antigens im anaphylaktischen Versuch sehr wohl übernehmen. DOERR (1929b, S. 690) stellte daher die Forderung auf, „die (theoretisch) nicht unwichtige Frage erneut, und zwar von diesem Gesichtspunkt aus zu bearbeiten". Das ist nun auch geschehen. Aber die speziell für das Tetanustoxoid aufgestellte „Peptonhypothese" (s. S. 177 f.) war, wie die Untersuchungen am Diphtherietoxin lehrten, nicht der richtige Weg.

J. M. NEILL und seine Mitarbeiter verfolgten die von ST. BÄCHER inaugurierte Richtung und verwendeten wie BÄCHER ausschließlich Meerschweinchen, wofür die Tatsache maßgebend war, daß sich Meerschweinchen durch sehr kleine Antigenmengen sensibilisieren lassen. J. M. NEILL, J. Y. SUGG (1930), J. Y. SUGG und J. M. NEILL (1930) sowie J. V. SUGG, RICHARDSON und NEILL wiesen zunächst nach, daß sich Meerschweinchen mit Diptherietoxin aktiv präparieren lassen, so daß sie auf eine intravenöse Erfolgsinjektion typisch anaphylaktisch reagieren. Dieses Resultat konnte der Hauptsache nach der spezifischen Antigenfunktion des Toxins zugeschrieben werden, vorausgesetzt, daß man sowohl für die Präparierung als auch für die intravenöse Erfolgsinjektion sehr kleine Dosen nativer (nicht erhitzter) Bouillonkulturfiltrate verwendete, in welchen das Toxin das vorherrschende Antigen sein mußte und die Erfolgsinjektion an jenen Meerschweinchen vornahm, bei welchen sich die antitoxische Immunität nachweislich am schnellsten entwickelte, bei welchen also die Antitoxinproduktion frühzeitig einsetzte. Als weitere Beweise, daß das Toxin bzw. Toxoid in diesen Experimenten tatsächlich als dominantes Anaphylaktogen fungierte, wurden außerdem von J. V. SUGG, RICHARDSON und NEILL (1931) angeführt:

1. Daß die intravenöse Erfolgsinjektion negative Resultate lieferte, wenn die Prüfungsdosis vor der intravenösen Infektion mit antitoxischem Pferdeglobulin vermischt und die Mischung eine Zeitlang bei Bruttemperatur gehalten wurde;

2. daß aktiv präparierte Meerschweinchen refraktär wurden, wenn man kurz vor der Injektion des Toxins (Toxoides) antitoxisches Pferdeserumglobulin intravenös einspritzte;

3. daß aktiv präparierte Meerschweinchen nicht reagierten, wenn ihnen 7 bis 10 Tage vor der Erfolgsinjektion Toxoid subkutan injiziert worden war;

4. daß die anaphylaktische Reaktion verhindert wurde, wenn zur Erfolgsinjektion ein durch antitoxisches Kaninchenserum absorbiertes Bouillonkulturfiltrat benützt wurde;

5. daß die Fähigkeit toxoidhaltiger Filtrate, Meerschweinchen aktiv

zu sensibilisieren, stark reduziert, ja unter Umständen gänzlich aufgehoben werden konnte, wenn sie mit antitoxischem Kaninchenserum absorbiert worden waren.

Schließlich stellten J. M. NEILL, J. V. SUGG und L. V. RICHARDSON fest, daß Meerschweinchen auch passiv sensibilisiert werden können, und zwar durch homologes antitoxisches Serum.

Aus den hier kurz angeführten Versuchen schlossen J. M. NEILL und seine Mitarbeiter, daß das Toxin das Antigen und das Antitoxin der Antikörper sein müssen, welche für die beobachteten anaphylaktischen Reaktionen verantwortlich zu machen sind. Es sei auch gar kein Grund vorhanden, dem Toxin den Charakter eines Anaphylaktogens abzusprechen, und ebensowenig liege, wenigstens in dieser Beziehung, ein Anlaß vor, antitoxinbildende und sensibilisierende Antigene einerseits und Antitoxine und sensibilisierende Antikörper anderseits grundsätzlich voneinander zu scheiden. Nun sind verschiedene Autoren, unter anderen auch R. DOERR (1947, 1946a, b), dafür eingetreten, daß sich die Antikörper wohl durch ihre Spezifität unterscheiden, daß aber die Einteilung in Präzipitine, Agglutinine, komplementbindende Ambozeptoren, Antitoxine usw. nicht berechtigt sei. Dagegen wurde die Verschiedenheit der Antigene nicht angezweifelt, da nicht nur quantitative Differenzen der antigenen Aktivität, sondern auch qualitative Unterschiede nachgewiesen werden konnten. Was insbesondere die Exotoxine der Bakterien anlangt, sind sie ausgezeichnet erstens durch ihre extreme Toxizität, zweitens durch die Tatsache, daß diese Toxizität durch die Bindung an die Antitoxine aufgehoben werden kann, was sich durch die Bindung allein nicht restlos erklären läßt [s. DOERR (1947)], und drittens durch das Phänomen der Toxinüberempfindlichkeit, die zwar mit der Anaphylaxie nichts zu schaffen hat [K. BUCHER und R. DOERR (1950)], aber eine Reaktivität besonderer Art darstellt. Vielleicht könnte man in diesem Zusammenhang auch die Angabe von L. BLEYER (1927) anführen, daß Toxine (Dysenterie-, Tetanus- und Diphtherietoxin) durch relativ niedrige Konzentrationen von hexylresorzin-karbonsaurem Natrium (0,05 bis 0,25 %) nicht nur entgiftet, sondern zugleich auch ihrer Antigenfunktion (des immunisierenden Vermögens) beraubt werden, während Eiweißantigene, auch bei reichlichem Überschuß des hexylresorzinkarbonsaurem Natriums, ihre Antigenfunktion — gemessen an der sensibilisierenden Wirkung im anaphylaktischen Versuch am Meerschweinchen — ungeschmälert beibehalten. Indes sind die Angaben von BLEYER nie überprüft worden und unbeachtet geblieben.

NEILL und seine Mitarbeiter nahmen an, daß nicht nur das Toxin der C. diphtheriae imstande ist, Meerschweinchen aktiv zu präparieren und durch intravenöse Reinjektion den anaphylaktischen Schock auszulösen, sondern daß auch andere von dem gleichen Bakterium gebildete Stoffe diese Fähigkeit besitzen. Den Beweis für diese Annahme erbrachten H. SHERWOOD LAWRENCE und A. M. PAPPENHEIMER jr. (1948), indem sie aus Bouillonkulturfiltraten des C. diphtheriae zwei Proteine isolierten, welche sowohl durch die Präzipitinreaktion als durch das anaphylaktische Experiment als zwei immunologisch differente Antigene erkannt wurden. Eines dieser Antigene entsprach dem Toxin bzw. Toxoid, das andere, die sogenannte P-Fraktion, ebenfalls ein Anaphylaktogen, war atoxisch und lieferte bei der Immunisierung kein das Toxin neutralisierendes Antitoxin. Von den Versuchen der zitierten Autoren sei hier nur ein Protokoll in abgekürzter Form wiedergegeben, welches die Verschiedenheit der beiden Antigene in besonders klarer Form zum Ausdruck bringt. Es wurden zwei Immunsera durch Immunisierung von Kaninchen hergestellt, und zwar ein antitoxisches Serum und ein gegen die P-Fraktion gerichtetes. Beide wurden zur passiven Präparierung von Meerschweinchen (1 bis 3 ccm intraperitoneal) verwendet und der Schock 48 Stunden später durch Injektion in die Vena femoralis ausgelöst. Die Resultate sind Tab. 2 zu entnehmen.

Tabelle 2.

Passiv präparierende Antisera	Schockauslösendes Antigen	Gesamtzahl der Meerschweinchen	Exitus	Schwerer Schock
Antitoxisches Kaninchenserum	Gereinigtes Toxoid	6	4	2
,,	Rohes Toxoid	2	1	0
,,	P-Fraktion	4	0	0
Anti-P-Serum	Gereinigtes Toxoid	6	0	0
,,	Rohes Toxoid	6	0	5
,,	P-Fraktion	8	1	5

Das gereinigte Toxoid, wie es beim Menschen angewendet wird, war also anscheinend fast frei von anderen Proteinen des C. diphtheriae und die im Versuch verwendete P-Fraktion enthielt nur geringe Mengen von Toxoid, während das rohe (ungereinigte) Toxoid offenbar ein Gemenge von Toxoid und P-Fraktion darstellte. Auch bei der Verwendung der beiden in der Tabelle bezeichneten Antisera zu Präzipitinreaktionen trat die Differenz zwischen dem gereinigten Toxoid und der P-Fraktion zutage, obwohl sich die Antigenverdünnungen selbst bei den positiven Ergebnissen auf den Bereich von 1 : 8 bis höchstens 1 : 128 beschränkten. Um „hochwertige“ Präzipitine hat es sich also nicht gehandelt, wobei zu berücksichtigen ist, daß die Antisera von Kaninchen gewonnen wurden und daß Kaninchen zu den besten Präzipitinbildnern gehören; Präzipitine von Kaninchen können andere „Anaphylaktogene“, wie artfremde Serumproteine, Ovalbumin usw., noch in tausendfacher und höherer Verdünnung spezifisch flocken. Dem niedrigen Titer der Präzipitine entsprach anscheinend auch das passive Präparierungsvermögen. Denn in den Versuchen von LAWRENCE und PAPPENHEIMER wurden die Meerschweinchen mit 1 bis 3 ccm Antiserum intraperitoneal passiv präpariert und mit 1 bis 2 ccm Antigenlösung intravenös zwecks Auslösung des Schocks injiziert. Leider sind gerade diese Experimente nur summarisch angeführt, so daß man nicht weiß, ob die (in der Tabelle nicht wiedergegebenen) mäßigen und schwachen Reaktionen sowie das gänzliche Ausbleiben einer Reaktion nicht etwa auf die zu niedrige Präparierungsdosis oder die ungenügende Testdosis des Antigens oder auf eine Kombination beider Faktoren zurückzuführen sind. Jedenfalls ist auch hier zu bemerken, daß Immunsera vom Kaninchen besonders geeignet sind, Meerschweinchen passiv zu präparieren, und zwar schon in Mengen von 0,05 bis 0,1 ccm (s. S. 61).

Die Beobachtungen an erwachsenen Menschen, über welche A. M. PAPPENHEIMER und H. SHERWOOD LAWRENCE (1948) berichten, erlauben — nach der Ansicht des Verfassers — keine bestimmten Schlußfolgerungen. Es wurden 186 Studenten der Medizin und Krankenpflegerinnen der Schickschen Probe unterworfen, wobei Intracutanreaktionen mit hochgradig gereinigtem Toxoid und mit der P-Fraktion als Kontrollen dienten. Es stellte sich heraus, daß Schick-positive und Schick-negative Individuen entweder hauptsächlich auf die Toxoidkontrolle oder auf die P-Fraktion oder auf beide Substanzen oder auf keine von beiden oder auch auf beide nach Art der verzögerten Reaktionen vom Tuberkulintypus reagierten. In einer zweiten Versuchsreihe wurden 57 Schick-positive Erwachsene mit hochgradig gereinigtem Toxoid immunisiert. Die Haut reagierte entweder auf Toxoid oder auf die P-Fraktion nach Art der Tuberkulinreaktion. Die Mehrzahl der Schick-positiven Individuen war gegen die P-Fraktion und nicht gegen das Toxoid selbst *primär* empfindlich, woraus sich die praktische Konsequenz ergab, die P-Fraktion bei der Darstellung der am Menschen anzuwendenden Impfstoffe soweit als möglich auszuschalten. Ferner zeigte es sich, daß die Reaktionen auf das gereinigte Toxoid zwar im Laufe der Immunisierung im allgemeinen merklich schwächer wurden, daß es aber stets eine Minderzahl von Individuen gab, welche gegen das Toxoid selbst empfindlich blieben; injiziert man solchen allergischen Erwachsenen das Toxoid in voller Dosis, so können schwere unerwünschte Reaktionen die Folge sein, welche vom Reinheitsgrad des Toxoides unabhängig sind; solche Personen sind dadurch zu erkennen, daß sie schon auf die intradermale Injektion sehr kleiner Toxoidmengen (0,002 ccm oder weniger) stark reagieren.

VII. Der anaphylaktische Antikörper.

R. DOERR (1929b, S. 705) konstatierte, daß man außer dem passiven Präparierungsvermögen keine andere Eigenschaft kennt, welche den anaphylaktischen Antikörper auszeichnen und ihn von anderen Antikörpern (Präzipitinen, komplementbindenden Ambozeptoren usw.) unterscheiden würde; der anaphylaktische Antikörper gleiche vielmehr allen anders benannten in der einzigen als fundamental zu bezeichnenden Beziehung, daß er sich mit dem zugehörigen Antigen kraft seiner spezifischen Affinität unter gegenseitiger Neutralisation verbindet.

DOERR erwähnt aber a. a. O. die sogenannten „unmöglichen Kombinationen" (in diesem Werk auch als „Inkompatibilitäten", s. S. 62, bezeichnet), nämlich die Beobachtungen, welche besagen, daß das von einer Spezies A gewonnene Antiserum nicht jede beliebige andere Spezies B passiv präpariert. So lassen sich beispielsweise wohl Meerschweinchen durch ein Antiserum vom Kaninchen passiv präparieren, nicht aber Hühner oder Schildkröten, d. h. der im Kaninchenserum enthaltene Antikörper ist für das Meerschweinchen ein „anaphylaktischer" Antikörper, für das Huhn oder die Schildkröte aber nicht.

Daß Immunsera, mit demselben Antigen von verschiedenen Tierarten gewonnen, verschiedene Eigenschaften haben können, wäre an und für sich insofern nicht weiter merkwürdig, als man mehrfache Beobachtungen dieser Art kennt. So erhält man durch Immunisierung von Pferden mit Pneumokokken vom Typus XIV ein Antiserum, welches nicht nur die Pneumokokken dieses Typus agglutiniert und mit dem zugehörigen typenspezifischen Polysaccharid die Präzipitinreaktion gibt, sondern auch noch in hohen Verdünnungen menschliche Erythrocyten der vier Hauptgruppen A, B, AB und O agglutiniert und mit der A-Substanz, dargestellt aus käuflichem Wittepepton, bei 0° C Präzipitate liefert [M. FINLAND und E. CURNEN (1938), P. B. BEESON und W. F. GOEBEL (1939)]. Immunisiert man aber Kaninchen mit dem gleichen Pneumokokkentypus XIV, so erhält man ein Immunserum, welches zwar noch die Bakterien agglutiniert und das Polysaccharid kräftig flockt, das jedoch weder menschliche Erythrocyten agglutiniert noch auch mit der A-Substanz reagiert. Ferner geben Antipneumokokkensera vom Pferde gegen die Typen III und VIII Verwandtschaftsreaktionen mit den heterologen Polysacchariden VIII und III, während solche Sera, wenn sie von Kaninchen stammen, fast ausschließlich nur mit den homologen Polysacchariden reagieren [M. HEIDELBERGER, E. A. KABAT und D. L. SHRIVASTAVA (1937)]. Sodann wird die Flockung von Diphtherietoxin durch antitoxisches Serum vom Pferde schon durch einen relativ geringen Überschuß des Antikörpers verhindert [H. HEALEY und S. PINFIELD (1935), A. M. PAPPENHEIMER und S. ROBINSON (1937)], während diese Hemmung bei der Verwendung von antitoxischen Kaninchenserum nicht beobachtet wird. Dasselbe gilt für präzipitierende Antisera gegen Ovalbumin oder Hämocyanin, bei welchen die quantitativen Beziehungen zwischen Antikörper und Antigen, welche für das Auftreten bzw. Ausbleiben der Flockung maßgebend sind, in derselben Weise wie beim Diphtherietoxin und seinem Antitoxin von dem Umstand beherrscht werden, ob das Immunserum vom Pferde oder vom Kaninchen stammt [A. M. PAPPENHEIMER (1940), S. B. HOOKER und W. C. BOYD (1941), A. M. PAPPENHEIMER, H. P. LUNDGREN und J. W. WILLIAMS (1940)].

Aber die eben zitierten Beobachtungen haben offenbar mit dem Problem der unmöglichen Kombinationen heterolog passiver anaphylaktischer Experimente nichts zu schaffen, Denn die Antisera, welche Meerschweinchen passiv nicht zu präparieren vermögen, reagieren mit ihren Antigenen in vitro, und es besteht wohl auch kein Zweifel, daß sie im Organismus des Meerschweinchens abgesättigt werden, wenn man auf die Injektion des Serums in kurzem Zeitabstande die Injektion des Antigens folgen läßt, zumindest insoweit, als sie sich noch im Blute bzw. in den Körpersäften befinden. Nur bleibt die Folge, die anaphylaktische Reaktion, aus. Es wurde an anderer Stelle (s. S. 63) auseinandergesetzt, daß dieser Widerspruch unverständlich wäre, wenn wir als Ursache der anaphylaktischen Reaktion eine rein humorale, im strömenden Blut ablaufende Antigen-Antikörper-Reaktion annehmen würden. Dagegen könnten die unmöglichen Kombinationen dadurch erklärt werden, daß sich die Antikörper an die Schockgewebe verankern müssen, um die anaphylaktische Reaktion zu ermöglichen, und daß nicht alle Antikörper (Immunglobuline) an die Gewebe des Meerschweinchens gebunden werden können. Die Latenzperiode der passiven Anaphylaxie wäre die Zeit, in welcher die Bindung vor sich geht. Das passiv anaphylaktische Experiment gestattet aber eine Umkehrung, d. h. die Reaktion tritt auch dann ein, wenn man zuerst das Antigen und dann den Antikörper injiziert (inverse Anaphylaxie). Da man aber auch in diesem Falle, wenn man nicht mit exzessiven Mengen Antigen und Antikörper experimentiert, eine Latenzperiode einhalten muß, müßte man, an der Verankerungshypothese festhaltend, annehmen, daß auch das Antigen an die Schockgewebe gebunden wird, soll eine anaphylaktische Reaktion erfolgen. So viele Versuche aber auch angestellt wurden, ist einer der wichtigsten nicht ausgeführt worden, nämlich die Probe, ob die inverse Anaphylaxie auch dann möglich ist, wenn man eines der Antisera benützt, welche Meerschweinchen passiv nicht zu präparieren vermögen.

Jedenfalls sind die „unmöglichen Kombinationen" ein Phänomen, welches bei anderen heterologen Antikörpern nicht beobachtet wurde. So kann man z. B. Meerschweinchen durch antitoxische Sera vom

Pferde oder Rinde sehr wohl gegen die korrespondierenden Toxine schützen, wie es ja auch bekanntlich ohne weiteres möglich ist, Menschen mit antitoxischen Pferde- oder Rindersera gegen verschiedene Toxine resistent zu machen. Auch gelingen hier innerhalb gewisser zeitlicher Grenzen inverse Versuchsanordnungen, indem es möglich ist, durch eine nachträgliche Antitoxininjektion Tiere und Menschen gegen eine vorausgegangene Zufuhr von Toxin zu schützen. Hier tritt also die Folge der Antigen-Antikörper-Reaktion, nämlich die Neutralisierung des Toxins ein, an der sich allerdings der Organismus, in welchem sie abläuft, wohl nur als Schauplatz beteiligt.

Solange die „unmöglichen Kombinationen“ nicht befriedigend aufgeklärt sind, besteht immerhin die Berechtigung, die Bezeichnung „anaphylaktischer Antikörper“ beizubehalten, obzwar ein anderer Grund, wie eingangs betont, nicht vorhanden ist.

Alles, was sonst noch über den anaphylaktischen Antikörper zu sagen wäre, wurde in den Kapiteln über die passive Anaphylaxie und über die verschiedenen Formen der Antianaphylaxie bereits erörtert.

VIII. Anaphylaktoide Reaktionen.

Unter dieser Bezeichnung faßt man Beobachtungen zusammen, denen zufolge Menschen, Meerschweinchen, Katzen, Kaninchen, Hunde, Ziegen, Tauben und Ratten auf die intravenöse Injektion der verschiedensten, physikalisch und chemisch völlig differenten Stoffe, wie Wittepepton, Agarlösung, wässerigen Organextrakten, Baryumsulfatsuspension, Typhusvaccine, Galle, Stärke, Lösungen von Gummi acaciae, Arsphenamin usw. mit akutem Schock reagieren [J. Bordet (1913), P. J. Hanzlik (1924), W. T. Karsner (1928), Hanzlik und Karsner (1920/21) u. v. a.].

Gemeinsam ist also allen diesen Versuchsanordnungen lediglich die intravenöse Injektion. Kausal erfaßt ist aber dieses Kriterium vieldeutig. Denn die intravenöse Injektion könnte wirken, erstens, indem sie die Beschaffenheit des strömenden Blutes in irgendeiner den Schock auslösenden Art ändert; zweitens, indem sie auf die Gefäßendothelien einen Reiz ausübt, wobei die Folge dieses Reizes zunächst unbestimmt bleibt, und drittens, indem sie aus den Endothelien oder den anrainenden Geweben histaminartige Substanzen in genügender Menge frei macht, so daß eine akute Autointoxikation zustande kommt.

Die anaphylaktoiden Phänomene stehen im Widerspruch zu allen Theorien, welche sich mit dem Mechanismus der Anaphylaxie beschäftigen, da diese annehmen, daß den pathologischen Erscheinungen spezifische Antigen-Antikörper-Reaktionen zugrunde liegen, welche für die anaphylaktoiden Phänomene überhaupt nicht in Betracht kommen. Am einfachsten läßt sich dieser Widerspruch beseitigen, wenn man von der Voraussetzung ausgeht, daß bei der Anaphylaxie nicht die Antigen-Antikörper-Reaktion als solche pathogen wirkt, sondern mittelbar, indem sie aus den Geweben ein Gift, und zwar das β-Iminazolyläthylamin frei macht, dessen Wirkungsweise in vielen Beziehungen mit der Symptomatologie des anaphylaktischen Schocks ähnlich ist [H. H. DALE und P. P. LAIDLAW (1910/1911)]. Natürlich konnte man sich mit dieser toxikologischen Analogie nicht begnügen, sondern mußte bestrebt sein, die Lehre von der Liberierung des Histamins in zweifacher Richtung experimentell zu fundieren, und zwar einerseits durch den Nachweis, daß Antigen-Antikörper-Reaktionen tatsächlich Histamin frei machen, zweitens, daß die Substanzen, welche die anaphylaktoiden Phänomene verursachen, denselben Effekt haben.

Es wurde schon an anderer Stelle erwähnt, daß im anaphylaktischen Schock des Hundes und des Meerschweinchens der Histamingehalt des strömenden Blutes steigt, und die Frage erörtert, ob diese Zunahme quantitativ ausreicht, um den Schock restlos auf dieselbe zurückzuführen (s. S. 118). Das quantitative Problem beiseite schiebend, wurden auch Versuche mit positivem Erfolge angestellt, welche zeigen sollten, daß Antigen-Antikörper-Reaktionen in vitro Histamin liberieren, wenn sie in Gegenwart von Blutzellen [C. DRAGSTEDT, M. RAMIREZ DE ARELLANO und A. H. SEWTON (1940), G. KATZ (1940), G. KATZ und S. COHEN (1941)], Hautgewebe [G. KATZ (1942)], oder glatten Muskeln [M. ROCHA E SILVA (1940)] ablaufen. Aber selbst wenn man es für erwiesen hält, daß das Histamin in den anaphylaktischen Reaktionen des Meerschweinchens und des Hundes eine wichtige Rolle spielt, ist doch zu bedenken, erstens, daß diese Aussage nicht für alle anaphylaktisch reagierenden Spezies gültig sein kann, sicher nicht für jene, welche gegen Histamin in so außerordentlich geringem Grade empfindlich sind, wie die Maus und die Ratte, was selbst von Anhängern der Histamintheorie zugegeben wird [siehe unter anderm das Referat von BR. ROSE (1947)]; zweitens, daß über die Art, wie das Histamin aus den Geweben frei gemacht wird, sehr verschiedene Auffassungen bestehen.

Auf der anderen Seite ist es wohl gelungen, das Freiwerden von Histamin bei einigen anaphylaktoiden Reaktionen nachzuweisen bzw. wahrscheinlich zu machen, z. B. für den Schock, den man bei Meerschweinchen oder Hunden durch intravenöse Injektion von „Pepton“, von Trypsin oder durch Schlangengifte, durch Staphylokokkentoxin hervorrufen kann [C. F. CODE (1944), C. A. DRAGSTEDT (1939), M. ROCHA E SILVA (1941, 1944), W. FELDBERG (1941) u. a.]; aber auch diese zweite Hälfte des ganzen Beweises ist unvollständig, wie man das bei der Heterogenität der Substanzen, welche anaphylaktoide Reaktionen auslösen können, voraussehen konnte. Die Versuche, alle anaphylaktoiden Reaktionen durch gewagte Hypothesen gleichzuschalten, sind, objektiv betrachtet, nicht recht verständlich. Es ist doch äußerst unwahrscheinlich, daß Trypsin, frisch defibriniertes arteigenes Blut, Agargel, Suspensionen von unlöslichem Baryumsulfat usw. aus dem gleichen Grunde Schock hervorrufen, wenn sie intravenös bestimmten Versuchstieren injiziert werden. Zweifellos ist die Symptomatologie der anaphylaktoiden Phänomene nicht einheitlich. So soll z. B. eine intravenöse Injektion von „Pepton" beim Meerschweinchen die für Anaphylaxie typische Lungenblähung hervorrufen, während eine Reihe anderer auf Meerschweinchen anaphylaktoid wirkenden Stoffe nicht durch eine bronchospastische Erstickung tödlich wirken, sondern durch Zirkulationsstörungen, welche auf dem Verschluß von Gefäßen durch Leukocyten oder Fibrin beruhen [P. J. Hanzlik und H. T. Karsner (1920)].

Es ist möglich, daß sich tragfähige Brücken von den anaphylaktoiden zu den anaphylaktischen Reaktionen spannen lassen, welche das Verständnis beider vermitteln können. Vorläufig ist dieses Ziel nicht erreicht, wobei nach der Ansicht des Verfassers das Bestreben hinderlich gewirkt haben mag, daß man alle anaphylaktoiden Phänomene in einen Tiegel werfen wollte. Erwähnt mußten sie hier werden, da sie zu Verwechslungen mit den anaphylaktischen Reaktionen Anlaß geben können, wenn man nicht alle erforderlichen Kontrollen, insbesondere den Nachweis der serologischen Spezifität der Reaktionsauslösung, anstellt.

Im übrigen bleibt die Darstellung der theoretischen Interpretation der anaphylaktischen und anaphylaktoiden Phänomene dem zweiten Halbband der „Anaphylaxie" vorbehalten. Der vorliegende erste Teil verfolgt lediglich den Zweck, die experimentellen Tatsachen, welche die Anaphylaxieforschung zutage gefördert hat, so genau als dies der Stand des Wissens gestattet, wiederzugeben und auf Hypothesen nur so weit einzugehen, als dies die kritische Erfassung der Experimente erforderte.

Literaturverzeichnis.

AARON, T. H. and H. A. ABRAMSON (1947), Proc. Soc. exp. Biol. a Med. **65**, 272.
ABDERHALDEN, E. (1914), Abwehrfermente, das Auftreten blutfremder Substrate und Fermente im tierischen Organismus unter experimentellen, physiologischen und pathologischen Bedingungen. 4. Aufl. Berlin.
ABEL, J. J. and E. M. K. GEILING (1924), J. Pharm. a. exp. Ther. **23**, 1.
ABEL, J. J. and S. KUBOTA (1919), J. Pharm. a. exp. Ther. **13**, 243.
ABELL, R. G. and H. P. SCHENK (1938), J. Immunology **34**, 195.
ABERNETHY, T. J. and O. T. AVERY (1941), J. exp. Med. **73**, 173.
ACKERMANN, D. (1939), Naturwissenschaft. **27**, 515.
— (1940), Ber. physik.-med. Gesellsch. Würzburg, N. F. **63**, 32.
ACKERMANN, D. und F. KUTSCHER (1910), Z. f. Biol. **54**, 387.
ACKERMANN, D. und W. WASMUTH (1939), Z. physiol. Chemie **260**, 155.
— — (1939), Z. physiol. Chemie **359**, 28.
AIRILA, Y. (1914), Skand. Arch. f. Phys. **31**, 388.
ALBERT, M. M. and M. WALZER (1942), J. Immunol. **44**, 263.
ALEXANDER, H. L. (1917), Arch. int. Med. **20**, 636.
— (1943), J. Pediatr. **23**, 239.
ALEXANDER, H. L., W. G. BECKE and J. A. HOLMES (1926), Proc. Soc. exp. Biol. a. Med. **23**, 374.
— — — (1926), J. Immunol. **11**, 175.
ALEXANDER, H. L. and D. BOSTOM (1940), J. Immunol. **39**, 457.
ALEXANDER, H. L., J. HOLMES and W. G. BECKE (1926), J. Immunol. **12**, 401.
ALEXANDER, H. L., M. C. JOHNSON and J. H. ALEXANDER (1946), J. Allergy **17**, 340.
ANDERSON, J. F. (1906), Hyg. Lab. Bull. **30**, 18; J. med. Research **10**, 257.
ANDERSON, J. F. and FROST (1910), Hyg. Lab. Bull., No. 64, Washington.
APPELBAUM, I. J. and L. E. WEXBERG (1944), J. Am. med. Assoc. **124**, 831.
ARELLANO, M. R., A. H. LAWTON and C. A. DRAGSTEDT (1940), Proc. Soc. exp. Biol. a. Med. **43**, 360.
ARIMA, R. (1913), Z. Immunfschg. **20**, 260.
ARLOING, F. et L. LANGERON (1922), C. r. Soc. Biol. Paris **87**, 634.
— — (1923), C. r. Soc. Biol., Paris **88**, 508.
ARLOING, F. et L. THEVENOT (1922), C. r. Soc. Biol. Paris, **87**, 12.
ARMIT (1910), Z. Immunfschg. **6**.
ARNOLDI und LESCHKE (1920), Dtsch. med. Wochschr. Nr. 37.
ARONSON, J. D. (1927), J. Immunol. **13**, 289.
— (1928), J. Immunol. **15**, 465.
— (1933), J. Immunol. **25**, 1.
ARTHUS, M. (1903), C. r. Soc. Biol. Paris **55**, 817.
— (1909), Arch. internat. Physiol. **7**, 471.
— (1910), Arch. internat. Physiol. **9**, 179.
— (1910), Arch. internat. Physiol. **7**, 456.

ARTHUS, (1921), De l'anaphylaxie à l'immunité. Paris.
— (1923), C. r. Soc. Biol. Paris **89**, 128.
AUER, J. and P. A. LEWIS (1909), J. Amer. med. Assoc. **53**, 458.
— — (1910), C. r. Soc. Biol. Paris **1**, 193.
— — (1910), J. exp. Med. **12**, 151.
AUER, J. and VAN SLYKE (1913), J. exp. Med. **18**, 210.
AULD, A. G. (1925), Brit. med. J. **448**.
AVERY, O. P. and W. S. TILLETT (1929), J. exp. Med. **45**, 251.
AYO, C. (1943), J. Immunol. **46**, 113, 127.

BAAGOË KAJ (1924), Ugeskoift f. laeger **86**, 577.
BÄCHER, ST. (1927), Zentralbl. f. Bakt., I. Orig. **104**, 150.
BACHRACH (1926), Arch. intern. Physiol. **26**, 147.
BAEHR, G. und E. P. PICK (1913), Arch. exp. Path. u. Pharm. **74**, 41.
BAILEY, G. H. and R. E. GARDNER (1940), J. Immunol. **39**, 543.
BALLY, L. H. (1929), J. Immunol. **17**, 191.
BARGER, G. and H. H. DALE (1911), J. Physiol. **16**.
BARSOSO, C. (1941), Anafilaxiac Allergia. Sao Paolo.
BARSOUM, G. S. and J. H. GADDUM (1935), J. Physiol. **85**, 1.
BARTOSCH, R., W. FELDBERG und E. NAGEL (1932), Pflügers Arch. **230**, 129.
BATEMAN, W. G. (1916), J. biol. chem. **26**, 263.
BAUER, J. (1910), Z. Immunfschg. **5**, 186.
BAUMANN, A. et E. WITEBSKY (1934a), C. r. Soc. Biol. Paris **116**, 10.
— — (1934b), Ann. Inst. Past. Paris **53**, 282.
BAUMGARTNER, L. (1934), J. Immunol. **27**, 407.
— (1934), J. Immunol. **27**, 417.
BAWDEN, F. C. and A. KLECZKOWSKI (1942), Brit. J. exp. Path. **23**, 178.
BAWDEN, F. C. and N. W. PIRIE (1937), Brit. J. exp. Path. **18**, 275.
BEESON, P. B. and W. F. GOEBEL (1939), J. exp. Med. **70**, 239.
BEHRING, E. und KITASHIMA (1901), Berl. Klin. Wschr. 157.
BELIN (1910), C. r. Soc. Biol. Paris, S. 591 und 906.
BELL, S. D. and Z. ERIKSSON (1931), J. Immunol. **20**, 447.
BENDER, M. B. (1940), Proc. Soc. exp. Biol. a. Med. **43**, 539.
— (1943), J. Immunol. **47**, 483.
BENEKE, R. und STEINSCHNEIDER (1912), Z. allg. Path. u. path. Anat. **23**, 529.
BERGER, H. C. (1924), Med. Clinics. N. Amerika **7**, 1169.
BERGER, W. und F. J. LANG (1931), Beitr. z. path. Anat. u. allg. Path. **87**, 71.
BERNAT, J. D. and J. FANKUCHEN (1941), J. gen. Physiol. **25**, 147.
BERNARD, L., R. DEBRÉ et R. PORAK (1912), J. physiol. et path. génér. **14**, 971.
BERTOYE, P. et J. DÉCHAUME (1929), Lyon. méd. **144**, 762.
BESCHE, A. DE (1909), Berl. Klin. Wschr. 1607.
— (1918), J. inf. diseas. **22**, 594.
— (1923), Am. J. med. Science **166**, 265.
— (1924), Acta path. et microb. Scandin. **1**, 23.
BESREDKA, A. (1907), Ann. Inst. Past. Paris **21**, 950.
— (1908), Ann. Inst. Past. Paris **22**, 496.
— (1911), Handb. d. Technik u. Methodik d. Immunitätsfschg., 1. Erg. Bd.
— (1912), Antianaphylaxie. Jahresber. d. Immunitätsfschg. **8**, 66.
— (1927a), Théorie de l'anaphylaxie, Paris, Masson.
— (1927b), Traité Physiol. norm. et path. **7**, 434.
BESREDKA, A. et J. BRONFENBRENNER (1911), Ann. Inst. Past. Paris **25**, 393.
BESREDKA, A. et E. STEINHARDT (1907), Ann. Inst. Past. Paris **21**, 117.

BESSAU, G. (1911), Zentralbl. f. Bakt., I. Orig. **60**, 637.
— (1915), Jahrb. f. Kinderheilk. **81**, 183.
BEST, C. H., H. H. DALE, H. W. DUDLEY and W. V. THORPE (1927), J. Physiol. **62**, 397.
BIBERSTEIN, H. und W. JADASSOHN (1923), Klin. Wschr. 970.
BIEDL, A. und R. KRAUS (1909), Wien. Klin. Wschr. 363.
— — (1910), Wien. Klin. Wschr. 9.
— — (1910), Zentralbl. f. Phys. **24**, 258.
— — (1910), Z. Immunfschg. **7**, 205.
— — (1911), Die experimentelle Analyse der anaphylaktischen Vergiftung Hdb. d. Technik und Methodik der Immunitätsfschg., 1. Erg. Bd. S. 255—290.
BIGLER, J. A. (1943), J. of Pediatr. **23**, No. 2.
BIRKHAUG, K. and JOHS. BOË (1946), J. Immunol. (Am.) **54**, 107.
BLACK, J. H. (1938), J. Allergy **10**, 156.
BLEYER, L. (1927), Z. Hyg. **107**, 70?.
— (1928), Z. Hyg. **108**, 302.
BLOCH, B. und P. KARRER (1927), Vierteljahrschr. d. Naturf. Ges. Zürich, Beiblatt Nr. 13.
BLOCH, B. und A. STEINER-WOURLISCH (1926), Arch. f. Dermat. **152**, 283.
BOONE, TH. und E. M. CHASE (1927), J. Immunol. **14**, 337.
BOQUET, A. (1919), C. r. Soc. Biol. Paris **82**, 1127.
BORDET, J. (1913), C. r. Soc. Biol. Paris **74**, 877.
BOSTRÖM, G. (1937), Acta dermatol.-vener. (Supplem. 4) **18**, 1.
BOUGHTON, T. H. (1916), J. Immunol. **1**, 105.
— (1919), J. Am. med. Assoc. **73**, 1912.
BOVET, D. et A. M. STAUB (1939), C. r. Soc. Biol. Paris **124**, 547.
BOYD, W. C. and E. R. WASHAWER (1946), J. Immunol. **52**, 97.
BRACK, W. (1921), Z. Immunfschg. **31**, 407.
BRAUN, H. (1910), Z. Immunfschg. **4**, 590.
BRAY, G. W. (1931), J. Allergy **2**, 205.
— (1934), Recent advances in allergy, Ed. 2, Philadelphia.
BRECHT, B. und H. KUMMER (1943), Klin. Wschr. **22**, 741.
BRIST, A. et AYNAUD (1913), C. r. Soc. Biol. Paris **74**, 180.
BRODIE, T. G. (1900). J. Physiol. **26**, 48.
BRODIN et HUCHET (1921), C. r. Acad. Scienc. Paris **173**, 865.
BROH-KAHN, R. H. and J. A. MIRSKY (1937), J. Immunol. **32**, 409.
BRONFENBRENNER, J. (1914), Pennsylvania med. J. **18**, 2.
— (1914), Proc. Soc. exp. Biol. a. Med. **12**, 3, 6.
— (1915), J. exp. Med. **21**, 221.
— (1915), J. Lab. a. Clin. Med. **1**, 573.
— (1937), Am. Rev. Tuberc. **36**, 293.
— (1940), J. Lab. a. Clin. Med. **26**, 102.
— (1941), Tr. Am. Acad. Ophth. **45**, 30.
— (1944), Ann. Allergy **2**, 472, 476.
— (1948), J. Allergy **19**, 71.
BRONFENBRENNER, J. and M. SCHLESINGER (1918), J. Immunol. **3**, 321.
BROWN, A., T. H. D. GRIFFITH, S. ERWINAND and L. Y. DYSENFORTH (1938), South. med J. **31**, 590.
BROWN, R. (1934), Proc. Soc. exp. Biol. a. Med. **31**, 700.
BROWNLEE, A. (1940), J. comp. Path. a. Ther. **53**, 55.
BUBERT (1935), J. Am. med. Assoc. **104**, 1469.

BUCHNER, H. (1890), Berl. Klin. Wschr. Nr. 47.
BUKANTZ, S. C., G. J. DAMMIN, K. S. WILSON, M. C. JOHNSON and H. L. ALEXANDER (1949), Proc. Soc. exp. Biol. a. Med. **72**, 21.
BULL, C. G. and MCKEE (1929), Am. J. Hyg. **9**, 666.
BULLOWA, J. G. M. and M. JACOBI (1930), Arch. intern. Med. **46**, 306.
BURDON, K. L. (1937), Proc. Soc. exp. Biol. a. Med. **36**, 340.
— (1942), Proc. Soc. exp. Biol. a. Med. **49**, 24.
— (1946), Federation Procedings **5**, 245.
BURHARDT, J. L. (1910), Z. Immunfschg. **8**, 87.
BURNS, P. W. (1933), J. Am. Vet. Med. **83**, 627.
BUSSON, B. (1911), Wien. Klin. Wschr. **24**, 1492.
BUSSON, B. und N. OGATA (1924), Wien. Klin. Wschr. **37**, 820.
— — (1925), Wien. Klin. Wschr. **38**, 219.

CALVARY, M. (1911), Münch. med. Wschr. 670.
CAMPBELL, B. (1948), Science **108**, 478.
CAMPBELL, D. H. and G. E. Mc. CASLAND (1944), J. Immunol. **49**, 315.
CAMPBELL, D. H. and P. A. NICOLL (1940), J. Immunol. **39**, 103.
CANNON, P. R. and C. E. MARSHALL (1941), J. Immunol. **40**, 27.
CANNON, P. R., T. E. WALCH and C. E. MARSHALL (1941), Americ. J. Path. **17**, 777.
CARR, F. R., W. R. LYONS and O. B. WILLIAMS (1928), J. Immunol. **15**, 355.
CARR, F. R. and O. B. WILLIAMS (1928), J. Immunol. **15**, 13.
CAULFIELD, A. H. W., M. H. BROWN and E. T. WATERS (1936), J. Allergy **7**, 451.
CAULFIELD, A. H. W., M. H. BROWN and E. T. WATERS (1937), J. Lab. a. Clin. Med. **22**, 657.
CHASE, M. W. (1947), J. exp. Med. **86**, 489.
— (1948), The allergic state, in bacterial and mycotic infections of man, Philadelphia, S. 110—153.
CHESTER, K. S. (1936), Phytopathology **26**, 715.
— (1937), Quarterl. Rev. Biology **12**, 19, 165, 294.
CHRISTENSEN, L. R. and C. M. MACLEOD (1945), J. gen. Phys. **28**, 559.
CIONINI, A. (1927), Pathologica **19**, 478.
— (1928), Boll. Istituto sierot. Milanes. **7**, 519.
CLARK, E. (1938), J. Amer. med. Assoc. **110**, 1098.
CLARK, E. and B. I. KAPLAN (1937), Arch. Pathol. **24**, 458.
COCA, A. F. (1919), J. Immunol. **4**, 223.
— (1920), Hypersensitiveness in Tices practice of medicine, New York.
— (1920), J. Immunol. **5**, 363.
— (1922), J. Immunol. **7**, 193.
— (1943), Am. Allergy **1**, 120.
— (1945), Familial non-reaginic food allergy, Sec. Ed., Springfield.
COCA, A. F., O. DEIBERT and E. F. MENGER (1922), J. Immunol. **7**, 201.
COCA, A. F. and R. A. COOKE (1923), J. Immunol, **8**, 163.
COCA, A. F. and M. KOSAKAI (1920), J. Immunol. **5**, 297.
CODE, C. F. (1937), J. Physiol. **90**, 349.
— (1937), J. Physiol. **89**, 257.
— (1938), Americ. J. Physiol. **123**, 40.
— (1939), Americ. J. Physiol. **127**, 78.
CODE, C. F. and H. R. HESTER (1939), Am. J. Physiol. **127**, 71.
COFFIN, G. S. and E. A. KABAT (1946), J. Immunol. **52**, 201.

COGHILL, R. D., N. FELL, M. CREIGHTON and G. BROWN (1940), J. Immunol. **39**, 207.
COHEN, H. R. and M. M. MOSKO (1943), J. Immunol. **46**, 59.
COHEN, M. B. and H. J. FRIEDMAN (1944), J. Allergy **15**, 245.
COHEN, M. B. and B. H. WOODRUFF (1937), J. Allergy **8**, 437.
COLDWELL, C. A. and G. P. YOUMANS (1941), J. infect. diseas. **68**, 226.
COOKE, R. A. (1922), J. Immunol. **7**, 119.
— (1947), Allergy in theory and practice. Philadelphia.
COOKE, R. A., J. H. BERNARD, S. HEBALD and A. STULL (1935), J. exp. Med. **62**, 733.
COOKE, R. A., S. F. HAMPTON, W. B. SHERMAN and A. STULL (1940), J. Am. med. Assoc. **114**, 1854.
COOKE, R. A., M. H. LOVELESS and A. STULL (1937), J. exp. Med. **66**, 689.
COOKE, R. A. and A. VAN DER SCHEER jr. (1916), J. Immunol. **1**, 201.
COOKE, R. A. and W. C. SPAIN (1929), J. Immunol. **17**, 295.
COULSON, E. J. and J. H. SPIES (1943), J. Immunol. **46**, 377.
COURTRIGHT, L. J., S. R. HURWITZ and A. B. COURTRIGHT (1942), J. Allergy **13**, 271.
CRIEP, L. H. (1931), Arch. intern. med. **48**, 1098.
CRIEP, L. H. and TH. H. AARON (1948), J. Allergy **19**, 295.
CULBERTSON, J. F. (1935), J. Immunol. **29**, 29.
CUNNINGHAM, A. A. (1940), Brit. med. J. 522.

DAINOW, J. (1945), Dermatologica **91**, 107.
DALE, H. H. (1912/1913), J. Pharm. a. exp. Therap. **4**, 517.
— (1912/1913), J. Pharm. a. exp. Therap. **4**, 167.
— (1920), Brit. J. exp. Path. **1**, 103.
— (1929), Lancet 1285.
DALE, H. H. and C. H. KELLAWAY (1921), J. of. Physiol. **54**, 143.
DALE, H. H. and P. P. LAIDLAW (1910/1911), J. of. Physiol. **41**, 318.
— — (1912), J. Pharm. a. exp. Therap. **4**, 75.
— — (1918), J. Physiol. **52**, 351.
— — (1919), J. Physiol. **52**, 355.
DALE, H. H. and A. N. RICHARDS (1918/1919), J. Physiol. **52**, 110.
DALY, L., S. PENT and H. SCHILD (1935), Quart. J. exp. Physiol. **25**, 32.
DANIELOPOLU, D. (1943), Klin. Wschr. **22**, 740.
— (1943), Dtsch. med. Wschr. 529.
— (1943), C. r. Soc. Biol. Paris **137**, 299.
— (1943), Paraphylaxie et choc paraphylactique. Masson, Paris.
— (1946), Phylaxie-paraphylaxie et maladie spécifique. Masson, Paris.
— (1948), Schweiz. med. Wschr. 567.
DANNENBERG, H. (1927), Inaug. Dissert., Berlin.
DEAN, H. R. and R. A. WEBB (1924), J. Path. a. Bact. **27**, 51.
DEAN, H. R., R. WILLIAMSON and G. L. TAYLOR (1936), J. of Hyg. (Brit.) **36**, 570.
DENECKE, G. (1914), Z. Immunfschg. **20**, 501.
DIENES, L. (1931), J. Immunol. **20**, 221.
— (1931), J. Immunol. **20**, 333.
DOERR, R. (1908), Wien. Klin. Wschr. **21**, 415
— (1909), Die Anaphylaxie. Handb. d. Technik und Meth. d. Immunfschg. **2**, 856.
— (1910), Zentralbl. f. Bakt., I Referate **47**, Beiheft, 12.

DOERR, R. (1910), Z. f. Immunfschg., Referate **2**, 49.
— (1912), Wien. Klin. Wschr. **25**, Nr. 9. S. 331
— (1913), Dtsch. med. Wschr. Nr. 24. S. 1149
— (1913), Hdb. d. path. Microorg., 2. Aufl., 2. Bd., 2. Hälfte, S. 986.
— (1921), Schweiz. med. Wschr. **2**, 937.
— (1922), Weichardts Erg. **5**, 138.
— (1924), Naturwissenschaften **12**, Heft 47.
— (1926), Arch. f. Dermat. **150**, 509.
— (1926), Verh. Dtsch. derm. Ges., Arch. f. Dermatol. **151**, 3.
— (1929a), Allergie und Anaphylaxie. Handb. d. path. Microorg., 3. Aufl., Bd. 1. 759—1008.
— (1929b), Allergische Phänomene. Bethes Handb. d. norm. u. path. Phys. **13**, 650.
— (1933), Relazioni, Convegno „Volta", XI. Rom.
— (1936), Z. Hyg. **118**, 623.
— (1938), Die Entwicklung der Virusfschg. und ihre Problematik. Hdb. d. Virusfschg., 1. Hälfte, S. 1—125.
— (1941), Schweiz. med. Wschr. **71**, 87.
— (1944), Die Idiosynkrasien als allergische Krankheiten. Hdb. d. inner. Med. (Bergmann und R. Stähelin) **VI. 2**, 341.
— (1946a), Helvetica medica acta **13**, 473.
— (1946b), Ann. of allergy **4**, 339.
— (1947), Die Antikörper. Erste Hälfte. Wien, Springer.
— (1948), Die Antigene. Wien, Springer.
— (1949), Die Antikörper. Zweite Hälfte. Wien, Springer.
DOERR, R. und W. BERGER (1922), Z. Hyg. **96**, 191, 258.
— — (1922), Biochem. Z. **131**, 13.
— — (1922), Z. Hyg. **96**, 191.
— — (1922), Klin. Wschr. **1**, 949.
— — (1921), Bioch. Z. **123**, 144.
DOERR, R. und L. BLEYER (1926), Z. Hyg. **106**, 371.
DOERR, R. und C. HALLAUER (1926), Z. Immunforschg. **47**, 363.
DOERR, R. und J. MOLDOVAN (1910), Z. Immunforschg. **7**, 223.
— — (1910), Z. Immunforschg. **5**, 125.
— — (1910), Z. Immunforschg. **5**, 161.
DOERR, R. und R. PICK (1912), Centralbl. Bakt., I. Orig. **62**, 146.
DOERR, R. und H. RAUBITSCHEK (1908), Berl. Klin. Wschr. Nr. 33.
DOERR, R. und V. K. RUSS (1909a), Z. Immunforschg. **2**, 109.
— — (1909b), Z. Immunforschg. **3**, 181.
— — (1909c), Z. Immunforschg. **3**, 706.
— — (1911), Centralbl. f. Bakt., I. Orig. **59**, 73.
— — (1912), Centralbl. f. Bakt., I. Orig. **63**, 243.
DOERR, R. und S. SEIDENBERG (1930), Z. Immunforschg. **69**, 169.
— — (1931), Z. Immunforschg. **71**, 242.
DOERR, R. und F. WEINFURTER (1912), Centralbl. f. Bakt., I. Orig. **63**, 401.
— — (1912), Centralbl. f. Bakt., I. Orig. **67**, 92.
DOMAGK (1924), Virch. Arch. **253**, 594.
DOUSSAIN, CH, C. r. Soc. Biol. Paris, **88**, 154.
DOWNS, C. M. (1928), J. Immunol. **15**, 77.
DRAGSTEDT, C. A. (1939), Ann. int. Med. **13**, 248.
— (1941), Anaphylaxis. Physiol. Rev. (Am.) **21**, 563.
— (1943), J. Immunol. **47**, 505.

DRAGSTEDT, C. A. (1945), J. Allergy **15**, 69.
DRAGSTEDT, C. A. and E. GEBAUER-FUELLNEGG (1932), Am. J. Physiol **102**, 512, 520.
DRAGSTEDT, C. A. and F. B. MEAD (1936), J. Immunol. **30**, 319.
DRAGSTEDT, C. A., M. RAMIREZ DE ARELLANO and A. H. LAWTON (1940), Science **91**, 617.
DRAGSTEDT, C. A., M. RAMIREZ DE ARELLANO, A. H. LAWTON and G. P. YOUMANS (1940), J. Immunol. **39**, 537.
DRAGSTEDT, C. A. and M. ROCHA E SILVA (1941), Proc. Soc. exp. Biol. a. Med. **47**, 420.
DRAGSTEDT, C. A., J. A. WELLS and M. ROCHA E SILVA (1942), Proc. Soc. exp. Biol. a. Med. **51**, 191.
DREYER, N. B. (1946), Arch. intern. de pharmac. et thérap. **72**, 440.
DREYER, N. B. and J. W. KING (1948), J. Immunol. **60**, 277.
DRINKER, C. K. and J. BRONFENBRENNER (1924), J. Immunol. **9**, 387.
DWOILAZKAYA-BARYSCHEWA, K. M. (1934), Z. Immunforschg. **83**, 31.
DUNGERN, E. VON (1903), Die Antikörper. Jena.

EAGLE, H. (1938), J. exp. Med. **67**, 495.
EBERTH, M. K. (1927), Z. Immunforschg. **51**, 79.
EDLBACHER, S., P. JUCKER und H. BAUR (1937), Z. phys. Chem. **247**, 63.
EDMUNDS Ch. W. (1914), Z. Immunforschg. **22**, 181.
EDS, DE F. (1926), J. Pharmakol. **28**, 451.
EGGSTEIN, A. A. (1921), J. Lab. a. Clin. Med. **6**, 481, 555.
EHMER, TH. und J. HAMMERSCHMIDT (1928), Klin. Wschr. **7**, 931.
ELIAS, H. and T. H. MCGAVACK (1946), Proc. Soc. exp. Biol. a. Med. **61**, 133.
ELMORE, E. (1928), J. Immunol. **15**, 33.
ERIKSSON-QUENSEL J.-B. and THE SVEDBERG (1936), Bicl. Bull. **71**, 498.
EVENTOVA, R. (1947), Pediatria 42 (russisch).

FALLS, F. H. (1918), J. infect. diseas. **22**, 63.
FARBER, S., A. POPE and E. LANDSTEINER jr. (1944), Arch. Path. **37**, 275.
FARMER, L. (1937), J. Immunol. **32**, 195.
— (1939), J. Immunol. **36**, 37.
FEINBERG, S. M. (1946), J. Am. med. Assoc. **132**, 702.
FEINBERG, S. M., BENGT NOREN and R. H. FEINBERG (1948), J. Allergy **19**, 90.
FEINSTONE, W. H., R. D. W. WILLIAMS and B. RUBIN (1946), Proc. Soc. exp. Biol. a. Med. **63**, 158.
FEJES, K. und Z. TEVELI (1941), Monatsschr. f. Kinderheilk. **86**, 238.
FELDBERG, W. (1940), J. Phys. **99**, 104.
— (1941), Amer. Rev. Physiol. **3**, 671.
FELDBERG, W., H. F. HOLDEN and C. H. KELLAWAY (1938), J. Phys. **94**, 232.
FELDBERG, W. and C. H. KELLAWAY (1938), J. Phys. **94**, 187.
FELL, N., G. RODNEY and D. E. MARSHALL (1943), J. Immunol. **47**, 237.
FENYVESSY, VON B. und J. FREUND (1914), Z. Immunforschg. **22**, 59.
FIDLAR, E. and E. T. WATERS (1946), J. Immunol, **52**, 315.
FINLAND, M. and E. C. CURNEN (1938), Science **87**, 417.
FINLEY, K. H. (1934), J. Immunol. **27**, 169.
FISCHEL, E. E. and E. A. KABAT (1947), J. Immunol. **55**, 537.
FISCHER, G. (1924), Z. Hyg. **103**, 659.
FISH, R. T., W. S. SMALL and A. G. FOORD (1944), J. Allergy **15**, 14.

FLASHMAN, D. H. (1926), J. infect. diseas. **38,** 461.
FLEISHER, M. S. and C. M. WILHELMY (1927), Z. Immunforschg. **51,** 115, 126.
FLEXNER, S. (1908), cit. nach P. A. LEWIS, J. exp. Med. **10,** 1.
FOLLENSBY, E. M. and S. B. HOOKER (1944), J. Immunol. **49,** 353.
— — (1947), J. Immunol. **55,** 205.
FORSSMAN, J. (1920), Bioch. Z. **110,** 164.
— (1920), Bioch. Z. **110,** 133.
FORSSMAN, J. und J. FEX (1914), Bioch. Z. **66,** 808.
FOX, T. T. and C. R. MESSELOFF (1942), New York State J. Med. **42,** 152.
FRANCIONI, C. (1909), Riforma medic. **25,** 1016.
FRENK, D. E. (1946), J. Immunol. **52,** 59.
— (1947), Ann. Allergy **5,** 156.
FREEMAN, J. (1933), Lancet I, 573.
FREUND, H. (1920), Arch. f. exp. Path. u. Pharm. **88,** 39.
FREUND, J. (1929), J. Immunol. **16,** 515.
— (1930), J. Immunol. **18,** 315.
FREUND, J. and H. J. HENDERSON (1930), J. Immunol. **18,** 325.
FREUND, J., K. J. THOMSON, H. B. HOUGH, H. E. SOMMER and T. M. PISANI (1948), J. Immunol. **60,** 383.
FREUND, J. and C. E. WHITNEY (1928), J. Immunol. **15,** 369.
— — (1929), J. Immunol. **16,** 109.
FRIEDBERGER, E. (1911), Z. Immunforschg. **11,** 389.
— (1924), Z. Immunforschg. **39,** 395.
FRIEDBERGER, E. und O. HARTOCH (1909), Z. Immunforschg. **3,** 581.
FRIEDBERGER, E. und S. HJELT (1924), Z. Immunforschg. **39,** 395.
FRIEDBERGER, E. und S. MITA (1911), Z. Immunforschg. **10,** 362.
— — (1911), Dtsch. med. Wschr.
— — (1912), Dtsch. med. Wschr. **38,** 204.
FRIEDBERGER, E. und S. SEIDENBERG (1925), Klin. Wschr., 1823.
— — (1927), Z. Immunforschg. **51,** 276.
FRIEDBERGER, E. und H. SIMMEL (1913), Z. Immunforschg. **19,** 460.
FRIEDBERGER, E., Z. SZYMANOWSKI, T. KUMAGAI und A. LURRA (1912), Z. Immunforschg. **14,** 371.
FRIEDEMANN, U. (1907), Münch. med. Wschr. 2414.
— (1909), Z. Immunforschg. **2,** 591.
FRIEDLÄNDER, S., S. M. FEINBERG and A. R. FEINBERG (1946), Proc. Soc. exp. Biol. a. Med. **62,** 65.
FRIEDLI, H. (1925), Z. Hyg. **104,** 233.
FRIEDE, K. A. und M. K. EBERT (1927), Z. Immunforschg. **49,** 329.
FRIEDLI, H. und H. HOMMA (1925), Z. Hyg. **104,** 67.
FRIEDRICH-FREKSA, H., G. MELCHERS und G. SCHRAMM (1946), Biolog. Zentralbl. **65,** 187.
FRÖHLICH, A. (1914), Z. Immunfschg. **20,** 276.

GAHRINGER, J. E. (1926), J. Immunol. **12,** 477.
GAW, Z. H. (1947), Arch. f. Virusfschg. **3,** 347.
GARVER, W. P. (1939), J. Allergy **11,** 32.
GATEWOOD, W. E. and C. W. BALDRIDGE (1927), J. Am. med. Assoc. **88,** 1068.
GAY, F. B. und Mitarb. (1935), Agents of disease and host resistence, Springfield.
GAY, F. P. and E. E. SOUTHARD (1907), J. Med. Res. **11,** 143.
GELFAND, H. H. and D. E. FRANK (1944), J. Allergy **15,** 332.

GELL, P. G. H., C. R. HARINGTON and R. P. RIVERS (1946), Brit. J. exp. Path. **27**, 267.
GENES, S. und Z. DINERSTEIN (1927), Z. ges exp. Med. **58**, 629.
GERBER, J. E. and M. GROSS (1944), J. Immunol. **48**, 103.
GERLACH, F. (1922), Z. Immunfschg. **34**, 75.
GERLACH, W. (1928), Krankheitsfschg. **6**, 279.
— (1925), Verhdlg. Dtsch. Path. Ges. 272.
GERLACH, W. und W. FINKELDEY (1927), Krankheitsfschg. **4**, 29.
— — (1928), Krankheitsfschg. **6**, 131.
GERLACH, W. und W. HAASE (1928), Krankheitsfschg. **6**, 143.
GILLETTE, H. F. (1908), J. Am. med. Assoc. **50**, 40.
— (1909), New York State J. Med. **9**, 373.
GIRARD, et E. PEYRE (1926), C. r. Soc. Biol. Paris **95**, 179, 181.
— — (1926), C. r. Acad. Scienc. Paris **183**, 84.
GOODNER, K. and F. L. HORSFALL jr. (1935), J. exp. Med. **62**, 359.
GOTZL, F. R. and C. A. DRAGSTEDT (1942), J. Pharm. a. exp. Ther. **74**, 33.
GOUGEROT, H. and F. BLUM (1938), Arch. dermat.-syph. St. Louis **10**, 67.
GRAÑA, A. (1946), Proc. Soc. exp. Biol. a. Med. **61**, 192.
GRÉGOIRE, CH. (1946), Arch. intern. Pharmacol. et Thér. **72**, 76.
GREENBAUM, S. S. (1940), J. Am. med. Assoc. **115**, 847.
GROVE, E. A. (1932), J. Immunol. **23**, 125.
— (1932), J. Immunol. **23**, 147.
— (1932), J. Immunol. **23**, 139.
— (1932), J. Immunol. **23**, 101.
GRYSEZ, V. et DUPUICH (1912), Bull. Hôp. de Paris **33**, 374.
GUGGENHEIM, M. und W. LÖFFLER (1916), Bioch. Z. **72**, 303.

HAJOS, K. und L. NEMETH (1925), Z. ges. exp. Med. **45**, 513.
HANZLIK, P. J., E. M. BUTT and A. B. STOCKTON (1927), J. Immunol. **13**, 409.
HANZLIK, P. J. and H. T. KASSNER (1920), J. pharm. a. exp. therap. **14**, 379, 425, 499.
HANZLIK, P. J. and A. B. STOCKTON (1926), Proc. Soc. exp. Biol. a. Med. **22**, 724.
— — (1927a), J. Immunol. **13**, 395.
HARTOCH, O. und N. SIRENSKIJ (1912), Z. Immunfschg. **12**, 85.
HAUROWITZ, P. and P. SCHWERIN (1943), J. Immunol. **47**, 111.
HALPERN, B. N. (1942), Arch. intern. Pharm. et Therap. **68**, 389.
HARLEY, D. (1937), J. Path. a. Bact. **49**, 589.
HARTLEY, G. jr. (1942), J. Immunol. **43**, 297.
HEGLER, C. (1923), Klin. Wschr. **2**, 698.
HEIDELBERGER, M., E. A. KABAT and D. L. SHRIVASTAVA (1937), J. exp. Med. **65**, 487.
HEIDELBERGER, M. and F. E. KENDALL (1935), J. exp. Med. **62**, 697.
HEIDELBERGER, M., F. E. KENDALL and C. M. SOO HOO (1933), J. exp. Med. **58**, 137.
HEIDELBERGER, M., R. H. P. SIA and F. E. KENDALL (1930), J. exp. Med. **52**, 477.
HEIDELBERGER, M., H. P. TREFFERS and M. MAYER (1940), J. exp. Med. **71**, 271.
HEIDELBERGER, TREFFERS, SCHÖNHEIMER, RATNER and RITTENBERG (1942), J. biol. Chem. **144**, 555.
HEINBECKER, P. (1928), J. Immunol. **15**, 365.

HEMPL, H. (1917), J. Immunol. **2**, 141.
HENRY, J. P. (1942), J. exp. Med. **76**, 451.
HÉRICOURT, J. et CH. RICHET (1898), C. r. Soc. Biol. Paris, 137.
HEYMANS, C. et J. DALSACE (1927), C. r. Soc. Biol. Paris **97**, 741.
HILL, H. W. (1942), J. Allergy **13**, 366.
HOCHWALD, A. and F. M. RACKEMANN (1946a), J. Immunol. **53**, 191.
— — (1946b), J. Immunol. **53**, 355.
HOEFER, P. und A. KOHLRAUSCH (1922), Klin. Wschr. **1**, 1893.
HOLDER, H. G. and W. E. DIEFENBACH (1932), Californ. and West. Med. **37**, 387.
HOLFORD, F. E. (1930), J. Immunol. **19**, 177.
HOLOBUT, N. (1939), J. Immunol. **37**, 113.
HOOKER, S. B. (1924), J. Immunol. **9**, 7.
HORSFALL, F. L. jr. and K. GOODNER (1935), J. exp. Med. **62**, 485.
HORTON, B. T. and G. E. BROWN (1932), Proc. Staff Meet., Mayo Clinic. **7**, 367.
— — (1929), Amer. J. Med. Science. **178**, 191.
HORTON, B. T., G. E. BROWN and G. M. ROTH (1936), J. Am. med. Assoc. **107**, 1263.
HOUSSAY, B.-A. et A. SORDELLI (1923), C. r. Soc. Biol. Paris **88**, 354.
HOWARD, J., S. P. LUCIA, M. H. HUNT and B. C. MCIVOR (1947), Am. J. Obstet. a. Genet. **53**, 569.
HUBER, L. and K. KOESSLER (1922), Arch. int. Med. **30**, 689.
HUTINEL, V. (1910), Presse médic. **18**, 497.
HURWITZ, S. H. and A. L. WESSELS (1931), Proc. Soc. exp. Biol. a. Med. **29**, 122.
HYDE, R. R. (1926), J. Immunol. **12**, 309.
HYDE, R. R. and E. J. PARSONO (1926), J. Immunol. **12**, 321.

INSLEY, S. W. (1930), J. Am. med. Assoc. **94**, 765.
IRISH, H. E. and E. C. REYNOLS (1933), J. Am. med. Assoc. **100**, 490.
ISHIOKA, S. (1924), Dtsch. Arch. f. Klin. Med. **40**, 63.
IWANOFF (1927), Z. Hyg. **107**, 781.

JACKSON, C. (1938), J. Immunol. **28**, 225.
JACQUES, C. B., A. F. CHARLES and C. H. BEST (1938), Acta med. scand. Suppl. 90, S. 190.
JACQUES, L. B. and E. T. WATERS (1940), Am. J. Physiol. **129**, 389.
— — (1941), Am. J. Physiol. **99**, 454.
JADASSOHN, W., H. E. FIERZ und H. VOLLENWEIDER (1943), Schweiz. med. Wschr. **73**, 122.
JADASSOHN, W., F. SCHAAF and G. WOHLER (1937), **32**, 203.
JONES, F. S. (1927), J. exp. Med. **46**, 291.
JORDAN (1911), Anatomic, record **5**, 457.

KABAT, E. A. (1939), J. exp. Med. **69**, 103.
— (1947), Am. J. Med. Assoc. 535.
— (1943), Immunochemistry of proteins. J. Immunol. **47**, 513.
KABAT, E. A. and M. H. BOLDT (1944), J. Immunol. **48**, 181.
KABAT, E. A., G. S. COFFIN and D. J. SMITH (1947), J. Immunol. **56**, 377.
KABAT, E. A. and H. LANDOW (1942), J. Immunol. **44**, 69.
KALK, H. (1929), Klin. Wschr. **8**, 64.

KALLOS, P. und L. KALLOS-DEFFNER (1942), Schweiz. Z. Path. u. Ther. **5**, 97.
— — (1937), Erg. d. Hyg. **19**, 198.
KALLOS, P. und W. PAGEL (1937), Acta med. Scand. **91**, 292.
KARADY, S. (1939), J. Immunol. **37**, 457.
— (1941), J. Immunol. **41**, 1.
KARADY, S. and J. L. L. BROWNE (1939), J. Immunol. **37**, 463.
KARADY, S., H. SELYE and J. L. BROWNE (1938), J. Immunol. **35**, 335.
KARELITZ, S. and A. GLORIG (1943), J. Immunol. **47**, 121.
KARELITZ, S. and S. S. STEMPIEN (1942), J. Immunol. **44**, 271.
KARFKA, J. (1929), Am. J. Hyg. **10**, 261.
KARSNER, H. T. (1928), Anaphylaxis and anaphylactoid reactions. Nesser Knowledge of Bact. a. Immunol. ed. by Jordan and Falk, Chicago Press.
KARSNER, H. T. and E. E. ECKER (1924), J. infect. diseas. **34**, 636.
KASS, E. H., M. SCHERAGO and R. H. WERNER (1942), J. Immunol. **45**, 87.
KATZ, G. (1940), Science **91**, 221.
— (1940), Science **91**, 2357.
— (1941), J. Pharm. a. exp. Ther. **72**, 22.
— (1942), Proc. Soc. exp. Biol. a. Med. **49**, 272.
KATZ, G. and S. COHEN (1941), J. Am. med. Assoc. **117**, 1782.
KAZAL, L. A., R. J. DE FALCO and L. E. ARNOW (1946), J. Immunol. **54**, 245.
KEIL, H. and L. S. VAN DYCK (1944), Arch. Dermat. a. Syph. **50**, 39.
KELLAWAY, C. H. (1930), Brit. J. exp. Path. **11**, 73.
KELLAWAY, C. H. and J. S. COWELL (1922), Brit. J. exp. Path. **3**, 268.
— — (1923), Brit. J. exp. Path. **4**, 255.
KELLAWAY, C. H. and E. R. TRETHERIC (1940), Quart. J. Exp. Phys. **30**, 121.
KELLET, C. E. (1935/1936), J. Path. a. Bact. **41**, 479; **43**, 503.
KEMPF, A. H. and S. M. FEINBERG (1948), J. Allergy **19**, 247.
KENDALL, A. J. and PH. L. VARNEY (1927), J. inf. diseas. **41**, 156.
— — (1927a), J. inf. diseas. **41**, 143.
KENDALL, A. J. and F. O. SHUMATE (1930), J. infect. diseas. **47**, 267.
KENTON, H. B. (1941), J. inf. diseas. **69**, 238.
KÉPINOW et LANZENBERG (1922), C. r. Soc. Biol. Paris **86**, 906; **87**, 409, 494.
KINCURA, F. (1947), Thesis, Washington University.
KINSELL, L. W., L. M. KOPELOFF, R. L. ZWEMER and N. KOPELOFF (1940), J. Immunol. **42**, 35.
KLECZKOWSKI, A. (1941), Brit. J. exp. Path. **22**, 188.
— (1941), Brit. J. exp. Path. **22**, 192.
— (1945), Brit. J. exp. Path. **26**, 33.
KLINE, B. S., M. B. COHEN and J. A. RUDOLPH (1932), J. Allergy **3**, 531.
KLINGE, F. (1933), Der Rheumatismus. Berlin, Springer.
KLOPSTOCK, A. und G. E. SELTER (1927), Zentralbl. f. Bakt., I. Orig. **104**, 140.
KOEHLER, O. und G. HEILMANN (1924), Zentralbl. f. Bakt., I. Orig. **91**, 112.
KOHN, J. L., E. J. MCCARBE and J. BREHM (1938), Am. J. Dis. Child. **55**, 1018.
KOJIS, F. L. (1942), Am. J. Dis. Child. **64**, 93, 313.
KÖNIGSFELD, H. (1925), Z. ges. exp. Med. **44**, 723.
KÖNIGSFELD, H. und E. OPPENHEIMER (1922), Klin. Wschr. **1**, 849.
KONSTANTOFF (1912), C. r. Soc. Biol. Paris **72**, 263.
KOPACZEWSKI (1920), Ann. de med. **8**, 291.
— (1921), C. r. Acad. Scienc., Paris **172**, 1386.
KOPACZEWSKI, W. et A. H. ROFFO (1920), C. r. Soc. Biol. Paris **83**, 837.
KOPACZEWSKI, W., A. H. ROFFO et L. H. ROFFO (1920), C. r. Acad. Scienc. Paris **170**, 1409.

KOPELOFF, N., L. M. DAVIDOFF and L. M. KOPELOFF (1936), J. Immunol. **30**, 477.
KOPELOFF, L. M. and N. KOPELOFF (1939a), J. Immunol. **36**, 101.
— — (1939b), J. Immunol. **36**, 83.
KRAUS, R. und R. DOERR (1908), Wien. Klin. Wschr. **21**, Nr. 28.
KRAUS, R., R. DOERR und SOHMA (1908), Wien. Klin. Wschr. **21**, Nr. 30.
KRAUS, R. und R. VOLK (1909), Z. Immunfschg. **3**, 299.
KREHL, L. (1913), Verhdlg. des 30. Dtsch. Kongresses f. inn. Med. Wiesbaden.
KREHL, L. und M. MATTHES (1895), Arch. exp. Path. u. Pharm. **36**. 437
KRITCHEWSKY, J. L. and O. G. BIRGER (1924), J. Immunol. **9**, 339.
KRITCHEWSKY, J. L. und E. HERONIMUS (1928), Z. Immunfschg. **58**, 497.
KULKA, A. M. (1942), J. Immunol. **43**, 273.
— (1943), J. Immunol. **46**, 235.
KULKA, A. M. and D. HIRSCH (1945), J. Immunol. **50**, 127.
KUNITZ, M. and J. H. NORTHROP (1936), J. gen. Phys. **19**, 991.
KUSCHMARJEW, M. A. (1930), Z. Immunfschg. **9**, 67.
KUTTNER, A. and B. RATNER (1923), Am. J. Dis. Child. **25**, 413.
KYES, PR. and E. R. STRAUSER (1926), J. Immunol. **12**, 419.

LAMSON, R. W. (1924), J. Am. med. Assoc. **82**, 1091.
— (1929), J. Am. med. Assoc. **93**, 1775.
LANDSTEINER, K. (1924), J. exp. Med. **39**, 631.
— (1936), New England. J. of. Med. **215**, 1199.
LANDSTEINER, K. and M. W. CHASE (1933), Proc. exp. Biol. a. Med. **30**, 1413.
— — (1936), J. exp. Med. **63**, 813.
— — (1937), J. exp. Med. **66**, 337.
— — (1939), J. exp. Med. **69**, 767.
— — (1940), Proc. Soc. exp. Biol. a. Med. **44**, 559.
— — (1940), J. exp. Med. **71**, 237.
— — (1941), J. exp. Med. **73**, 431.
— — (1942), Proc. Soc. exp. Biol. a. Med. **49**, 688.
LANDSTEINER, K. and P. LEVINE (1930), J. exp. Med. **52**, 347.
LANDSTEINER, K. and J. VAN DER SCHEER (1931), J. exp. Med. **54**, 295.
— — (1931), Proc. Soc. exp. Biol. a. Med. **28**, 983.
— — (1933), J. exp. Med. **57**, 633.
— — (1938), J. exp. Med. **67**, 79.
LARSON, W. P. and E. T. BELL (1919), J. inf. diseas. **24**, 185.
LARSON, P., A. V. R. HAIGH, H. L. ALEXANDER and R. PADDOCK (1923), J. Immunol. **8**, 409.
LAWRENCE, H. SHERWOOD and A. M. PAPPENHEIMER jr. (1948), Am. J. Hygiene **47**, 226.
LECEUWEN, VAN, W. S. und W. KREMER (1927), Z. Immunfschg. **50**, 402.
LESNÉ et DREYFUS (1911), C. r. Soc. Biol. Paris **71**, 153.
LEVADITI, C. (1908), Weichardts Jahresber. **3**, 8.
LEVINE, PH. (1926), J. Immunol. **11**, 283.
LEVINE, P. and A. F. COCA (1926), J. Immunol. **11**, 449.
— — (1926), J. Immunol. **11**, 411.
— — (1926), J. Immunol. **11**, 435.
LEWIS, J. H. (1919), J. Am. med. Assoc. **72**, 329.
— (1921), J. Am. med. Assoc. **76**, 1342.
— (1928), Z. Hyg. **108**, 336.
— (1932), J. infact. diseas. **51**, 519.

LEWIS, P. A. (1908), J. exp. Med. **10**, 1.
LEWIS, P. A. and D. LOOMIS (1925), J. exp. Med. **41**, 327.
LEWIS, T. (1927), The blood vessels of the human. skin and their responses. London.
LOEB, L. (1917), J. Immunol. **2**, 557.
LÖFSTRÖM, G. (1942), Acta med. scand. Suppl. **141**, 1.
— (1944), Brit. med. J. exp. Path. **25**, 21.
LÖW, E. R. and M. E. KAISER (1945), Proc. Soc. exp. Biol. a. Med. **58**, 235.
LÖW, E. R., M. E. KAISER and V. MOORE (1945), J. Pharm. a. exp. Ther. **83**, 120.
LOEWI, O. und H. MEYER (1908), Arch. exp. Path. u. Pharm. Suppl. 355.
LONGCOPE, W. T. (1913), J. exp. Med. **18**, 678.
— (1922), J. exp. Med. **36**, 627.
LOUSTAU, J. et. A. RODRIGUEZ (1940), Rev. de med. vét. **26**, 462.
LOVELESS, M. H. (1940), J. Immunol. **38**, 25.
— (1940), South. Med. J. **33**, 869.
— (1941), J. Immunol. **41**, 15.
— (1942), J. Immunol. **44**, 1.
— (1943), J. Immunol. **47**, 165.
— (1944), J. Allergy **15**, 311.
LUCAS, W. P. and F. P. GAY (1909), J. med. Res. **20**, 251.
LUISADA (1934), Ergebn. inn. Med. **47**, 92.
LUMIÈRE, A. et CHEVROTIER (1920), C. r. Acad. Scienc. Paris **171**, 741.
LUMIÈRE, A. et H. COUTURIER (1920), C. r. Acad. Scienc. Paris **171**, 741.
— — (1921), C. r. Acad. Scienc. Paris **173**, 800.

MACFARLANE, R. G. and J. PILLING (1946), Lancet II, 562.
MACKENZIE, G. M. (1921), J. Amer. med. Assoc. **76**, 1563.
MAKAROWA, J. und H. ZEISS (1926), Z. Immunfschg. **47**, 110.
MADDEN, J. F. (1944), Arch. Derm. a. Syph. **49**, 197.
MAGENDI, cit. nach J. MORGENROTH, Ehrlichs gesammelte Abhandlgn. zur Immunitätsforschg. (1904).
MAJOOR, C. L. H. (1947), J. biol. Chem. **169**, 583.
MAKAI, E. (1922), Dtsch. med. Wschr. 257.
MALKIEL, S. (1947), J. Immunol. **57**, 55.
MANTEUFEL, P. und R. PREUNER (1933), Z. f. Immunfschg. **80**, 65.
MANWARING, W. H. (1910), Z. Immunfschg. **8**, 1.
— (1926), J. Immunol. **12**, 177.
— (1928), The technique of experimentation in anaphylaxis. In Newer Knowledge of bacteriol. and immunology, Univ. Press. Chicago, S. 992.
MANWARING, W. H. BEATTIE and MCBRIDE (1923), J. Am. med. Ass. **80**, 1437.
MANWARING, W. H. and W. H. BOYD (1923), J. Immunol. **8**, 131.
MANWARING, W. H., R. C. CHILCOTE and S. BRILL (1922), Proc. Soc. exp. Biol. and Med. **20**, 184.
MANWARING, W. H., M. S. CLARK and R. C. CHILCOTE (1923), J. Immunol. **8**, 191.
MANWARING, W. H., R. C. CHILCOTE and V. M. HOSEPIAN (1923), J. Immunol. **8**, 233.
MANWARING, W. H. and H. E. CROWE (1917), J. Immunol. **2**, 517.
MANWARING, W. H., W. O. FRENCH and S. BRILL (1923), J. Immunol. **8**, 211.
MANWARING, W. H., V. M. HOSEPIAN, J. R. ENRIGHT and D. F. PORTER (1925), J. Immunol. **10**, 567.

MANWARING, W. H., V. M. HOSEPIAN, F. I. O. NEILL and H. M. BING (1925), J. Immunol. **10**, 575.
MANWARING, W. H. and Y. KUSAMA (1917), J. Immunol. **2**, 137.
MANWARING, W. H. and H.D. MARINO (1927), J. Immunol. **13**, 69.
MANWARING, H. D. MARINO and BEATTIE (1924), Proc. Soc. exp. Biol. a. Med. **21**, 202.
MANWARING, H. D. MARINO, T. C. MCCLEAVE and T. H. BOONE (1927), J. Immunol. **13**, 319.
— — — — (1927), J. Immunol. **13**, 357.
MANWARING, R. E. MONACO and H. D. MARINO (1923), J. Immunol. **8**, 217
MANWARING, D. L. ROEVES, M. B. MOY, P. W. SHUMAKER and R. W. WRIGHT. (1927a), J. Immunol. **13**, 59.
— — — — — (1927b), J. Immunol. **13**, 63.
MANWARING, R. W. WRIGHT and P. H. SHUMAKER (1926), J. Am. med. Assoc. **86**, 1271.
MARONEY, J. A. (1934), New England. J. Med. **211**, 106.
MARTIN, J. et P. CROIZAT (1927a), C. r. Soc. Biol. Paris **96**, 1317.
— — (1927b), C. r. Soc. Biol. Paris **97**, 95.
MASSINI, R. (1916), Z. Immunfschg. **25**, 179.
— (1918), Z. Immunfschg. **27**, 15, 213.
MATSUDA, M. (1928), Z. Immunfschg. **59**, 319.
MATSUMOTO, K. (1927), Scientif. Rep. Gov. Inst. Infect. dis. Tokyo **6**, 145.
MAUNSELL, K. (1943), Lancet I, 3.
MAUTHNER, H. (1918), Arch. f. exp. Path., Bd. 82, 116.
— (1923), Wien. Arch. f. inn. Med. **7**, 251.
MAUTHNER, H. und E. P. PICK (1915), Münch. med. Wschr. **1141**.
— — (1922), Biochem. Z. **127**, 72.
— — (1929), Arch. f. exp. Path. u. Pharm. **142**, 271.
MAYER, R. L. (1946), J. Allergy **17**, 153.
MAYER, R. L. and D. BROUSSEAU (1946), Proc. Soc. exp. Biol. a. Med. **63**, 187.
MAYER, R. L., D. BROUSSEAU and P. C. EISMAN (1947), Proc. Soc. exp. Biol. a. Med. **64**, 92.
MCIVOR, B. C. and S. P. LUCIA (1944), Proc. Soc. exp. Biol. a. Med. **55**, 99.
MCMASTER, PH. D. and HEINZ KRUSE (1949), J. exp. Med. **89**, 583.
MEHLMAN, J. and B. C. SEEGAL (1934), J. Immunol. **27**, 81.
MELENEY, F. L. (1930), Ann. Surg. **91**, 287.
MEYER, H. (1926), Z. Hyg. **106**, 124.
MILLOR, L. L., W. F. BALE, C. L. VUILE, R. E. MASTERS, G. H. TISCHKOFF and G. H. WIPPLE (1949), J. exp. Med. **90**, 297.
MILLS, C. A. and L. SCHIFF (1926), Amer. J. Med. Scienc. **171**, 854.
MENDEL, L. B. and R. C. LEWIS (1913), J. biol. Chem. **16**, 19, 37.
MILLBERGER, H. (1947), Z. ges. inn. Med. **2**, ?51.
MILLBERGER, H., V. v. BRAND, K. GEHRMANN und L. TAUSCHER (1949), Zentralbl. f. Bakt., I. Orig. **154**, 167.
MILLS, M. A. and C. A. DRAGSTEDT (1936), J. Immunol. **31**, 1.
MIRSKY, I. A. and E. D. FREIS (1944), Proc. Soc. exp. Biol. a. Med. **57**, 278.
MOLDOVAN, J. (1940), Reticulina-M, Cluj.
MOLOMUT, N. (1939), J. Immunol. **37**, 113.
MOEN, J. K. and H. F. SWIFT (1936), J. exp. Med. **64**, 339, 943.
MOM, A. M., F. NOUSSITON and R. C. LEON (1945), Rev. argent. dermatosif. **27**, 521.
MOODY, P. A. (1940), J. Immunol. **39**, 113.

MOORE, W. H. (1915), Proc. Soc. exp. Biol. a. Med. **12,** 175.
MOREY, J. B. and T. C. MICHIE (1930), Proc. Staff Meetings Mayo Clinic **5,** 74.
MORI, A. (1910), Biochim. e Ter. sper. **2,** 26.
MORGAN, ISABEL, M. (1945), J. Immunol. **50,** 359.
MORGAN, W. T. J. and H. SCHÜTZE (1946), Brit. J. exp. Path. **27,** 286.
MORO, E. (1910), Ergebn. d. path. Anat. Lubarsch-Ostertag, Jahrgang 14.
MORRIS, M. C. (1936), J. exp. Med. **64,** 641, 657.
MUELLER, J. H. and P. A. MILLER (1945), J. Immunol. **50,** 377.

NATTAN-LARRIER et L. RICHARD (1928), C. r. Soc. Biol. Paris **99,** 1395.
NATTAN-LARRIER, L. LÉPINE et L. RICHARD (1928), C. r. Soc. Biol. Paris **99,** 1224.
NATTAN-LARRIER, L. et L. RICHARD (1929a), C. r. Soc. Biol. Paris **100,** 332.
— — (1929b), C. r. Soc. Biol. Paris **101,** 531.
— — (1929c), Presse méd., 819.
NEILL, J. M., J. Y. SUGG and L. V. RICHARDSON (1930), J. Immunol. **19,** 109.
— — — (1932), J. Immunol. **22,** 131.
NETER, E. (1947), Proc. Soc. exp. Biol. a. Med. **65,** 90.
NEWELL, J. M., A. STERLING, M. F. OXMAN, S. S. BURDEN and L. E. KREJCI (1939), J. Allergy **10,** 513.
NICOLL, P. A. and D. H. CAMPBELL (1940), J. Immunol. **39,** 89.
NICOLLE, M. (1907), Ann. Inst. Past. Paris **21,** 128.
NINNI (1912), Riforma med., 2. März.
NOLF, P. et M. ADANT (1946), Ann. intern. Parmacodyn. et Ther. **72,** 93.
— — (1945), Presse méd. 617.

OELLER (1925), Krankheitsfschg. **1,** 28.
OJERS, G., C. A. HOLMES and C. A. DRAGSTEDT (1941), J. Pharm. a. exp. Ther. **73,** 33.
OPIE, E. L. (1924), J. Immunol. **9,** 231.
— (1924), J. Immunol. **9,** 247.
— (1924), J. Immunol. **9,** 255.
— (1924), J. Immunol. **9,** 259.
— (1936), Medicine **15,** 489.
OPIE, E. L. and J. FURTH (1926), J. exp. Med. **43,** 469.
OTTO, R. (1905), Leutholdsche Gedenkschrift **1.**
— (1907), Münch. med. Wschr. **54,** 1665.
— (1908), Über Anaphylaxie und Serumkrankheit. Handb. d. path. Mikroorg. 2. Ergbd., H. 2. Jena.

Panel discussion on allergy and immunother. (1943), J. Pediatr. **23,** 231.
PAPPENHEIMER, A. M. jr. (1940), J. exp. Med. **71,** 263.
PARK, W. H. (1913), Transact. Assoc. Am. Physicians, Philadelphia **28,** 95.
PARKER, J. F. and F. J. PARKER jr. (1924), J. med. Res. **44,** 263.
PEANE, R. M. and A. B. EISENBREY (1910), J. inf. dis. **7,** 565.
PEDERSEN, K. O. (1945), Ultracentrifugal studies on Serum and Serum Fractions, Uppsala.
PEHU, M. et P. DURAND (1919), Lyon med. **128,** 303.
PERRY, S. M. and M. L. DARSIE jr. (1946), Proc. Soc. exp. Biol. a. Med. **63,** 543.
PETERSEN, W. F., R. H. JAFFÉ, S. A. LEVINSON and T. P. HUGHES (1923), J. Immunol. **8,** 361, 377.
PETERSEN, W. F. and S. A. LEVINSON (1923), J. Immunol. **8,** 349.
PFEIFFER, H. (1909), Wien. Klin. Wschr., Nr. 1 und Nr. 9.
— (1910), Vierteljahrschr. f. ger. Med., 3. Folge **39,** 115.

PFEIFFER, H. (1910), Das Problem der Eiweißanaphylaxie. Jena.
— (1933), Die Arbeitsmethoden über Anaphylaxie. Handb. d. biol. Arbeitsmethoden, Abt. XIII, Teil 2/I, 2 bis 95.
PFEIFFER, H. and S. MITA (1910), Z. Immunfschg. **6**, 735.
PHILLIPS, J. MC. I. (1922), J. Am. med. Assoc. **78**, 497.
PICK, E. P. und T. YAMANOUCHI (1909), Z. Immunfschg. **3**, 644.
PILCHER, L. S. (1933), J. Immunol. **25**, 11.
PIRQUET, CL. v. (1910), Allergie. Springer, Berlin.
PISTOCCHI (1924), Sperimentale **78**, 105.
POMEROY, B. S. (1934), Cornell. Vet. **24**, 335.
PORTIER, P. et CH. RICHET (1912), Bull. Soc. biol. Paris, 170.
POTTER, E. L. (1947), Rh, its relation to congenital hemolytic disease and to intragroup transfusion reactions. Chicago.
PRATT, H. N. (1935), J. Immunol. **29**, 302.
PRAUSNITZ, C. (1936), Med. Res. Counc. Spec. Rep. Ser. No. 212.
PRAUSNITZ, C. und H. KÜSTNER (1921), Zentralbl. f. Bakt., I. Orig. **86**, 160.
PRESSMAN, D., D. H. CAMPBELL and L. PAULING (1942), J. Immunol. **44**, 101.

QUILL, L. M. (1937), J. Am. med. Assoc. **109**, 854.

RACE, R. R. (1944), Nature **153**, 771.
RACKEMAN, F. M. (1944), J. Allergy **15**, 249.
RAFFEL, S. (1946), Am. Rev. Tuberc. **54**, 564.
— (1948), J. infect. diseas. **82**, 267.
RAFFEL, S. and J. E. FORNEY (1948), J. exp. Med. **88**, 485.
RAMIREZ, M. A. (1919), J. Am. med. Assoc. **73**, 984.
RAMIREZ, M. and A. V. ST.-GEORGE (1929), Med. Rec. **119**, 71.
RAMSDELL, S. GR. (1927), J. Immunol. **13**, 385.
— (1927), J. Immunol. **14**, 197.
— (1927), J. Immunol. **14**, 201.
RAMSDELL, S. GR. and C. C. KAST (1928), J. Immunol. **15**, 343.
RAMSDELL, S. GR. and I. DAVIDSOHN (1929), J. exp. Med. **49**, 497.
RATNER, B. (1930), J. Am. med. Assoc. **94**, 2046.
— (1938), J. Am. med. Assoc. **111**, 2345.
— (1939), Am. J. dis. children **58**, 699.
— (1943), Allergy, Anaphylaxis and Immunotherapy. Baltimore.
RATNER, B. and H. GRUEHL (1929), Am. J. Hyg. **10**, 236.
— — (1929), Arch. Path. **8**, 635.
— — (1929), Proc. Soc. exp. Biol. a. Med. **26**, 679.
— — (1929), J. exp. Med. **49**, 835.
— — (1931), J. exp. Med. **53**, 677.
— — (1934), J. clin. Invest. **13**, 517.
RATNER, B., H. C. JACKSON and H. L. GRUCHL (1925), Proc. Soc. exp. Biol. a. Med. **23**, 17.
— — — (1926), Proc. Soc. exp. Biol. a. Med. **23**, 327.
— — — (1927), Am. J. dis. childr. **34**, 23.
— — — (1927), J. Immunol. **14**, 249.
— — — (1927), J. Immunol. **14**, 249.
RATNER, B., D. E. SILBERMAN and J. E. GREENBURGH (1941), J. Allergy **12**, 272.
RATNOFF, O. D. (1939), Proc. Soc. exp. Biol. a. Med. **40**, 248.
REDDIN, L. (1945), Am. J. Veterin. Research **6**, 60.
REDFERN, W. W. (1926), Am. J. of Hyg. **6**, 276.
REED, C. J. (1930), J. Immunol. **18**, 181.

REED, C. I. and R. W. LAMSON (1927), J. Immunol. **13**, 433.
RETZENTHALER, M. (1924), Arch. intern. Physiol. **24**, 54.
REYMANN, G. C. (1920), J. Immunol. **5**, 227.
— (1920), J. Immunol. **5**, 391.
— (1920), J. Immunol. **5**, 455.
RICE, Ch. E. (1946), J. Immunol. **54**, 261.
RICH, A. R. (1921), J. exp. Med. **36**, 287.
RICH, A. R. and R. H. FOLLIS (1940), Bull. Johns Hopk. Hosp. **66**, 106.
RICHET, C. R. (1911), L'anaphylaxie. Paris.
RIENMÜLLER, J. (1943a), Z. Immunfschg. **102**, 74.
— (1943b), Z. Immunfschg. **102**, 63.
RIGDON, R. H. (1940), Surgery **8**, 839.
— (1941), Surgery **9**, 436.
RITZ H. (1911), Z. Immunfschg. **9**, 321.
ROBINSON, G. C. and J. AUER (1913), J. exp. Med. **18**, 556.
ROCHA e SILVA, M. (1939), C. r. Soc. Biol. Paris **130**, 181, 184, 186.
— (1940), Arch. f. exp. Path. a. Pharm. **194**, 335, 351.
— (1940), J. Immunol. **38**, 333.
— (1941), Arg. Inst. Biol. São Paolo **12**, 155.
— (1941), J. Immunol. **40**, 399.
— (1942), Arch. Path. **33**, 387.
— (1944), J. Allergy **15**, 399.
ROCHA e SILVA (1942), Am. J. Phys. **135**, 372.
ROCHA e SILVA, M., A. PORTO and S. O. ANDRODE (1946), Arch. Surg. **53**, 199.
RODNEY, G. and N. FELL (1943), J. Immunol. **47**, 251.
ROESLI, H. (1929), Zentralbl. f. Bakt., I. Orig. **112**, 151.
RÖMER, P. H. und H. VIERECK, Z. Immunfschg. **21**, 32.
ROSE, B. (1941), J. clin. Invest. **20**, 419.
— (1941), J. Allergy **12**, 357.
ROSE, B. and J. L. L. BROWNE (1940), Proc. Soc. exp. Biol. a. Med. **44**, 182.
— — (1941), J. Immunol. **41**, 403.
ROSE, B. and P. WEIL (1939), Proc. Soc. exp. Biol. a. Med. **42**, 494.
ROSE, J. M., A. R. FEINBERG, S. FRIEDLÄNDER and S. M. FEINBERG (1947), J. Allergy **18**, 149.
ROSENAU, M. J. and J. F. ANDERSON (1906), Hyg. Lab. Bull. **29**, 73.
ROSENTHAL, S. R. and M. L. BROWN (1940), J. Immunol. **38**, 259.
ROSS, F. E. (1934), J. Am. med. Assoc. **103**, 563.
ROSS, V. (1938), J. Immunol. **35**, 351.
RÖSSLE, R. (1933), Klin. Wschr. **12**, 574.
— (1932), Wien. Klin. Wschr. **45**, 609.
RUIZ MORENO, G. and L. BENTOLILA (1945), Ann. Allergy **3**, 61.
RUTSTEIN, D. D., E. A. REED, A. D. LANGMUIR and E. S. ROGERS (1941), Arch. Int. Med. **68**, 25.

SAMMIS, F. E. (1944), J. Allergy **15**, 414.
SARNOWSKI, v. (1913), Z. Immunfschg. **17**, 577.
SCAFFIDI (1913), Riforma med. **29**, 1296.
SCHIEMANN, O. und H. MEYER (1926), Z. Hyg. **106**, 607.
SCHILD, H. O. (1936), Quart. J. exp. Phys. **26**, 165.
— (1937), J. Phys. **90**, 34 P.
— (1939), J. Phys. **95**, 393.
SCHITTENHELM, A. und W. WEICHARDT (1911), Münch. med. Wschr. 841.
SCHLESINGER, M. J. (1930), Thesis, Harvard.

SCHMIDT, H. (1926), Z. Immunfschg. **45**, 496.
SCHMIDT, P. (1924), Arch. f. Hyg. **94**, 209.
SCHMIDT, W. G. und A. STÄHELIN (1929), Z. Immunfschg. **60**, 222.
SCHNEIDER, L. und J. SZATMÁRY (1938 bis 1940), Z. Immunfschg. **94**, 458, 465; **95**, 169, 177, 189, 465; **98**, 24.
SCHNELLE, G. B. (1933), North Americ. Vet. **14**, 37.
SCHOBER, H. (1933), Z. Immunfschg. **79**, 99.
SCHÖNHEIMER, R., S. RATNER, D. RITTENBERG and M. HEIDELBERGER (1942a), J. biol. Chem. **144**, 541.
— — — — (1942b), J. biol. Chem. **144**, 545.
SCHRAMM, G. (1941), Ber. dtsch. chem. Ges. **74**, 532.
— (1943), Naturwissensch. **31**, 94.
SCHROEDER, C. R. (1933), J. Americ. Vet. Med. **83**, 810.
SCHULTZ, W. H. (1910a), J. Pharm. med. Ther. **1**, 549.
— (1910b), J. Pharm. a. exp. Ther. **2**, 221.
— (1912a), J. Pharm. a. exp. Ther. **3**, 299.
— (1912b), Bull. Hyg. Labor. Nr. 80.
SCHWARZ, O. (1909), Wien. Klin. Wschr. **22**, 1151.
SCHWARZMANN, B. (1926), Z. Hyg. **106**, 118.
SCHWARZMANN, A. (1931), Z. Immunfschg. **69**, 379.
SCOTT, W. M. (1910), J. Path. a. Bact. **15**, 91.
— (1911), J. Path. a. Bact. **15**, 31.
— (1931), Med. Res. Council Brit. Spec. Rep. Series No. 6, 457.
SCULLY, M. A. and F. M. RACKEMANN (1941), J. Allergy **12**, 549.
SEASTONE, C. V. and A. ROSENBLUETH (1934), J. Immunol. **27**, 57.
SEASTONE, C. V., H. S. LORING and K. S. CHESTER (1937), J. Immunol. **33**, 407.
SEEGAL, B. C. (1935), Anaphylaxis. In Gay F. P., Agents of disease and Host Resistance, Springfield, 36 bis 78.
SEEGAL, B. C. and D. KHORAZO (1929), Arch. Path. **7**, 827.
SEEGAL, D., B. C. SEEGAL and JOST (1932), J. exp. Med. **55**, 155.
SEIDENBERG, S. und L. WHITMAN (1931), Z. Hyg. **113**, 125.
SEELIGMANN, E. (1912), Z. Immunfschg. **14**, 417.
SELYE, M. (1937), Science **85**, 247.
— (1938), Klin. Wschr. **17**, 666.
SERAFINI, U. (1948), J. Allergy **19**, 256.
SEWALL, H (1914), Arch. inter. Med. **13**, 856.
SEWALL, H. and C. POWELL (1916), J. exp. Med. **24**, 69.
SHAPIRO, H. F. and A. C. IVY (1926), Arch. intern. Med. **38**, 237.
SHELDON, J. M., N. FELL, J. H. JOHNSTONE and H. A. HOLMES (1941), J. Allergy **13**, 18.
SHEPPE, W. M. (1931), J. Lab. a. Clin. Med. **16**, 372.
SHERMAN, W. B. and A. STULL (1939), J. Allergy **10**, 465.
SHERMAN, W. B., A. STULL and S. F. HAMPTON (1939), J. Immunol. **36**, 447.
SHERWOOD, N. P. (1928), J. Immunol. **15**, 65.
SHERWOOD, N. P. and C. M. DOWNS (1928), J. Immunol. **15**, 73.
SHERWOOD, N. P. and O. O. STOLAND (1931), J. Immunol. **20**, 101.
SHERWOOD, N. P., O. O. STOLAND, J. S. KIRK and D. J. PEMSENBERG (1948), J. Immunol. **59**, 279.
SCHWARTZMAN, G., M. B. BENDER and E. WACHTEL (1941), Proc. Soc. exp. Biol. a. Med. 48, 267.
SIMONDS, J. P. and W. W. BRANDES (1927), J. Immunol. **13**, 1.
SIMONDS, J. P. and RAMSON (1923), J. exp. Med. **38**, 275.

SMADEL, J. E. and H. F. SWIFT (1937), J. Immunol. **32,** 75.
SMETANA, H. and D. SHEMIN (1941), J. exp. Med. **73,** 223.
SMITH, G. H. and L. K. MUSSELMAN (1926), J. Immunol. **12,** 31.
— — (1926), J. Immunol. **12,** 7.
SMITH, M. J. (1920), J. Immunol. **5,** 239.
SMITH, THEOBALD (1905), J. Med. Res., New Series **8,** 341.
— (1906), J. Am. med. Ass. 1010.
SOLARI, L. A. (1927), C. r. Soc. Biol. Paris **97,** 1039.
SOLOMIDÈS, J. (1944), C. r. Soc. Biol. Paris **138,** 832.
SPAIN, W. C. and R. A. COOKE (1927), J. Immunol. **13,** 93.
SPAIN, W. C. and E. F. GROVE (1925), J. Immunol. **10,** 433.
STANLEY, W. M. (1935), Science **81,** 644.
— (1936), Phytopathol. **26,** 305.
STAUB, A. M. (1939), Ann. Inst. Past. Paris **63,** 400, 485.
STAUB, H. (1946), Experientia **2,** 29.
STEIN, W. and M. MORGENSTERN (1944), Ann. intern. Med. **20,** 826.
STERN, K. G. and M. REINER (1946), Yale J. Biol. a. Med. **19,** H. 1.
STERN, K. G., M. REINER and R. H. SILBER (1945), J. biol. Chem. **161,** 731.
STOLAND, O. O. and P. SHERWOOD (1923), J. Immunol. **8,** 91.
STOLAND, O. O., N. P. SHERWOOD and R. A. WOODBURY (1931), J. Immunol. **21,** 393.
STRAUS, H. W. and A. F. COCA (1937), J. Immunol. **33,** 215.
STRAUS, R. (1946), J. Immunol. **54,** 151.
STRAUS, R., M. HORWITZ, D. H. LEVINTHAL, A. L. COHEN and M. RUNJAVAC (1946), J. Immunol. **54,** 163.
STRAUS, R., M. RUNJAVAC, R. ZEITLIN, G. DUHOFF and H. SWERLOW (1946), J. Immunol. **54,** 155.
STULL, A. and ST. F. HAMPTON (1941), J. Immunol. **41,** 143.
SUDEN, T. C. (1934), Am. J. Phys. **108,** 416.
SUGG, J. Y. and J. M. NEILL (1930), J. Immunol. **19,** 145.
SUGG, J. V., L. V. RICHARDSON and J. M. NEILL (1932), J. Immunol. **22,** 401.
SULZBERGER, M. B. (1930), Arch. Derm. a. Syph. **22,** 839.
SUMMER, F. W. (1923), Brit. med. J. **1,** 465.
SUREAU et E. POLACCO (1933), Sang. **7,** 437.
SWINEFORD, O. and P. T. GROVE (1937), J. Allergy **8,** 475.
SZEPSENWOL et E. WITEBSKY (1934), Cir. Sec. Biol **115,** 10 19.
SZIRMAI, F. (1939), Arch. f. Kinderheilk. **117,** 56.

TASAWA, H. (1913), Z. Immunfschg. **19,** 458.
TAYLOR, E. M. (1947), J. Immunol. **50,** 385.
TEN BROECK, C. (1914), J. biol. Chem. **17,** No. 3.
THOMAS, J. W. (1943), Ann. Allergy **1,** 163.
THOMAS, L. and J. H. DINGLE (1943), J. clin. Investig. **22,** 375.
THOMSEN, O. (1917), Z. Immunfschg. **26,** 213.
TILLET, W. S., O. T. AVERY and W. F. GOEBEL (1929), J. exp. Med. **50,** 551.
TOUSSAIN (1923), C. r. Soc. Biol. **88,** 154.
TREFFERS, H. P. and M. HEIDELBERGER (1941), J. exp. Med. **73,** 125.
TREFFERS, H. P., M. HEIDELBERGER and J. FREUND (1947), J. exp. Med. **86,** 95.
TREFFERS, H. P., H. MOORE and M. HEIDELBERGER (1942), J. exp. Med. **75,** 135.
TRETHEWIE, E. R. (1939), Austral. J. Exp. Biol. a. Med. Sciences (1939), **17,** 145.
TUFT, L. (1929), J. Am. med. Assoc. **92,** 1667.
— (1938), J. Allergy **9,** 390.

TUMPEER, J. H. (1933), Am. J. Dis. Child. **45**, 343.
TUMPEER, J. H., A. MATHESON and D. C. STRAUS (1931), J. Am. med. Assoc. **96**, 1373.
TYLER, A. (1945a), J. Immunol. **51**, 157.
— (1945b), J. Immunol. **51**, 329.
TYLER, A. and ST. M. SWINGLE (1945), J. Immunol. **51**, 329.
TZANK, WEISMAN-NETTER et DALSACE (1926), C. r. Soc. Biol. Paris **94**, 17.

UHLENHUTH, P. und HÄNDEL (1909), Z. Immunfschg. **3**, 284.
UNDRITZ, E. (1939), Die Therapie der allergischen Krankheiten. A. Pharmakotherapie. In Fortschritte der Allergielehre, 352.
UNGAR, G. et J. L. PARROT (1936), C. r. Soc. Biol. Paris **123**, 676.
UNGAR, G., J. L. PARROT et D. BOVET (1937), C. r. Soc. Biol. Paris **124**, 445.
UNGAR, G., J. L. PARROT et A. LEVILLAIN (1937), C. r. Soc. Biol. Paris **125**, 1015.
URBACH, E. (1934), Med. Klinik **30**, 80.
— (1940), J. Investig. Dermat. **3**, 493.
URBACH, E. and PH. M. GOTTLIEB (1946), Allergy. Sec. Ed. New York.
URBACH, E., G. JAGGARD and D. W. CRISMAN (1947), Ann. of Allergy **5**, 147, 225.

VAUGHAN, V. C. (1909), Z. Immunfschg. **1**, 251.
— (1913), Protein split products in relation to immunity and disease. Philadelphia.
— (1939), Practice of Allergy. St. Louis.
VÖGTLIN and BERNHEIM (1911), J. Pharm. a. exp. Ther. **2**, 507.
VOSS, E. A. (1937/38), Z. f. Kinderheilkunde **59**, 612.
VOSS, E. A. und O. HUNDT (1938), Z. Immunfschg. **94**, 281.

WACHSTEIN, M. (1932), Pflügers Arch. **231**, 24.
WADSWORTH, G. H. and C. H. BROWN (1940), J. Pediatr. **17**, 801.
WAELE, H. DE (1907), Bull. Acad. roy. méd. Belgique. 30. Sov.
— (1909), Z. Immunfschg. **3**, 478.
WALZER, M. (1927), J. Immunol. **14**, 143.
— (1936), Lancet **56**, 117.
WALZER, M. and E. GROVE (1925), J. Immunol. **10**, 483.
WEAWER, G. H. (1909), Arch. int. Med. **3**, 485.
WEIL, A. J., I. A. PAWENTJEV and K. L. BOWMAN (1938), J. Immunol. **35**, 399.
WEIL, A. J. and L. REDDIN jr. (1943), J. Immunol. **47**, 345.
WEIL, R. (1913), J. med. Res. **27**, 497.
— (1913), Proc. Soc. exp. Biol. a. Med. **10**, Nr. 5.
— (1913), Z. Immunfschg. **20**, 199.
— (1914), Z. Immunfschg. **23**, 1.
— (1914), Proc. Soc. exp. Biol. a. Med. **11**, 86.
— (1916), J. Immunol. **1**, 19.
— (1916), J. Immunol. **1**, 35.
— (1916), J. Immunol. **1**, 47.
— (1916), J. Immunol. **1**, 1.
— (1917), J. Immunol. **2**, 429.
— (1917b), J. Immunol. **2**, 525.
WEIL, R. and C. EGGLESTON (1917), J. Immunol. **2**, 571.
WEIL, R. and A. COCA (1913), Z. Immunfschg. **17**, 141.
WEISER, R. S., O. J. GOLLUB and D. M. HAMRE (1941), J. inf. diseas. **68**, 97.

WALZER, M., I. GRAY, H. W. STRAUS and L. LIVINGSTON (1938), J. Immunol. **34,** 91.
WATANABE, K. (1931), Z. Immunfschg. **72,** 50.
WATERS, E. T., J. MARKOWITZ and L. B. JACQUES (1938), Science **87,** 582.
WEDGEWOOD, P. E. and A. H. GRANT (1924), M. Bull. Univ. Cincinati **2,** 172.
WELD, J. T. and L. C. MITCHELL (1941), Proc. Soc. exp. Biol. a. Med. **47,** 168.
WELLS, G. H. (1908), J. inf. diseas. **5,** 449.
— (1909), J. inf. diseas. **6,** 506.
— (1911), J. inf. diseas. **9,** 147.
WELLS, G. H. and OSBORNE (1911), J. inf. diseas. **8,** 66,
WELLS, J. A., H. C. MORRIS and C. A. DRAGSTEDT (1946), Proc. Soc. exp. Biol. a. Med. **61,** 104.
WIENER, A. S. (1944), Proc. Soc. exp. Biol. a. Med. **56,** 173.
— (1945), Americ. J. Clin. Path. **15,** 106.
WIENER, A. S. and H. E. KAROWE (1944), J. Immunol. **49,** 51.
WIENER, A. S., E. B. SONN and J. G. HURST (1946), Illustrative case histories of A-B sensitization. Wiener Laboratories, Brooklyn.
WILCOX, H. B. jr. and E. C. ANDRUS (1938), J. exp. Med. **67,** 169.
WILCOX, H. B. and B. C. SEEGAL (1942), J. Immunol. **44,** 219.
WILEY, S. N. (1908), J. Am. med. Assoc. **50,** 137.
WILLIAMSON, R. (1936a), J. of Hyg. **36,** 11.
— (1936b), J. of Hyg. **36,** 588.
WINANS, H. M. (1930), J. Am. med. Assoc. **95,** 199.
WINTER, L. B. (1944), Phys. **102,** 373.
— (1945), J. Phys. **104,** 71.
WITEBSKY, E. et J. SZEPSENWOL (1934), C. r. Soc. Biol. **115,** 921,
WITTICH, F. W. (1941), J. Allergy **12,** 247.
— (1941), J. Allergy **12,** 523.
— (1944), Ann. Meeting of Americ. College of Allergists, Vet. Section.
WITTINGHAM, H. E. (1940), Brit. med. J. 292.
WITTMANN, F. (1925), Berl. tierärztl. Wschr. **41,** 781.
WOODYATT (1939), J. biol. Chem. **39,** 355.
WRIGHT, ALMROTH, Sir (1919), Presse médicale 445.
WORZIKOWSKY-KUNDRATITZ (1913), Arch. exp. Path. u. Pharm. **73,** 33.
WRIGHT, G. G. (1942), J. inf. diseas. **70,** 103.
WRIGHT, G. and S. J. HOPKINS (1941), J. of Path. a. Bact. **53,** 243.
WU, C, TEN BROECK and LI (1927), Chinese J. of Phys. **1,** 277.
WYMAN, L. C. (1929), Americ. J. Physiol. **89,** 356.

YOUNG, R. H. and R. P. GILBERT (1941), J. Allergy **12,** 235.

ZINSSER, H. (1920), Proc. Soc. exp. Biol. a. Med. **18,** 57.
— (1930), J. Immunol. **18,** 483.
ZINSSER, H. and J. F. ENDERS (1936), J. Immunol. **30,** 327.
ZINSSER, H. and T. B. MALLORY (1924), J. Immunol. **9,** 75.
ZINSSER, H., J. F. ENDERS and L. D. FOTHERGILL (1939), Immunity, Ed. 5, 347.
ZINSSER, H. and R. F. PARKER (1917), J. exp. Med. **26,** 411.
ZOLOG, M. (1924), C. r. Soc. Biol. Paris **90,** 146.
— (1928), C. r. Soc. Biol. Paris **91,** 217.

Nachtrag zum Literaturverzeichnis.

DOERR, R. (1914), Neuere Ergebnisse der Anaphylaxieforschung, Weichardts Ergebn., S. 257—371.
— (1922), Die Anaphylaxieforschung im Zeitraume von 1914—1921, Weichardts Ergebn., **5**, 73—274.
HAWN, C. V. Z. and C. A. JANEWAY (1947), J. exp. Med. **85**, 571.
HUTTRER (1948), Chemistry of antihistaminic drugs. Enzymologia **12**, 277.
PAPPENHEIMER, A. M. and H. SHERWOOD LAWRENCE (1948), Americ. J. of Hygiene **47**, 233, 241.
SCHWAB, LOUIS, MOLL, HALL, BREAN, KIRK, C. V. Z. HAWN and C. A. JANEWAY (1950), J. exp. Med. **92**, 505.
SHERWOOD LAWRENCE and A. M. PAPPENHEIMER, s. unter LAWRENCE.
WENT, ST. (1939), Third International Congr. of Microbiol., Sect. 9, 765.

Sachverzeichnis.